空间电推进科学与技术丛书

U0170414

离子电推进工程

Engineering of Ion Electric Propulsion

张天平　耿　海　王小永　田立成　唐福俊　**等**　编著

科　学　出　版　社

北　京

内 容 简 介

全书分总论篇、研制篇、验证篇和应用篇。总论篇包括离子电推进工程概述、离子电推进工程发展历史、离子推力器产品研制基本方法和离子推力器产品保证;研制篇包括 LIPS-200 离子推力器产品研制、LIPS-300 离子推力器产品研制、LIPS-100 离子推力器产品研制、离子电推进电源处理单元产品研制和离子电推进贮供单元产品研制;验证篇包括离子电推进可靠性验证、离子电推进寿命验证和离子电推进飞行验证;应用篇包括 GEO 卫星工程应用、深空探测航天器工程应用、LEO 航天器工程应用和离子电推进工程应用经验总结。

本书适合电推进技术研究人员和产品工程师、高校相关专业教师和学生、航天技术爱好者等阅读,可作为科研人员培训教材或参考书。

图书在版编目(CIP)数据

离子电推进工程／张天平等编著. —北京:
科学出版社,2021.6
(空间电推进科学与技术丛书)
ISBN 978-7-03-068566-7

Ⅰ.①离… Ⅱ.①张… Ⅲ.①离子电流—电推进
Ⅳ.①V514

中国版本图书馆 CIP 数据核字(2021)第 061059 号

责任编辑:徐杨峰／责任校对:谭宏宇
责任印制:黄晓鸣／封面设计:殷 靓

科学出版社 出版
北京东黄城根北街 16 号
邮政编码:100717
http://www.sciencep.com

南京展望文化发展有限公司排版
苏州市越洋印刷有限公司印刷
科学出版社发行 各地新华书店经销

*

2021 年 6 月第 一 版 开本:B5(720×1 000)
2021 年 6 月第一次印刷 印张:23 1/2
字数:456 000
定价:180.00 元
(如有印装质量问题,我社负责调换)

空间电推进科学与技术丛书
编写委员会

顾 问

戚发轫　周志成

主　编

于达仁

副主编

蔡国飙　魏延明

编 委

(以姓名笔画为序)

丁永杰　王　敏　宁中喜　成渭民　刘　辉　汤海滨
李　永　张久兴　张天平　武志文　洪延姬　曹　勇
康小明　康小录

丛书序

　　喷气推进通过将工质流高速向后喷出,利用动量守恒原理产生向前的反作用力使航天器运动变化,在此过程中消耗质量和能量。根据能量供应的形式,喷气推进可以分为基于燃料化学能的化学推进和基于外部电能源的电推进。电推进的设想由俄国物理学家齐奥尔科夫斯基和美国物理学家罗伯特·戈达德分别在1902年和1906年提出,与传统化学火箭提出时间基本一致。但是由于其技术复杂性和空间电功率等限制,早期电推进的发展明显滞后于化学推进。20世纪50年代,美国和苏联科学家对电推力器进行了理论研究,论证了空间电推进的可行性,并开始了电推进技术的工程研究。1960~1980年是电推进技术成熟发展并开始应用的主要发展阶段,几位电推进的先驱者留下了探索的足迹。

　　空间飞行器对燃料消耗量非常敏感,推进器的比冲成为最重要的性能指标。化学推进受到推进剂焓能限制和耐高温材料的制约,比冲达到340 s水平后几乎再难以大幅度提升;电推进可以借助于外部电能,突破传统化学推进比冲的极限,目前已经很普遍地达到1 000~3 000 s的高比冲,并且远未达到其上限。

　　电推进由于其高比冲、微推力等主要特征,在长寿命卫星、深空探测、无拖曳控制等航天工程中正日益发挥极其突出的作用,成为航天推进技术的前沿,受到世界各国的重视;智慧1号探月卫星,隼鸟号、深空1号、全电推进卫星等的成功应用,标志着电推进技术逐渐走向成熟,在未来航天领域的重要性日益凸显;中国的电推进经过了漫长的发展储备期,在离子推进、霍尔推进、电弧推进、脉冲等离子体推进等方面取得了坚实的进展,2012年实践9号卫星迈出了第一个空间验证的步伐,此后实践13、实践17等卫星进入了同步轨道应用验证和工程实施阶段。

　　我国电推进的学术交流蓬勃发展,其深度、广度和影响力持续提高,电推进学会发展走入正轨,对促进电推进技术的知识共享、扩大影响、壮大队伍、加快技术进步发挥了巨大的作用。

　　在此背景下,我国电推进行业的发展和人才培养急需一套电推进技术领域的专业书籍,科学出版社和中国宇航学会电推进技术专业委员会合作推出了这套丛书,希望这套丛书的出版,对我国航天推进领域科学技术的发展起到推动作用。

　　丛书在编辑过程中得到北京控制工程研究所、上海空间推进研究所、兰州空间技术物理研究所、北京理工大学、北京航空航天大学、哈尔滨工业大学、中国空间技术研究院通信卫星事业部、航天工程大学、西安微电子技术研究所、合肥工业大学、上海交通大学等单位的大力支持,对此表示感谢。

　　由于电推进技术处于快速发展中,丛书所包括的内容来不及涵盖最新的进展,书中的不足之处在所难免,敬请广大读者和同行批评指正。

丛书编委会

2019 年 7 月

前　言

　　离子电推进是最重要的电推进类型之一,作为航天器应用的先进推进技术,它具有高的比冲和效率、精确便利的性能调控性、高的技术成熟度和宽广的航天工程适用范围。在国际电推进技术110多年的历史中,离子电推进的发展始终最具代表性和领先性:从1906年提出电推进原始概念到1959年研制出考夫曼型离子电推进样机,从1970年开展空间轨道长期飞行验证到1997年开始航天器型号正式应用,当前国际离子电推进的应用范围几乎涉及航天任务的各个领域。

　　中国离子电推进技术研究始于1974年。在过去47年的发展历程中,兰州空间技术物理研究所以不忘初心、锲而不舍的精神,在持续开展离子电推进基础研究和技术攻关的基础上,先后开发研制了多款离子电推进原理样机、工程样机、飞行产品。2012年以来,兰州空间技术物理研究所研制的离子电推进产品成功通过了空间飞行验证和实现了在通信卫星型号上的正式应用,为中国航天步入电推进时代作出了重要贡献。

　　建设航天强国的冲锋号已经吹响。我国航天工程发展对离子电推进的需求更加迫切,离子电推进产品在我国航天器型号的应用更广泛,离子电推进技术在我国的未来发展应持续深化,创新离子电推进技术支撑未来航天工程发展的新时代已经来临。为此,兰州空间技术物理研究所组织专家学者和工程技术人员,参与编写了“空间电推进科学与技术丛书”,以期能够有助于进一步推动我国离子电推进事业的持续蓬勃发展,支持和鼓励更多青年人投身于我国离子电推进的技术创新。

　　本书以离子电推进工程基本概念和发展历史、产品研制基本方法和质量保证、电推进产品研制和试验验证、航天器工程应用及经验总结等为主要内容。在本书的编写过程中,张天平负责本书的策划、统筹和定稿,负责第1章和第2章编写;耿海负责第3章编写;唐福俊、池秀芬和孙运奎负责第4章编写;高俊、唐福俊、李娟、谷增杰、池秀芬和郑茂繁负责第5章编写;赵以德、孙运奎、李娟、杨威、谷增杰和王彦龙负责第6章编写;杨福全、胡竟和郭德洲负责第7章编写;王少宁负责第8章编写;王小永负责第9章编写;代鹏、杨浩、刘明正和王蒙负责第10章编写;孙明明、孟伟和杨俊泰负责第11章编写;王小永负责第12章编写;王亮和耿海负责第

13 章编写;孙小菁和王成飞负责第 14 章编写;田立成和梁凯负责第 15 章编写;张天平和张雪儿负责第 16 章编写;李贺、张雪儿和郑义负责校对和排版。

《离子电推进工程》一书的出版,离不开众多人员的辛劳和贡献,在此表示诚挚感谢。特别感谢:"空间电推进科学与技术丛书"编委会专家对本书内容和编写质量的审查把关;哈尔滨工业大学于达仁教授和兰州空间技术物理研究所科技委任妮、王卫国等专家的修改意见。

限于编者自身的知识水平和写作能力,本书内容难免会有疏漏和不足之处,恳请关心和关注我国离子电推进的各界专家、学者和工程技术人员不吝批评指正。

张天平

2021 年 1 月 11 日

目　录

总　论　篇

第1章　离子电推进工程概述

第2章　离子电推进工程发展历史

第 4 章　离子推力器产品保证

研　制　篇

第 5 章　LIPS‐200 离子推力器产品研制

第 6 章　LIPS－300 离子推力器产品研制

第7章 LIPS-100 离子推力器产品研制

第8章 离子电推进电源处理单元产品研制

第 11 章 离子电推进寿命验证

第 12 章 离子电推进飞行验证

应 用 篇

第 13 章　GEO 卫星工程应用

第 14 章　深空探测航天器工程应用

第 15 章　LEO 航天器工程应用

第 16 章　离子电推进工程应用经验总结

总论篇

第1章
离子电推进工程概述

1.1 离子电推进工程基础

1.1.1 离子电推进工程的基本概念

离子电推进系统是航天器的一个分系统。因此,离子电推进工程本质上属于航天器工程范畴。

离子电推进系统是一个相对复杂的分系统工程,其硬件产品组成包括离子推力器、电源处理单元、推进剂贮供单元、控制单元等,其软件产品组成包括开关机控制程序、工作策略、安全防护流程、故障诊断及处理等。如果再向下分解,空心阴极组件、栅极组件、放电室组件等又是离子推力器的模块产品。

本书的离子电推进工程是一个狭义概念,专指离子电推进系统产品的工程研制和工程应用两个方面。全书内容以离子推力器产品为主,适度兼顾了其他单机产品。本书内容不涉及工程管理方面。

术语"离子电推进系统"强调系统级产品及组成;术语"离子推力器"专指推力器核心单机;术语"离子电推进"具有通用性,可兼容系统和单机两方面的概念。

1.1.2 产品的成熟度定义及分类

产品成熟是指产品研制、生产、应用等环节的所有要素的完备性、稳定性和精细化程度均已达到满意的水平,能够优质、快速、高效地满足用户的使用要求。产品的成熟度分为技术成熟度、制造成熟度和产品成熟度,分别从产品的设计、生产、应用三个方面度量产品的成熟度。

1. 技术成熟度

技术成熟度又称技术准备等级或技术准备度,是指单项产品或单项技术在研发过程中所达到的一般性可用程度。

本书参考了我国军用标准《装备技术成熟度等级划分及定义》(GJB 7688 - 2012)中规定的 9 个层次技术成熟度等级,如表 1 - 1 所列。

表 1-1　GJB 7688-2012 的技术成熟度等级定义

等级	标　准　定　义	简　要　注　解
1	基本原理清晰	基本原理被发现和报告
2	技术概念和应用设想明确	技术概念和用途被阐明
3	技术概念和应用设想通过可行性论证	关键功能和特性的概念验证
4	技术方案或途径通过实验室验证	实验室环境下的部件和试验模型验证
5	部件/功能模块通过典型模拟环境验证	相关环境下的部件和试验模型验证
6	以演示样机为载体通过典型模拟环境验证	相关环境下的系统、分系统模型或原型机验证
7	以工程样机为载体通过典型使用环境验证	模拟作战环境下的原型机验证
8	以生产样机为载体通过使用环境验证和试用	系统完成技术试验和验证
9	以产品为载体通过实际应用	系统完成使用验证

2. 制造成熟度

制造成熟度是对技术成熟度概念的拓展,用于确定产品研制过程中制造技术是否成熟,以及技术向产品转化过程中是否存在风险,从而管理并控制产品系统生产,使其在质量和数量上实现最佳化,即最大限度提高产品系统质量、降低成本和缩短生产周期,满足任务需求。

本书采用美国国防部发布的《制造成熟度评估手册》(2009)中的制造成熟度等级划分及定义,共 10 级,如表 1-2 所列。

表 1-2　美国国防部发布的制造成熟度等级定义

制造成熟度	简　要　定　义
1	生产可行性已评估
2	生产方案已定义
3	生产方案已确定
4	在实验室环境条件下的技术生产能力验证
5	在相关生产条件下部件模型的生产能力验证
6	在相关生产条件下系统、分系统的生产能力验证
7	在有代表性的生产环境条件下系统、分系统、部件的生产能力验证
8	具备小批量的生产能力
9	小批量的生产已验证,具备大批量的生产能力
10	大批量的生产能力验证

3. 产品成熟度

产品成熟度是对产品在研制、生产及使用环节等全生命周期所有技术要素的合理性、完备性以及在一定功能、性能水平下产品质量稳定性的一种度量。

本书产品成熟度采用我国航天标准《宇航单机产品成熟度定级规定》（Q/QJA 53 - 2010）中的 8 级分类标准,如表 1 - 3 所列。

表 1 - 3　Q/QJA 53 - 2010 产品成熟度等级定义

产品成熟度	成熟度等级名称	简　要　定　义
1 级	原理样机产品	已完成预先研究或技术攻关阶段的相关研制工作,但尚未按飞行条件进行地面考核,达到 1 级定级条件的产品
2 级	工程样机产品	按飞行条件进行地面考核,功能和性能满足要求,达到 2 级定级条件、但不可用于飞行的产品
3 级	飞行产品	在工程样机产品的基础上,经系统测试和地面验证,达到 3 级定级条件,可以用于飞行的产品
4 级	一次飞行考核产品	经过 1 次实际飞行考核,证明满足飞行应用要求,达到 4 级定级条件的产品
5 级	多次飞行考核产品	经过 3 次以上实际飞行考核,并完成全寿命考核,证明满足飞行应用要求,达到 5 级定级条件的产品
6 级	三级定型产品	在多次飞行考核产品的基础上,完成相关工作,达到 6 级定级条件的产品
7 级	二级定型产品	在三级定型产品的基础上,经小批量生产验证,可以重复稳定生产,达到 7 级定级条件的产品
8 级	一级定型产品	在二级定型产品的基础上,经过可靠性增长,证明其具有较高可靠性水平,达到 8 级定级条件的产品

1.2　离子电推进工程研制

1.2.1　工程研制阶段划分

产品工程研制也就是通常所说的产品工程化实现。离子电推进的工程研制除了具备航天产品的一般特性外,还具有不少自身的独特性。

离子电推进的工程研制过程一般分为:方案阶段(原理样机产品)、初样阶段(工程样机产品)、鉴定阶段(鉴定产品)、正样阶段(飞行产品)和定型阶段(货架产品)五个阶段。

每个阶段都有明确的工程研制目标及相应的技术成熟度、制造成熟度和产品成熟度标志,如表 1 - 4 所列。

表 1 - 4　离子电推进工程研制阶段及对应成熟度

研制阶段	产品类别	技术成熟度	制造成熟度	产品成熟度
方案研制阶段	原理样机产品	4 级	4 级	1 级
初样研制阶段	工程样机产品	7 级	6 级	2 级
鉴定研制阶段	鉴定产品	8 级	7 级	3 级

续　表

研制阶段	产品类别	技术成熟度	制造成熟度	产品成熟度
正样研制阶段	飞行产品	9 级	8 级	3 级
定型研制阶段	货架产品	9 级	9 级	6 级及以上

1.2.2　工程研制阶段目标

1. 方案研制阶段

离子电推进方案研制阶段,以实现离子电推进产品的功能和主要性能为工程化研制目标。研制的原理样机产品需要经过规范的测试和试验验证,确认其功能和主要性能已经达到产品要求。

完成该阶段研制后,离子电推进产品的技术成熟度达到 4 级、制造成熟度达到 4 级、产品成熟度达到 1 级。

2. 初样研制阶段

离子电推进初样研制阶段,在离子电推进原理样机研制的基础上,以实现离子电推进产品对其实际工作环境条件及工作应力载荷条件的充分适应为工程化研制目标,这里的充分性是通过比产品实际工作条件更严酷的准鉴定级条件来保证的。研制的工程样机产品需要经过规范的性能测试和准鉴定级试验验证,确认其通过全部准鉴定试验且所有的功能和性能满足产品要求。

完成该阶段研制后,离子电推进产品的技术成熟度达到 7 级、制造成熟度达到 6 级、产品成熟度达到 2 级。

3. 鉴定研制阶段

离子电推进鉴定研制阶段,在离子电推进工程样机研制的基础上,以实现离子电推进产品的规范化生产及工作可靠性和寿命的充分验证为工程化研制目标。规范化生产是指按照完整的产品设计、制造、组装、测试标准完成鉴定产品研制;工作可靠性充分验证是指至少有 2 台抽样鉴定产品进行了完整的鉴定试验;工作寿命充分验证是指至少有 1 台产品在模拟环境条件下进行 1∶1 的地面寿命试验,开关机次数和累计工作时间均具有至少 1.2 倍安全裕度。研制的鉴定产品需要经过规范的性能测试、鉴定级试验、寿命试验等验证,确认其产品研制规范、产品工作可靠性和寿命等全部满足产品要求。

完成该阶段研制后,离子电推进产品技术状态已全部确定,离子电推进产品生产基线已经建立,离子电推进产品的技术成熟度达到 8 级、制造成熟度达到 7 级、产品成熟度达到 3 级。

4. 正样研制阶段

离子电推进正样研制阶段,基于离子电推进鉴定产品研制所确定的产品技术状态和产品生产基线,以实现为航天器型号应用提供合格的离子电推进产品为工程化研制目标。研制的全部正样产品经规范的性能测试、验收级环境试验、可靠性及寿命评估(老炼)试验等验证,确认产品满足航天器型号应用的全部要求。

完成该阶段研制后,离子电推进产品的技术成熟度达到 9 级、制造成熟度达到 8 级、产品成熟度达到 3 级。

5. 定型研制阶段

离子电推进定型研制阶段,在实现离子电推进产品多型号航天器应用的基础上,产品研制技术要求和生产基线完全固化,产品性能、可靠性、寿命等验证充分,重复生产能力已经验证,以实现为航天器多型号应用提供货架式离子电推进产品为工程化研制目标。组批研制的货架产品满足不同航天器型号应用要求。

完成该阶段研制后,离子电推进产品的技术成熟度达到 9 级、制造成熟度达到 9 级、产品成熟度达到 6 级。

1.2.3 工程研制试验验证

离子电推进工程研制中,特别是对于离子电推进的首件或首批产品而言,需要用大量的试验来保证工程化验证的充分有效性,并且离子推力器正常工作需要高洁净度、高真空度、尺度足够的束流自由空间等环境条件要求,使得离子电推进的工程化研制过程相当漫长、经济成本代价昂贵。由此,离子电推进的产品试验与验证在工程化研制中占有相当重要的地位。

1. 产品试验分类

(1)根据产品级别,离子电推进的产品试验可分为模块产品试验、单机产品试验、系统产品试验等。

(2)根据产品研制阶段,离子电推进产品试验分为模样产品(原理样机)试验、工程产品试验、鉴定产品试验、正样产品试验等。

(3)根据产品具体研制过程,离子电推进的产品试验可分为产品设计验证试验、产品优化试验和产品验收试验等。

(4)根据试验在地面还是在空间进行分为地面试验和空间飞行试验。

(5)根据产品的特殊性验证需求,离子电推进的产品试验还可以分为可靠性专项试验、寿命专项试验、与航天器兼容性专项试验等。

2. 典型试验举例

为具体起见,下面给出推力器的两个典型单机产品试验,其他试验将分别在本书其他章节叙述。

1)鉴定产品试验

离子推力器的鉴定试验一般在鉴定产品上完成,通用鉴定试验项目及顺序为:验收级性能试验、鉴定级环境试验、全周期寿命试验。

（1）验收级性能试验在额定功率和流率下测量工作性能，并且在适当拓宽流率和功率范围内表征工作性能。

（2）鉴定级环境试验包括热真空环境试验和力学环境试验。鉴定级热真空试验中，推力器在鉴定级低温和高温之间进行 6~12 次热真空循环，升降温速率不小于 1℃/min。在每一循环的低温、高温端停留 4~12 h，且在停留期间推力器工作 2~4 h。鉴定级力学环境试验包括冲击试验、正弦振动试验和随机振动试验，试验后离子推力器在真空舱进行典型性能测试。

（3）全周期寿命试验用 1 台或 2 台离子推力器完成，一般要求实际工作寿命达到工程应用需求的 1.2~1.5 倍。对地球同步轨道（geostationary earth orbit，GEO）卫星位保任务，一般采取工作数小时、关机 1 小时、再工作数小时的循环模式进行，具体工作时数取决于卫星单次位保工作最长时间；对深空探测主推进任务，一般采用连续工作模式进行。寿命试验过程中，一般在累计工作时间达数百或上千小时后，进行一次推力器工作性能退化及磨损情况的全面检测，如此循环，一直到累计工作总时间达到要求或离子推力器出现永久失效时试验结束。

2）正样产品试验

每台离子推力器正样产品的验收试验包括（初始）性能试验、验收级力学试验、验收级热真空试验、（最后）性能试验等。

（1）初始和最后的性能试验中，在每个工作点测量推力器电参数和流率参数，以获得离子推力器的推力、比冲、功率等额定性能指标；同时测量离子束电流密度分布剖面、中线双荷离子份额、推力矢量位置等，以获得束流发散角、推力矢量偏心角、推力修正系数等参数；另外还对栅极流导和电子反流极限、中和器羽流模式流率裕度、离子推力器流率和功率敏感度等进行测量，以确定离子推力器的工作安全裕度。

（2）验收级力学试验包括冲击和随机振动试验，试验后离子推力器要进行典型性能测试。

（3）验收级热真空试验一般进行验收级温度条件下的 3 个高、低温循环，并在高、低温端停留中开展推力器点火工作。

（4）最后性能试验完成后，将推力器贮存在干燥氮气环境中。

1.3　离子电推进工程应用

1.3.1　工程应用分类

离子电推进工程应用可以从不同方面进行分类，这里仅基于离子电推进承担的航天器推进任务进行分类，主要包括地球同步轨道（GEO）卫星位置保持、GEO卫星全电推进、深空探测航天器主推进、超静卫星平台无拖曳控制、低轨道卫星轨道维持及调节等。

1. GEO 卫星位置保持

GEO 卫星在轨运行期间,由于受到月球引力、太阳引力、太阳光压、地球本身的非球对称密度分布等摄动力影响,其轨道参数随时间在不断变化。为保证通信、导航、遥感等卫星正常业务,需要把 GEO 卫星的轨道倾角、偏心率、相对标称经度等轨道参数控制在要求的范围内,这就是 GEO 卫星的位置保持。

GEO 卫星位置保持应用离子电推进,为 GEO 卫星更长工作寿命、更多有效载荷、更高功率、更宽服务带宽等发展趋势提供了重要支撑,这也是保证通信卫星具有国际竞争力的关键。根据卫星质量不同,GEO 卫星位置保持任务对离子电推进的需求为: 功率范围 1~3 kW、比冲范围 2 000~4 000 s。

2. GEO 卫星全电推进

GEO 全电推进卫星首先由运载火箭发射到近地点约 200 km、远地点约 35 786 km 的地球同步转移轨道(geostationary transfer orbit, GTO),其后卫星的全部轨道机动任务由离子电推进完成。这些机动任务包括 GTO 到 GEO 的轨道转移任务、卫星在 GEO 轨道任务期间的位保任务、卫星寿命末期的离轨任务等。

用化学推进完成 GTO 到 GEO 的轨道转移任务时,所消耗的推进剂量几乎与卫星干重相当。而用离子电推进完成该任务,所需推进剂量只有化学推进的十分之一,由此产生的卫星减重效益更加显著。粗略估算的结果表明,全电推进卫星发射质量只有传统化学推进卫星的一半,从而大幅降低发射成本,甚至实现一箭双星发射。一般来说,对 GEO 全电推进卫星的总体要求是尽快完成轨道转移、卫星尽早进入 GEO 工作阶段。为此,离子电推进需要具备双模式工作能力: 在轨道转移阶段,卫星有效载荷不工作、电源供应能力充足,离子电推进采取高功率、大推力工作模式;在 GEO 工作阶段,卫星有效载荷开机工作、电源供应能力受限,离子电推进采取小功率、高比冲工作模式。

GEO 全电推进卫星对离子电推进的需求为: 功率范围为 1~10 kW、比冲范围为 2 000~4 000 s,其中位置保持功率范围为 1~3 kW、轨道转移功率范围为 5~10 kW。

3. 深空探测航天器主推进

通常把脱离了地球引力束缚的空间范围统称为深空。就当前人类航天技术可以到达的空间范围而言,深空探测任务还局限在太阳系内,主要探测目标包括太阳、行星、矮行星、小行星、彗星、流星体、太阳系边界层等。离子电推进由于其比冲高、寿命长、多模式工作等显著技术优势,已经成为深空探测航天器主推进的优选推进技术。相对化学推进而言,深空探测主推进任务采用离子电推进带来的主要效益包括显著降低任务成本、增加有效载荷、缩短飞行时间、避免发射窗口限制、小运载发射等。

应用离子电推进完成深空探测任务,有两个值得关注的显著工程特点: ① 航天器速度增量需求大,一般在每秒几十到数百千米,要求离子电推进工作寿命足够长,达到数万小时;② 航天器太阳能电池供电能力随着和太阳的距离显著变化,要求离子电推进具有多模式工作能力,实现工作点性能与电源输入功率之间的优化匹配。

深空探测任务对离子电推进需求可分为两个阶段。目前第一阶段需求为:功率范围为 $1 \sim 10 \, kW$、比冲范围为 $3\,000 \sim 5\,000 \, s$、具有多模式工作能力。未来第二阶段需求为:功率范围为 $10 \sim 50 \, kW$、比冲范围为 $7\,000 \sim 10\,000 \, s$、采用核电源。

4. 超静卫星平台无拖曳控制

无拖曳控制卫星是一种利用推进和控制系统消除全部的非重力扰动力而沿纯粹重力轨道进行自由落体运动的航天器。卫星在轨运动受到的扰动力包括大气阻尼、地球磁场作用、太阳辐射光压等,无拖曳姿态和轨道控制是实现卫星接近理想测地线(自由落体)飞行的主要手段,无拖曳控制卫星提供了自然界中具有最低扰动力的理想零重力环境。无拖曳控制的基本方法为:在航天器质心处放置一自由漂浮的、不受其他外力作用的、沿纯粹重力轨道运动的试验质量,精确测量试验质量的相对位置并闭环控制航天器使其完全跟随试验质量运动,从而实现航天器沿纯重力轨道的运动。

无拖曳控制卫星在重力场精确测量、重力物理学实验、基础物理空间试验等方面具有重要的科学及工程价值。下面给出两种典型无拖曳控制卫星对电推进的需求。

1) 地球重力场精确测量卫星无拖曳控制

由于重力是影响地球内部、表面和外部许多动力学过程的基本力,地球的重力场与地球的物质分布及其变化直接相关,所以地球重力场的静态和时变监测结果具有许多重要应用价值,包括固体地球物理、海洋环流、测地学、海平面变化等。基于无拖曳控制平台的重力测量卫星能够提供更精确、空间和时间分辨更高的地球重力场测量结果。

欧洲 GOCE 卫星以前所未有的精度和分辨率测量地球重力场。GOCE 卫星对飞行主方向无拖曳控制离子电推进的要求包括:平均推力水平 $2 \sim 8 \, mN$、在 $1\,450 \, s$ 时间内推力调节范围为减小 50% 或增大 150%、增加 1% 推力的调节响应时间小于 $0.1 \, s$、离子推力器的随机噪声功率谱密度小于 $200 \, \mu N/(Hz^{1/2})$、步进最小调节推力小于 $12 \, \mu N$、推力偏置好于 $150 \, \mu N$、推力矢量角度变化小于 $0.5°$。

2) 空间基引力波探测

欧洲和美国联合开展的第一个空间基引力波探测 LISA 计划,由三个完全相同的航天器组成激光干涉仪阵列,直接探测 $10^{-4} \sim 10^{-1} \, Hz$ 频率范围内由黑洞和银河系双星产生的引力波。LISA 使命要求航天器的无拖曳控制达到不影响有效载荷测量精度的水平,即航天器跟随试验质量的控制精度达到 $1 \, nm/(Hz^{1/2})$、试验质量加速度噪声在测量带宽内不超过 $1 \times 10^{-15} \, ms^{-2}$。

支撑 LISA 使命的推进系统要求为:推力范围 $1 \sim 100\ \mu N$,测量带宽内的推力噪声小于 $0.1\ \mu N/(Hz^{1/2})$,工作寿命在 10 年以上。胶体、场发射、微型离子等多种电推进可满足需求。

5. 低轨道卫星轨道维持及调节

低轨和超低轨卫星主要受轨道大气的阻力作用,阻力大小随轨道高度和时间变化,且具有较大的不确定性。利用离子电推进对轨道大气阻力影响进行补偿,确保航天器运行轨道的稳定。对一些环境探测任务卫星,需要实现轨道高度或倾角的连续升高和降低,应用离子电推进的小推力特性可以圆满完成这类轨道调节任务。

随着低地球轨道(low earth orbit, LEO)卫星工作寿命要求的提高,卫星的轨道维持、轨道调节(包括高度和倾角)、编队飞行等任务对离子电推进的应用需求会不断增长。目前低轨道卫星轨道维持及调节任务对离子电推进的需求为:功率范围 $0.3 \sim 1.0\ kW$、比冲范围 $2\,000 \sim 3\,000\ s$。

1.3.2　工程应用试验验证

1. 离子电推进系统集成试验

离子电推进系统集成试验在完成系统各单机产品验收后开展,一般的试验项目包括:每台电源处理单元(PPU)和离子推力器之间的集成试验,控制单元和推进剂贮供子系统集成试验,控制单元与 PPU 集成试验,控制单元、PPU 和离子推力器集成试验等。

1) 每台 PPU 和离子推力器之间的集成试验

验证 PPU 与离子推力器之间的工作匹配性,其中 PPU 工作在真空环境下,每台 PPU 和离子推力器联合工作累计时间至少 500 h。

2) 控制单元和推进剂贮供子系统集成试验

试验验证的功能包括控制单元可以操作贮供子系统的每个阀门、控制单元能够对所有压力和温度传感器正确读数、稳压罐增压程序工作正确、流率控制程序工作正确、贮供子系统故障模式能够正确响应等。

3) 控制单元与 PPU 集成试验

试验验证的功能包括 PPU 和控制单元之间通信正确、PPU 对控制单元的所有命令正确响应、在全功率范围 PPU 和控制单元正确工作、对预设的 PPU 模拟故障控制单元能够正确响应等。

4) 控制单元、PPU 和离子推力器集成试验

试验验证的功能包括推力器成功点火和转入稳态工作、推力器在全功率范围内各工作点正常工作等。

2. 航天器 AIT 阶段的离子电推进试验

离子电推进在航天器 AIT 阶段的试验包括基线功能试验、完整性能试验、航天

器系统级试验等。

1）基线功能试验

基线功能试验主要用于在环境试验前后验证集成系统的状态完好性和功能正常激活,分为控制单元与PPU激活、PPU与推力器负载(阻抗负载)工作、控制单元测量贮供子系统压力、控制单元操作贮供子系统阀门四个部分,每部分可单独进行试验验证。

进行控制单元与PPU激活试验时,开启每个控制单元和对应的PPU,确认遥测正确。进行PPU与阻抗负载工作时,试验设置在最低功率工作点,如果电源功率充足时还可以提高工作点功率。控制单元测量贮供子系统压力试验时,给传感器加电,验证每个压力传感器和每个温度传感器读数正确。控制单元操作贮供子系统阀门试验只能在真空舱内进行,完成每个自锁阀和电磁阀开关验证,可结合航天器热真空试验实施。

2）完整性能试验

完整性能试验验证在航天器构型下离子电推进的所有功能,全部命令通过控制单元发送,验证内容包括:控制单元能正确操作推进剂贮供子系统;每个PPU能够被控制单元正确控制,包括全部工作点功率范围的调节和栅极清除电源的切换验证,其中PPU的负载为推力器模拟器;满功率下系统能够从非预期高压击穿事件中恢复的验证,用开关按钮产生瞬态束电源输出和加速电源输出之间的物理短路激励,PPU能感应到过流状态并启动自动恢复工作流程。

3）航天器系统级试验

航天器系统级试验包括电磁兼容性(EMI)、航天器动力(旋转平衡、声、振动、冲击)、热真空。其中,EMI试验中需要离子电推进模拟工作,也就是用推力器负载模拟器代替真实离子推力器;动力试验中离子电推进处于关机状态,只需要在试验前后进行离子电推进的基本功能试验以确认系统状态正常即可。

航天器热真空试验验证航天器热控系统能够在PPU满功率工况下满足散热要求,同时验证电推进系统每个单弦(即控制单元+贮供子系统+PPU+推力器组合)的放电室模式工作和优选推力器的引束流模式工作,其中引束流模式工作下主要验证离子电推进在工作范围内与航天器的兼容性,同时在地面最接近真实工况热真空条件下,验证贮供子系统的正常工作及密封性能。

试验中航天器的高热工况对应PPU满功率工作和推力器最大热耗散(对应最大放电电流的二极管工作模式),航天器的低热工况对应PPU最小功率工作和推力器最小热耗散,实现方法类似高热工况。各项试验的最短时间为系统达到热平衡的时间,在$5 \sim 10\ h$范围内,特别是为了降低推力模式下束流溅射及沉积影响,除了采取有效防护措施外,推力模式下的试验时间应按照最短时间控制实施。

3. 在轨飞行试验验证

相对化学推进系统而言,离子电推进系统的组成和工作策略更为复杂,进行空间飞行试验是对地面试验充分性的必要补充,也是保证离子电推进在航天器型号中成功应用的最直接验证手段。离子电推进系统飞行试验的目的主要包括如下方面:

(1) 验证离子电推进系统对空间综合环境的适应性和离子电推进系统在航天器上的工作性能、工作可靠性;

(2) 试验和验证离子电推进系统对卫星通信、卫星电位控制、热控制、敏感表面被污染等相互作用效应;

(3) 试验和验证离子电推进系统与卫星姿轨控系统及其他系统之间的工作兼容性;

(4) 与地面试验相结合,验证离子电推进系统具有足够的工作寿命和总冲量提供能力,为卫星型号实际工程应用提供完整鉴定。

参考文献

田立成,王小永,张天平. 2015. 空间电推进应用及技术发展趋势[J]. 火箭推进,41(3): 7-14.

袁家军. 2011. 航天产品工程[M]. 北京:中国宇航出版社.

张天平. 2006. 国外离子和霍尔电推进技术最新进展[J]. 真空与低温,12(4): 187-193.

张天平,张雪儿. 2013. 空间电推进技术及应用新进展[J]. 真空与低温,19(4): 187-194.

中国航天科技集团公司. 2013. 航天工程技术成熟度评估指南: Q/QJA 148-2013[S].

中国航天科技集团公司. 2010. 宇航单机产品成熟度定级规定: Q/QJA 53-2010[S].

中国航天科技集团公司. 2013. 宇航单机产品成熟度定级实施细则: Q/QJA 146-2013. [S].

中国人民解放军总装备部. 2012. 装备技术成熟度等级划分及定义: GJB 7688-2012[S].

Department of Defense. 2012. Manufacturing readiness level (MRL) deskbook: Version 2.2.1[S].

Zukowski G J, Dzedzy D. 2008. Maintainability readiness assessment (MRA)[C]. Washington: Annual Reliability & Maintainability Symposium.

第2章
离子电推进工程发展历史

2.1 离子电推进技术发展

离子电推进的技术发展阶段又称为离子电推进工程的预发展阶段,是指离子电推进从概念到原理样机的发展时期,也就是离子电推进工程的萌发和孕育期。

1906 年,美国人戈达德[R. H. Goddard,图 2-1(a)]提出电推进原理,于 1913 年和 1917 年分别发明了产生带电离子和静电离子加速器的专利,离子电推进技术取得了跨越性的进步。

1949 年 L. R. Shepherd 和 A. V. Cleaver 发表了定量研究离子电推进的论文,阐述了高功率电源需求、大原子量推进剂、离子束流中和等技术问题。1954 年,美国人 Ernst Stuhlinger 出版了电推进专著 *Ways to Space flight*。

美国 NASA 刘易斯研究中心从 20 世纪 50 年代开始离子电推进样机研制,1959 年考夫曼[H. Kaufman,图 2-1(b)]博士成功研制了第一台电子轰击式汞离子推力器样机。

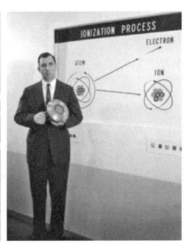

(a) R.H. Goddard   (b) H. Kaufman

图 2-1 离子电推进先驱戈达德和考夫曼工作照

英国离子电推进技术研究开始于 1962 年,1968 年皇家航空研究院(Royal Aircraft Establishment, RAE)开发出 10 cm 电子轰击式汞离子推力器 T1,如图 2 - 2 所示。

 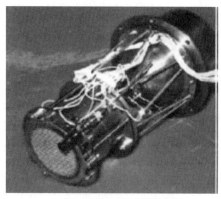

(a) T1推力器(英国)　　　　　　　　　(b) LIPS-80推力器(中国)

图 2 - 2　开发研制的第一代离子推力器样机照片

德国射频放电类型离子电推进技术研究开始于 1962 年,由罗伊布(H. W. Loeb)教授领导的吉森(Giessen)大学物理研究所团队于 1969 年成功开发出射频放电汞离子推力器 RIT - 10 实验室样机。

中国离子电推进技术研究起步要晚些,1974 年兰州物理研究所开始考夫曼(Kaufman)型汞离子电推进研究,1987 年完成了如图 2 - 2(b)所示的 8 cm 推力器(LIPS - 80)原理样机研制。

2.2　离子电推进产品工程发展

离子电推进产品工程的发展阶段覆盖了从离子推力器工程产品开发研制到首次完成空间飞行试验的时间周期。

2.2.1　美国、英国和德国

1. 美国

美国刘易斯研究中心在电子轰击式(即考夫曼型)离子推力器原理样机基础上,开始了离子电推进工程产品研制。研制的 10 cm 汞离子电推于 1964 年首次进行了亚轨道飞行试验,推力器工作 31 min,验证了束流中和良好。研制的 2 台 15 cm 汞离子电推在 1970 年发射的 SERT Ⅱ 卫星上进行太阳同步轨道飞行长期工作试验,推力器分别累计工作 2 011 h 和 3 781 h(详见 14.3 节)。

美国休斯研究实验室在 1970~1982 年开发研制了直径为 5 cm、8 cm、12 cm、

30 cm 的汞离子推力器,其中 30 cm 汞离子推力器于 1975 年完成 1 万小时寿命试验,1979 年完成了两台推力器模块的地面试验,1980 年集成辅助推进系统达到飞行状态。1984 年休斯公司开始氙离子电推进工程化,并相继成功研制出了 XIPS-13 和 XIPS-25 离子电推进产品。

2. 英国

英国在 T1 原理样机基础上开展了离子推力器工程化研制。1977 年在 T4A 推力器基础上,针对欧空局(ESA)通信卫星 L-Sat 南北位保(NSSK)应用研制了 T5 汞离子推力器,并配套研制了电源处理单元及控制单元。

1985 年启动 T5 氙离子推力器工程化产品研制,相对汞离子 T5,推力器仅有放电室内部的适应性修改,性能扩展到了 2 kW、70 mN,同时研制了推进剂贮供、电源与控制单元等电推进系统配套产品。1989 年在 INTELSAT 计划支持下,T5 推力器演变为三栅极 T5Mk4 推力器。从 1991 年开始,在 ESA 先进中继和技术使命(Artemis)计划支持下,QinetiQ 公司(原 RAE)研制了基于 T5 离子推力器的 UK-10 离子电推进系统,到 1995 年,最终优化的 T5 离子推力器基本性能为:功率 640 W、推力 25 mN、比冲 3 200 s,完成了电推进系统的地面 6 000 h 试验,推力器单独寿命验证达到 10 000 h。

英国更高性能的 25 cm 氙离子推力器 UK25 的开发始于 1987 年,1990 年研制出原理样机,最高性能达到功率 10 kW、比冲 5 000 s、推力 320 mN。UK25 离子推力器在 1995 年演化为束流直径 22 cm、额定推力 150 mN 的 T6 离子推力器,主要面向大型通信卫星平台 AlphaBus 及 BepiColombo 水星探测主推进。

3. 德国

德国针对空间应用的射频离子电推进工程化研制,主要由 Astrium 公司(早期为 MBB 公司)牵头完成。

1970~1982 年研制了 10 cm 汞离子和氙离子射频推力器 RIT-10,1982~1990 年为 EURECA 项目研制了 RIT-10 离子电推进,推力 5~10 mN,在 1992 年发射的 EURECA 平台上成功进行了首次飞行验证,累计工作 240 h。1988~1998 年为 Artemis 卫星研制了 RIT-10 离子电推进,包括工程样机、鉴定产品和飞行产品,推力器地面寿命验证达到 20 000 h,图 2-3 为 RIT-10 射频离子推力器工程产品照片。1985~1998 年开发了 RIT-35 射频离子推力器,推力达到 200 mN;1997~1998 年完成了改进栅极的 RIT-10 推力器研制,性能可扩展到推力 35 mN、比冲 3 700 s,并进行了 1 500 h 试验验证;1998~2003 年开发了 RIT-XT 产品,性能达到 250 mN、5 000 s。

Artemis 卫星是欧洲新技术试验通信卫星,位保应用电推进为英国 UK-10(T5)和德国 RIT-10 的组合系统,T5 推力器的额定工作性能为:功率 640 W、推力 18 mN、比冲 3 460 s。RIT-10 推力器工作性能为:功率 540 W、推力 15 mN、比冲

(a) EURECA试验　　　　　　　　　　　(b) Artemis卫星

图 2-3　RIT-10 推力器工程产品照片

3 300 s。卫星于 2001 年 7 月 12 日发射,由于运载上面级故障,卫星被发射到近地点 590 km、远地点 17 487 km、倾角 2.94°的低能轨道(计划发射轨道为近地点 858 km、远地点 35 853 km、倾角 2.0°的标准转移轨道)。如果采用星上化学推进系统完成 GEO 入轨,即使消耗完全部推进剂也无法实现,因此确定采取化学推进和电推进组合的挽救方案:星上化学推进分别在近地点 5 次工作和远地点 3 次工作,首先把卫星快速转移到 5 000 km 高度的中间停泊圆轨道,剩余化学推进剂支撑 GEO 轨道 200 天工作。然后应用电推进连续工作,把卫星慢慢转移到 GEO 工作轨道。在 5 天内顺利完成了化学推进轨道转移,从 2002 年 2 月 19 日开始电推进转移阶段,前期 2 台推力器同时工作,每天抬升轨道高度 20 km。到了 7 月接连发生了 3 台推力器或 PPU 的失效,2 台 T5 推力器分别累计工作 182 h 和 521 h,仅剩 1 台 RIT-10 推力器能够工作,每天提升高度 15 km。2003 年 1 月底,经历 10 个月的离子电推进连续接力工作,卫星最终到达同步轨道,单台 RIT-10 离子推力器最长累计工作 6 430 h(等效于 7 年在轨南北位保),剩余化学和电推进剂足够维持 10 年工作。在 Artemis 卫星上离子电推进史无前例地完成了非预定的卫星轨道转移任务。

2.2.2　日本和中国

1. 日本

日本同时开展了直流放电和微波放电两种类型离子电推进的工程化研制。其中,直流放电型离子电推进的工程化主要针对通信卫星应用,由三菱电子公司(MELCO)和日本宇宙航空研究开发机构(NASDA/JAXA)联合实施;微波放电型离子电推进的工程化主要针对深空探测航天器应用,由空间与宇航科学研究所(ISAS)和 JAXA 联合实施。

　　1978 年日本开始为工程试验卫星 3 号(ETS‐3)研制 5 cm 汞离子电推进,分别研制了工程样机、原型样机和飞行样机,星上系统由 2 台离子推力器、2 台电源处理单元和 1 台控制单元组成,其中推力器性能为功率 68 W、推力 2 mN、比冲 2 200 s。ETS‐3 卫星于 1982 年 9 月发射进入 1 000 km 高度、45°倾角的圆轨道,在两年半的卫星任务周期中,两台推力器分别开关 45 次、100 次,累计工作时间 53 h、220 h,验证了电推进与卫星兼容性、电推进天地性能一致性等。日本工程试验卫星 6 号(ETS‐6)为新一代通信卫星,只有应用离子电推进完成南北位保任务,卫星整体才能实现要求的 500 kg 以上有效载荷能力。从 1987 年开始,ETS‐6 卫星的 12 cm 氙离子电推进研制工作,分别研制了工程样机、原型飞行样机和飞行样机,单台推力器性能为功率 750 W、推力 23.3 mN、比冲 2 900 s、寿命 6 500 h。ETS‐6 卫星于 1994 年 8 月发射,但由于远地点发动机故障卫星未能入轨,电推进只进行了短期工作试验,工作电参数与地面测试结果一致。1990 年开始研制的通信与广播工程试验卫星(COMETS)确定继续应用与 ETS‐6 卫星上相同的 12 cm 离子电推进完成南北位保,卫星于 1998 年 2 月发射,运载火箭二级发动机故障导致卫星未入轨,推力器只进行了约 14 h 工作试验。图 2‐4 为日本研制的离子推力器工程产品照片。

(a) 5 cm汞离子推力器　　　　　　　(b) 12 cm氙离子推力器

图 2‐4　日本离子推力器工程产品照片

　　ISAS 从 1988 年开始微波放电离子推力器研制,形成了吉野(YOSHINO)系列样机,不仅实现了从非谐振微波放电到电子回旋谐振(electron cyclotron resonance, ECR)微波放电的过渡,而且放电效率逐步提高。至 1995 年,在推进剂利用率 85% 下的离子产生成本达到 300 W/A 水平,碳材料栅极完成了 300 h 试验。其后,ERC 推力器研制演化为深空探测航天器应用的 500 W 功率、10 cm 直径的 μ‐10 离子推力器,1997 年明确为原计划 2002 年发射的小行星采样返回 MUSES‐C 航天器工程应用,μ‐10 离子推力器工程样机达到的主要性能参数为:功率 350 W、比冲 3 000 s、推力 8.5 mN、寿命 18 000 h。

2. 中国

中国离子电推进工程化研制开始于 2000 年,针对 DFH - 4 卫星平台南北位保任务应用需求,兰州物理研究所开发研制 20 cm 离子电推进,2003 年底完成了 LIPS - 200 离子电推进原理样机研制,2004~2007 年完成了工程样机研制,如图 2 - 5 所示。工程样机推力器性能指标为:推力 40 mN、比冲 3 000 s、功率 1.0 kW。2008 年实践 9A(SJ - 9A)卫星立项并确定搭载 LIPS - 200 离子电推进开展首次在轨飞行试验,2008 年 5 月~2010 年 6 月完成初样产品研制,2010 年 7 月~2011 年 11 月完成鉴定产品研制,2011 年 1 月~12 月底完成了飞行产品研制。

图 2 - 5　LIPS - 200 离子电推进系统工程样机

SJ - 9A 卫星于 2012 年 10 月 14 日发射,11 月 5 日在轨试验正式启动,试验过程包括在轨初始化、系统预处理、首次点火启动工作、第一次在轨性能标定、累计开关循环工作、第二次在轨性能标定等,截至 2013 年底,预定试验内容全部完成,主要试验结论包括:电推进系统能够在轨重复、稳定、可靠地工作,电推进系统与卫星其他分系统兼容,空间性能和地面性能基本一致,SJ - 9A 卫星 LIPS - 200 离子电推进的更详细介绍见 12.4 节。

2.3　离子电推进应用工程发展

离子电推进的航天应用工程发展阶段以 1997 年的离子电推进首次正式应用为起点,一直持续到现在。目前已实现的离子电推进航天工程应用包括 GEO 卫星位置保持、深空探测主推进、无拖曳控制及超低轨道卫星、全电推进卫星平台等。

2.3.1　GEO 卫星位置保持

美国休斯公司最早于 1997 年开始了 XIPS - 13 离子电推进在 HS - 601HP(现

为 BSS - 601HP)平台 PAS - 5 通信卫星上南北位保任务的应用。XIPS - 13 是休斯公司基于原有 1.3 kW、25 cm 氙离子电推进工程试验样机技术基础,专门为休斯公司的高功率卫星平台 HS - 601HP 应用而研制的 13 cm 氙离子推进系统。因为 HS - 601HP 平台在 XIPS - 13 之前就存在,所以离子电推进系统为适应已有平台而进行设计,不是平台标准配置。BSS - 601HP 平台卫星配置 4 台氙离子推力器进行南北位保,推力器布置在卫星的背地面、处在俯仰/偏航平面内,如图 2 - 6 所示。正常南北位保工作模式是在升、降交点处仅北、南各 1 台推力器每天工作 5 h,且南、北各有 1 台推力器备份。单台推力器性能指标为:功率 0.44 kW、推力 18 mN、比冲 2 590 s,主要质量指标为:推力器 5.0 kg、电源处理单元 6.8 kg、电推进系统干重 68 kg,卫星寿命 15 年。

 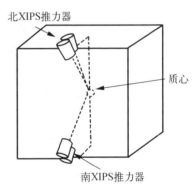

北XIPS推力器

质心

南XIPS推力器

图 2 - 6   PAS - 5 卫星及 XIPS - 13 离子推力器星上布局

日本于 1998 年开始工程试验卫星 8 号(ETS - 8)研制,采用 12 cm 氙离子电推进完成南北位保,但由于卫星质量增大和在轨寿命延长,要求推力器工作寿命达到 16 000 h 以上,为此对推力器工作性能进行了调整,降低阳极电压,主要性能参数为功率 0.75 kW、推力 20 mN、比冲 2 200 s、寿命 16 000 h。ETS - 8 卫星于 2006 年 12 月发射,离子电推进于 2007 年 3 月开始正式南北位保(NSSK)工作,每天升、降交点南北板各有 1 台推力器工作 6 h 左右。

XIPS - 25 是休斯公司专门为新一代高功率卫星平台 HS - 702(现为 BSS - 702)应用而研制的 25 cm 高功率氙离子推进系统。BSS - 702 平台的末期太阳阵功率为 15 kW,可携带 118 个高功率转发器,25 cm 氙离子推进系统是 HS - 702 平台的标准配置,4 台推力器布置在背地面内。系统有 2 套 PPU,可以切换供应 4 台推力器,任何时候最多 2 台推力器同时工作,完成轨道转移(插入)、南北位保、东西位保、姿态控制、动量卸载等任务。单台推力器性能指标为:低功率模式下功率 2.1 kW、推力 80 mN、比冲 3 400 s,高功率模式下功率 4.2 kW、推力 165 mN、比冲 3 500 s。1999 年 12 月 22 日由 Ariane - 44L 首次发射的 Galaxy 11 卫星是第一个

XIPS‒25 离子电推进系统用户,卫星质量 4 484 kg,寿命 15 年,离子电推进系统每天工作半小时左右。

东方红三号 B(DFH‒3B)平台是中国首个应用离子电推进的 GEO 卫星平台,2009 年立项并确定应用 LIPS‒200 离子电推进完成南北位保任务。2010~2011 年完成方案阶段研制,2011~2014 年完成平台初样产品和鉴定产品研制,包括初样产品的全系统联试点火、整星点火、EMC 试验、热平衡试验和羽流试验等地面专项验证试验。2013 年 12 月 25 日启动了 LIPS‒200 离子推力器寿命试验,2016 年 4 月完成累计工作 12 000 h、开关机 6 000 次的试验目标。2015~2016 年完成了应用电推进首发卫星实践十三号(SJ‒13)的正样飞行产品研制。SJ‒13 卫星于 2017 年 4 月 12 日成功发射,入轨后改称为中星十六号(CS‒16),其电推进系统及在轨工作详细介绍见 13.2 节。

2.3.2　深空探测主推进

美国 NASA 的深空一号(DS‒1)是最早应用离子电推进的近地小行星探测航天器,1995 年 11 月确定 GRC 研制的 NSTAR 离子电推进为 DS‒1 的飞行试验项目之一。离子电推进系统的主要使命就是完成在航天器巡航阶段的主推进,同时承担部分时期内的俯仰和偏航控制任务。DS‒1 航天器于 1998 年 10 月 24 日发射;1999 年 4 月 27 日完成了交会 Braille 小行星的主推进任务;2001 年 5 月完成了交会 Borrelly 彗星的主推进工作;2001 年 12 月 18 日关闭了离子电推进系统。在整个飞行任务中,离子电推进系统累计工作 16 265 h、开关机 200 多次、共消耗氙气 73.4 kg、产生速度增量 4.3 km/s,电推进系统及在轨工作详细介绍见 12.5 节。

日本微波放电类型(ECR)离子电推进主要用于深空探测任务,MUSES‒C 航天器任务计划开始于 1995 年,其科学目标是探测 S 类近地小行星 25143 丝川(Itokawa)并采样返回地球,ECR 离子电推进系统承担的任务主要是巡航阶段主推进,此外还承担轨道偏心修正、姿态控制和位置机动保持等任务。MUSES‒C 航天器于 2003 年 5 月 9 日发射后重新命名为隼鸟号(Hayabusa),由 3 台 μ‒10 离子推力器组成的电推进从 7 月正式开展轨道转移工作,2005 年 9 月航天器到达探测目标小行星,离子电推进系统累计工作 25 800 h。航天器于 2007 年 4 月开启返程之旅,2010 年 6 月 13 日实现小行星样品返回地球,虽历经艰险但最终完成了人类首次依赖电推进的小行星采样返回任务。

美国 NASA 黎明号(Dawn)航天器是最为成功的应用离子电推进的深空探测任务。2001 年立项,主要科学目标为探测灶神星(Vesta)和谷神星(Ceres),以提升人类对太阳系起源和演化的理解。航天器于 2007 年 9 月 27 日发射;2011 年 7 月进入环灶神星轨道;2015 年 3 月航天器进入绕谷神星轨道;2018 年 6 月 21 日离子电推进完成最后一次变轨后永久关闭。黎明号航天器整个任务周期长达 11 年、行程达到 48 亿千米,离子电推进出色地完成了主推进及环绕轨道控制任务,Dawn 任务更详细介绍见 14.2 节。

隼鸟 2 号(Hayabusa‐2)计划最早提出于 2006 年,采样返回目标为 C 类小行星 1999 JU3(Ryugu,龙宫),但由于隼鸟 1 号的延迟,隼鸟 2 号计划正式启动于 2011 年 5 月。Hayabusa‐2 的离子电推进是基于 Hayabusa‐1 电推进的改进型,推力器推力增大了 20%、比冲降低 10%、总冲能力提高 20%,电推进系统组成与隼鸟 1 号相同,系统干重 66.4 kg、推进剂 66.5 kg。航天器于 2014 年 12 月 3 日发射。

英国于 2004 年针对 AlphaBus 平台和贝皮·科伦布(BepiColombo)任务进行了 T6 离子电推进性能评价试验,2007 年完成了 6 000 h 工作时长的推力器总冲优化和评价,确认推力器在 200 mN 下可提供 BepiColombo 任务所要求的 14 MN·s 总冲。2009 年承制方获得 BepiColombo 任务 T6 离子电推进研制合同,2011~2015 年 T6 推力器完成了针对 BepiColombo 任务的鉴定试验,包括初始性能确认、力学环境试验、热真空试验、EMC 试验、8 000 h 寿命评价试验等。T6 推力器的主要性能为:功率 2.53~4.63 kW、推力 75~145 mN、比冲 3 960~4 300 s、效率 57%~66%、工作寿命 26 000 h。BepiColombo 航天器经多次推迟最终于 2018 年 10 月 20 日发射,预计 2025 年底到达水星,更详细情况见 14.3 节。

2.3.3　无拖曳控制及超低轨道卫星

1995 年英国 QinetiQ 公司获得为 ESA 引力和稳态海洋环流探测(GOCE)卫星研制离子电推进的合同,分别研制了 T5 离子推力器工程鉴定产品 1 台、飞行产品 2 台、飞行备份产品 1 台。GOCE 卫星于 2009 年 3 月发射入轨,在轨 4 年任务周期内,T5 离子电推进系统提供了推力范围 1~21 mN、推力控制精度 ±10 μN 的不间断大气阻尼补偿,其中主份系统累计工作 1 478 天,单次最长连续工作 10 个月。正是基于离子电推进系统的出色性能,GOCE 卫星任务周期从原计划的 2.5 年扩展到 4 年,成功测得了目前最高精度的地球引力场分布。GOCE 卫星更详细情况见 15.2 节。

2017 年发射的日本在超低轨试验卫星(SLATS)成功进行了 12 cm 离子电推进系统的应用验证。SLATS 卫星质量 383 kg,运行轨道从 271.5 km 开始,分别降低到 216.8 km、250 km、240 km、230 km、181.1 km、167.4 km,单台推力器组成的离子电推进在每个轨道高度补偿大气阻尼以维持卫星轨道,其中 167.4 km 轨道为电推进和化学推进联合工作。电推进推力变化范围 10~24 mN、比冲 1 000~2 400 s、寿命 8 000 h。SLATS 卫星于 2019 年底结束使命,最低轨道高度达到了刷新世界新纪录的 167.4 km,更详细情况见 15.3 节。

2.3.4　全电推进卫星平台

波音公司在 2010 年之前就开始设计开发中小型全电推进通信卫星平台 BSS‐702SP 卫星平台。该平台最大特点是采用全电推进实现变轨和位置保持等任务,取消了双组元化学推进系统,有效减小了卫星发射质量。2012 年 3 月,波音公司宣布获得亚洲广播卫星公司(ABS)和墨西哥卫星公司(Satmex)的 4 颗卫星研制合同,卫星采取一箭双星方式发射,如图 2‐7 所示。BSS‐702SP 平台采用 4 台 XIPS‐25 离子推力器,变轨时需要 2 台离子推力器同时工作。卫星发射质量不超过 2 000 kg,氙气加注量为 400 kg,有效载荷(51 路转发器)500 kg,卫星寿命 15 年。

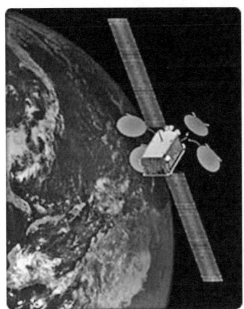

图 2‐7　BSS‐702SP 平台卫星构型图

2015 年 3 月 3 日,美国太空探索公司(SpaceX)的猎鹰‐9 火箭携带美国波音公司研制的两颗全电推进卫星,即亚洲广播卫星 3A(ABS‐3A)和欧洲通信卫星 115 西 B(Eutelsat 115 West B)升空,这两颗卫星成为世界上第一批上天的全电推进卫星。两颗卫星经过 6 个月的轨道转移,比原定计划提前 1 个月到达工作轨道,分别于 2015 年 8 月和 10 月开始正式服役。2016 年 6 月又以一箭双星方式发射了 ABS‐2A 和 Eutelsat 117 West B 卫星,经过 7 个月的轨道转移,后者于 2017 年 1 月 16 日开始在轨服务。

中国于 2014 年开始东方红 5 卫星平台(DFH‐5)和全电推进平台(DFH‐4F)应用多模式 LIPS‐300 离子电推进开发研制,其中离子电推进在 DFH‐5 平台上承担全部位保和部分轨道转移任务,离子电推进在 DFH‐4F 平台上承担完成全部轨道转移、位置保持和寿终离轨任务。LIPS－300 离子推力器具有多模式工作能力,相应的性能指标为:功率 2.4/3.0/4.0/5.0 kW、推力 80/100/160/200 mN、比冲 4 000/4 000/3 500/3 500 s、寿命 30 000 h。DFH－5 平台首发技术验证卫星 SJ－20 卫星已于 2019 年 12 月成功发射,LIPS－300 离子电推进系统已开始全位保工作,详细介绍见 13.3 节。

2.4　离子电推进工程的未来发展

离子电推进作为技术及产品成熟度最高的电推进,在未来相当长的时间内将得到持续性和创新性的工程化发展,以满足不断出现的新航天任务对离子电推进的直接工程需求。

1. 中功率离子电推进成熟度提升

德国 2003 年确定针对商业卫星和科学试验卫星应用研制 RIT－22 产品,性能为最大功率 5.0 kW、推力范围 80~250 mN、比冲范围 4 000~6 200 s、寿命大于 10 000 h。2005 年研制了 2 台工程样机和 1 台鉴定产品,2007 年完成了 RIT－22 工程鉴定,包括了针对 BepiColombo 任务的严酷热环境试验,推力 175 mN 工况下的 4 000 h 和推力 150 mN 工况下的 1 000 h 磨损试验(寿命评价试验)。针对全电推进卫星应用,从 2014 年开始,ArianeGroup 公司(即前 Astrium 公司)研制具有高比冲和大推力双模式工作能力的 RIT－2X 离子推力器及电推进系统,2015~2017 年研制和试验了 3 台工程样机,2017 年研制了 2 台鉴定产品并开始鉴定试验,其中 1 台开展寿命试验,另 1 台完成环境试验、与 PPU 耦合试验、EMC 试验等。

中国 LIPS－100 离子电推进,研制目标为推力连续可调和长寿命,主要性能指标为功率 50~600 W、推力 1~20 mN、比冲 1 500~3 500 s、寿命 15 000 h、推力分辨率 15 μN。目前已完成原理样机研制,正开展工程样机研制。

2. 性能升级版离子电推进

日本 ISAS 对 μ－10 离子推力器进行了性能提升研制,通过改进磁场等技术措施,推力器功率从 444 W 提高到 505 W、推力从 10 mN 提高到 13 mN、比冲从 3 320 s 提高到 3 765 s,效率从 40% 提高到 46%。中国 LIPS－200E 为 LIPS－200 的性能升级版离子电推进,研制目标为实现双模式工作及更长工作寿命,主要性能指标为:功率 1.5/1.0 kW、推力 60/40 mN、比冲 3 100/3 000 s、寿命 15 000 h,目前已经完成工程样机研制,正在开展鉴定产品研制。

2013 年 QinetiQ 公司开始研制环尖场 T7 离子推力器,目标性能为:功率 5~7 kW、比冲 3 182~4 199 s、推力 161~292 mN、效率 65%~68%。

3. 长寿命离子电推进

未来超远距离深空探测任务需要更长工作寿命的离子电推进,美国 NASA 为太阳能机器人探测使命研制了束流直径为 36 cm 的多模式 NEXT 离子推力器,41 个工作模式下的主要性能为:输入功率 0.54~6.9 kW、推力 25.6~236 mN、比冲 1 410~4 190 s、效率 33%~71%。NEXT 推力器寿命验证试验在工程样机 EM3 上完成,2005 年正式启动了长周期验证试验,试验设备为 GRC 的 VF-16,试验分 6 个工况完成,持续到 2014 年,最终达到 51 100 h 累计时间、消耗 918 kg 推进剂而主动终止。应用 NEXT 电推进的任务计划包括太阳神土星系统、新世界观测、彗星表面采样返回、新前沿等使命。

4. 高功率离子电推进

在普罗米修斯计划支持下,美国的 JPL 和 GRC 分别研制了 NEXIS 和 HiPEP 高功率离子推力器,NEXIS 实验室模型的最高性能为:功率 27 kW、比冲 8 700 s、推力 517 mN、效率 81%。HiPEP 推力器设计为独特的矩形放电室,在实验室模型上验证的性能达到:功率 10~40 kW,比冲 5 970~9 600 s、推力 240~670 mN、效率 72%~80%。2010 年 NASA 支持开展了束流直径为 50 cm 的高功率大推力离子推力器研制,目标为功率范围 7~25 kW、效率 70% 以上、推力功率比达到 50 mN/kW。

中国正在工程化研制 LIPS-400 离子电推进,研制目标为多模式和高功率,原理样机实现的性能指标为:功率 0.5~10 kW、推力 10~320 mN、比冲 2 000~4 500 s。日本东芝公司针对轨道转移和星际探测应用研制的 IES-35 离子推力器,原理样机性能为功率 3.3 kW,比冲 3 518 s,推力 150 mN、推进剂利用率 90%,已经验证的扩展性能为:功率 1.83~4.64 kW、推力 81~210 mN、比冲 3 440~3 500 s、效率 74.5%~77.7%。

更高功率离子电推进的最新发展包括基于环型离子推力器的多环离子电推进、离子和霍尔混合型电推进等。美国正研制内径 36 cm,外径 65 cm 的单环离子推力器样机,预期功率可达 56 kW。

5. 微小功率推力连续可调离子电推进

从 2007 年开始,ArianeGroup 公司为 ESA 研制微型推力器 RIT-μX,推力连续调节范围 10~100 μN。2014 年开始电推进系统研制,计划完成系统级 2 000 h 试验。

6. 超高比冲离子电推进

针对未来行星际探测任务,航天器速度增量需求要达到 100 km/s 量级,如果推进剂总量要控制在航天器发射总重的 70% 以下,推进系统的比冲至少应达到 8 466 s,由此可见未来超远距离深空探测任务对超高比冲离子电推进的必然需求。

目前超高比冲离子电推进主要采用双级加速技术方案,如图 2-8 所示,由屏栅和引出栅组成的引出级保证了离子从放电室的引出效率,由引出栅和加速栅组成的加速级实现引出离子的高压差加速,从而有效解决了单级加速在引出效率和加速效率两方面无法兼顾的矛盾。

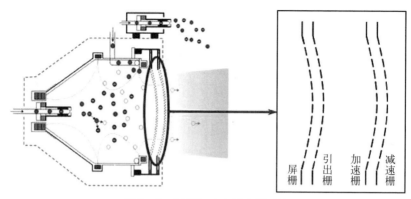

图 2-8 双级加速离子光学系统

英国已经完成了束流直径为 2 cm 的实验样机研制,达到的最好性能为:功率 614 W、推力 5.4 mN、比冲 14 500 s、效率 70%、推力密度 1.7 mN/cm², 发散角 3.8°。兰州物理研究所研制了束流直径为 5 cm 的实验样机,获得的主要性能为:功率 1 582 W、推力 28 mN、比冲 10 076 s、推力密度 1.4 mN/cm²、发散角 4.6°。

ESA 计划研制束流直径为 34 cm 的工程样机,目标性能为:功率 20 kW、比冲 10 000 s、推力 450 mN。兰州物理研究所正在开展工程样机研制,目标性能为:功率 0.5~1 kW、比冲 7 000~10 000 s、推力 10~25 mN、效率 65%~75%。

参考文献

张天平,杨福全,李娟,等. 2020. 离子电推进技术[M]. 科学出版社,北京.

张天平,张雪儿. 2019. 离子电推进的航天器应用实践及启示[J]. 真空与低温,25(2): 73-81.

张天平. 2015. 兰州空间技术物理研究所电推进新进展[J]. 火箭推进,41(2): 7-12.

张伟文,张天平. 2015. 空间电推进的技术发展及应用[J]. 国际太空,3(435): 1-9.

Altmann C, Leiter H, Kukies R. 2015. The RIT-μX miniaturized ion engine system way to TRL 5 [C]. Hyogo-Kobe: The 34th International Electric Propulsion Conference.

Anzel B. 1998. Stationkeeping the Hughes HS-702 Satellite with a xenon ion propulsion system[C]. Melbourne: The 49th International Astronautical Congress.

Brophy J R, Etters M A, Gates J, et al. 2006. Development and testing of the Dawn Ion Propulsion System[C]. Sacramento: The 42th AIAA/ASME/SAE/ASEE Joint Propulsion Conference & Exhibit.

Choueiri E Y. 2004. Critical history of electric propulsion: The first 50 years (1906-1956)[J]. Journal of Propulsion and Power, 20(2): 193-203.

Coletti M, Simpson H, Gabriel S B, et al. 2015. Ring cusp ion engine development in the UK[C]. Hyogo-Kobe: The 34th International Electric Propulsion Conference.

Fearn D G, Crookham C. 2003. The development of ion propulsion in The UK: A histerical perspective [C]. Toulouse: The 28th International Electric Propulsion Conference.

Foster J E, Haag T, Patterson M, et al. 2004. The high power electric propulsion (HiPEP) ion thruster[R]. Fort Lauderdale: The 40th AIAA/SAE/ASEE Joint Propulsion Conference.

Garner C E, Rayman M D. 2015. In-flight operation of the Dawn Ion Propulsion System-arrival at Ceres[C]. Hyogo-Kobe: The 34th International Electric Propulsion Conference.

Kajiwara K, Ozaki T, Ikeda M, et al. 2009. ETS-Ⅷ ion engine and its operation on orbit[C]. Ann Arbor: The 31 st International Electric Propulsion Conference.

Kerslake W R, Ignaczak L R. 1992. Development and flight history of SERT-Ⅱ spacecraft[C]. Nashville: The 28th AIAA/ASME/SAE/ASEE Joint Propulsion Conference & Exhibit.

Killinger R, Leiter Hans, Kukies R. 2007. RITA ion propulsion sytems for commercial and scientific applications[C]. Cincinnati: The 43rd AIAA/ASME/SAE/ASEE Joint Propulsion Conference & Exhibit.

Kitamura S, Hayakawa Y, Yoshida H, et al. 2005. Research and development status of JAXA next-generation ion engine[C]. Princeton: The 29th International Electric Propulsion Conference.

Kitamura S, Kajiwara K, Nagano H, et al. 2007. Development history and current status of DC-Type ion engines at JAXA[C]. Florence: The 30th International Electric Propulsion Conference.

Kuninaka H, Hiroe N, Kitaoka K, et al. 1993. Development of ion thruster system for interplanetary missions[C]. Seattle: The 23th International Electric Propulsion Conference.

Kuninaka H. 2011. Round-trip deep space maneuver of microwave discharge ion engines onboard HAYABUSA explorer[C]. Wiesbaden: The 32nd International Electric Propulsion Conference.

Lewis R A, Luna J P, Coombs N, et al. 2015. Qualification of the T6 thruster for BepiColombo[C]. Hyogo-Kobe: The 34th International Electric Propulsion Conference.

Luna J P, Lewis R A, Hutchins M. 2017. QinetiQ high power electric propulsion system and architectural options for future applications [C]. Atlanta: The 35th International Electric Propulsion Conference.

Marques R I, Gabrie S B. 2009. Dual stage four grid (DS4G) ion engine for very high velocity change missions[C]. Ann Arbor: The 31 st International Electric Propulsion Conference.

Nagano H. 2010. Development of the ion engine system for SLATS[C]. Prague: The 61 st Int. Astronautical Congress.

Nishiyama K, Hosoda S, Ueno K, et al. 2015. Development and testing of the Hayabusa2 ion engine system[C]. Hyogo-Kobe: The 34th International Electric Propulsion Conference.

Nishiyama K, Hosoda S, Koizumi H, et al. 2010. Hayabusa's way back to earth by microwave discharge ion engines [C]. Nashville: 46th AIAA/ASME/SAE/ASEE Joint Propulsion Conference & Exhibit.

Notarantonio A, Mazzini L, Amorosi L. 2003. Full successful ARTEMIS salvage mission overall[C]. Bremen: The 54th International Astronautical Congress.

Ocampo C. 1998. Geostationary orbit transfer using electric propulsion for the Hughes HS-702 Satellite[C]. Melbourne: The 49th International Astronautical Congress.

Ozaki T, Kasai Y, Inanaga Y, et al. 2006. Electric propulsion development activity at MELCO[C]. Sacramento: The 42th AIAA/ASME/SAE/ASEE Joint Propulsion Conference & Exhibit.

Patterson M J, Sovey J S. 2013. History of electric propulsion at NASA Glenn Research Center: 1956 to present[J]. Journal of Aerospace Engineering, 26(2): 300-316.

Patterson M J, Thomas R, Crofton M W, et al. 2015. High thrust-to-power annular engine technology

[C]. Orlando: The 51 st AIAA/SAE/ASEE Joint Propulsion Conference.

Polk J E. 2001. Demonstration of the NSTAR ion propulsion system on the Deep Space One Mission [C]. Pasadena: The 27th International Electric Propulsion Conference.

Porst J P, Altmann C, Arnold C, et al. 2017. The RIT 2X propulsion system: Current development status[C]. Atlanta: The 35th International Electric Propulsion Conference.

Randall P N, Lewis R A, Clark S D. 2017. QinetiQ T5 based electric propulsion system and architectural options for future applications [C]. Atlanta: The 35th International Electric Propulsion Conference.

Randolph T M, Polk J E. 2004. An overview of the nuclear electric xenon ion system (NEXIS) activity[C]. Fort Lauderdale: The 40th AIAA/SAE/ASEE Joint Propulsion Conference.

Rayman M D. 2002. The successful conclusion of the Deep Space 1 Mission: Important results without a flashy title[C]. Houston: The 53th International Astronautical Congress.

Tani Y, Nishiyama K, Koda D, et al. 2017. Performance enhancement of Microwave Discharge Ion Thruster μ10[C]. Atlanta: The 35th International Electric Propulsion Conference.

Toki K, Kuninaka H, Nishiyama K, et al. 2001. Technological readiness of microwave ion engine system for MUSES − C mission [C]. Pasadena: The 27th International Electric Propulsion Conference.

Walker R, Bramanti C, Sutherland O, et al. 2006. Initial experiments on a dual-stage 4-Grid ion thruster for very high specific impulse and power[C]. Sacramento: The 42nd Joint Propulsion Conference & Exhibit.

Yim J T, Soulas G C, Shastry R, et al. 2017. Update of the NEXT ion thruster service life assessment with post-test correlation to the long-duration test[C]. Atlanta: The 35th International Electric Propulsion Conference.

第3章
离子推力器产品研制基本方法

3.1 离子推力器产品基本要求

由于离子推力器工作和结构的特殊性,无法按传统宇航产品分类将其确切定义为机械类产品或电子类产品,也无法直接引用相关类型产品的研制要求。需结合航天器的应用需求确定离子推力器的基本功能、工作条件和性能指标。在此基础上,针对具体航天器的结构、热、供电等方面的特性确定离子推力器产品的相关接口要求。

3.1.1 功能要求

离子推力器作为离子电推进系统的核心单机,其功能分为一般功能要求和特殊功能要求。其中,一般功能要求,也可以说是最主要、最基本的功能,是在分系统其他单机产品提供的额定供气和供电条件下产生额定推力。这是电推进分系统实现航天器任务所需总冲量的基本保证。

特殊功能要求是涉及具体航天器需求,为适应在轨应用、地面测试和发射场测试等过程而赋予的相关功能。例如,是否要求具备多工作点工作或连续可调工作的功能,为实现与整星安装需具备实现可靠的机械连接和电连接的功能,为确保整星的用电安全需具备与供气管路之间实现气路电绝缘的功能,为防止气路污染、确保推进剂的纯度要具备对气路杂质进行过滤的功能,为适应多种测试环境需具备在真空条件下的自清洁功能等。

3.1.2 工作条件

离子推力器作为电推进系统的核心单机,其工作需要由系统内的其他单机为其提供基本的工作条件,主要包括供电条件和供气条件。

1. 供电条件

离子推力器从开始阴极加热到正常工作,至少需要有九路电源为其供电,包括屏栅电源、加速电源、阳极电源、阴极触持电源、中和器触持电源、阴极加热电源、中和器加热电源、阴极点火电源和中和器点火电源。其中,屏栅电源和加速电源是恒压输出电源,阳极电源、阴极触持电源、中和器触持电源、阴极加热电源、中和器加热电源是恒流输出电源,阴极和中和器点火电源为电压脉冲电源。

针对电源的不同作用和推力器自身设定的电参数,上述电源分别有不同的供电要求。包括额定输出电压、额定输出电流、开路电压、脉冲电压及供电输出稳定度等。这些条件也是系统内供电单元的设计输入条件。

2. 供气条件

供气条件一般包括工作介质要求、推进剂流率和特殊要求。当前主流的工作介质是惰性气体氙,对其要求主要是纯度,以避免空心阴极在工作时被污染。推进剂流率要求以质量流率为主,对流率范围提出控制要求。此外,根据在轨的特殊处理要求,如提高空心阴极的点火成功率,可以设置不同的流率档。

3.1.3   性能指标

性能指标是指在系统其他单机提供的供电供气条件下,推力器所能实现的性能参数。总体而言,可以分为核心性能指标和一般性能指标。

1. 核心性能指标

推力、比冲和功率等三大指标,是离子推力器最为核心的技术指标。对于离子电推进分系统而言,推力、比冲及功率这三大指标是实现分系统基本功能的核心指标。作为电推进系统而言,首先确定的就是这三大指标。

一般根据整星所能提供给分系统的功率,考虑到供电单元 80% ~ 90% 的效率以及供气单元和控制单元不到 200 W 的功率需求,剩余的则是可提供给离子推力器的功率;在功率基本确定的条件下,依据在轨任务的需要并结合离子推力器自身特点,可给出一定功率下的推力需求范围;对于南北位保这种单一任务而言,使用离子电推进系统就是看重其高比冲所带来的优势,一般比冲要求不会低于 3 000 s,对于更长寿命、多任务需求的航天器,其比冲要求甚至达到 4 000 s。

对于南北位保或轨道转移等单一工作需求或几个工作需求,可以给出对应的工作点性能指标,这三个指标均应给出一定的范围。对应的工作参数一般分为额定参数和拉偏参数,额定参数下的推力变化范围一般不超过 5%,拉偏参数下则不严格要求。对于有连续可调功能的在轨任务,则可以给出一个覆盖所有工作点的功率范围、推力范围和最低比冲要求。

上述三大指标确定后,不同工作点下对应的供电供气输入条件和拉偏供电供气输入条件也可确定,即分系统其他单机的基本指标得以确定。

2. 一般性能指标

除上述三个主要参数外,还包括点火启动时间、单次工作时间、束流发散角和推力偏角等一般性能指标要求。

（1）点火启动时间。是指整星控制分系统从发出"离子推力器空心阴极加热"指令开始到离子推力器产生额定推力为止所需的时间。推力器内部的空心阴极的点火时间直接决定了该指标的符合性。此外，栅极组件的状态对达到额定推力的时间也有一定影响。在离子推力器设计时，对空心阴极的点火时间要求即从此处而来。

（2）单次工作时间。为满足航天器在轨不同的应用需求，推力器单次无故障的持续工作时间。根据航天器质量、姿态和执行任务时机的不同，单次工作时间有所区别。例如，3 000 kg 左右的通信卫星用电推进分系统执行 15 年南北位保任务时，推力器单次点火工作时间在 100～130 min（寿命初期和末期的卫星质量差异）；同样质量的通信卫星用电推进分系统执行轨道转移任务时，其单次点火时间在 50～200 h。

（3）束流发散角。是反映离子推力器的离子束流从栅极加速喷出后所形成的空间分布。测试探针在距离加速栅极 500～700 mm 的范围内平行于推力器出口进行扫描测试。通过扫描的电流数据推算分别得出包含 99% 束流和 95% 束流的束流发散角数据。

（4）推力偏角。一般定义推力器喷口为 XOY 平面，推力的理论方向垂直于 XOY 平面中心，为 Z 轴。实际推力矢量方向与理论的 Z 轴存在一定的夹角。该角度即为推力偏角，是反映推力矢量的指标。造成推力偏角的原因是推力器内部装配误差、磁性材料特性偏差等。一般偏角在 1° 以内，通过矢量调节机构或整星控制分系统可消除其影响，不影响推力器在轨使用。

3.1.4　寿命、可靠性和安全性要求

1. 寿命

离子推力器的寿命包含以下几个方面的内容。

（1）累计工作时间：是指离子推力器输出推力的累计时间。该指标与在轨任务和地面测试周期相关。根据航天器在轨的总冲量需求，结合离子推力器的工作模式和输出推力，可以得出离子推力器在轨的基本工作时间。在此基础上，考虑一定的设计裕量及地面测试需求，给出最终产品的累计工作时间。

（2）开关机次数：离子推力器从空心阴极开始加热到输出推力，累计工作一定时间关闭推力器，算一次开关机。该指标与累计工作时间类似，与在轨任务相关。例如，深空探测单次工作时间很长，其开关机次数就比南北位保任务要少。在考虑在轨使用裕度的同时要考虑地面测试项目对开关次数的要求，给出综合的开关机次数。

（3）贮存时间。是指离子推力器单机产品完成研制后，在地面一定条件下的容许的最长贮存周期。一般要求单机至少具备存储 3 年。

2. 可靠性

指离子推力器稳定输出所需推力的概率。根据不同的阶段,可靠度要求不同。一般在单机产品地面测试、发射场测试以及入轨初期的前期,对其可靠度要求较高,基本要求在 0.999 以上;在轨寿命末期,可靠度要求相对低,至少为 0.9。对于复杂的空间任务,可以在不同的工作阶段提出不同的可靠度要求。

对于离子推力器而言,要从原材料及元器件、结构设计和工作特性等设计源头来提升产品可靠性。在原材料、元器件及部组件级加强筛选识别,方能提高最终产品的可靠性。

3. 安全性

离子推力器在产品设计阶段、生产测试阶段、AIT 及发射场测试阶段,均需要考虑安全方面的要求。

(1) 内部电极最小安全间距。是指推力器内部同电位的零部组件之间的最短距离。这是一个推力器单机的设计指标,并不需要由卫星用户或分系统用户提出,而需要在推力器设计时考虑此项要求。一般而言,推力器属于真空条件下工作的产品,真空具有极好的绝缘性(如真空条件下间距保持 1 mm 以上即可保证 1 000 V 电压的绝缘裕度),还需要考虑地面测试过程中多余物搭接等极端情况造成的绝缘下降问题。具体的间距值则是根据不同电极的形貌结构和位置综合决定的。

(2) 电极绝缘。是指离子推力器供电接点与推力器外壳、各供电接点之间的绝缘特性。一般给出大气和真空等不同条件下的指标,以便地面试验和发射场均可测试。

(3) 内部管路漏率。是指推力器内部三路供气管路的整体漏率。此指标为 Ⅱ 类不可测试项目,在部组件级即开展测试。

3.1.5 接口要求

1. 机械接口

机械接口是指推力器与系统其他单机(或整星)连接的机械特性。主要包括以下几个方面。

(1) 外形尺寸:指推力器的最大轮廓尺寸。该尺寸一般用于确定推力器在整星的安装位置,避免超出整星的最大包络尺寸或与整星干涉。

(2) 质量:离子推力器的实际质量,包含本体及配套附件(如与矢量调节结构的安装螺钉等)。在推力器设计时,还需要提供推力器的质心分布特性,以便于整星开展质量特性分析。一般以推力器喷口面为 XY 平面,推力输出方向为正 Z 轴建立推力器的三维坐标系,并在此坐标系内明确质心位置。

(3) 安装接口:离子推力器一般需安装于矢量调节机构上,其安装接口要求包括推力器与矢量调节结构(或卫星)的安装形式,如螺接口数量、螺钉规格等;推力器安装面的要求,如安装面尺寸、平面度、粗糙度、安装面积及表面状态等。

（4）气路接口：气路接口是指离子推力器与分系统供气管路之间的安装接口,其要求包括接口数量、位置和接口形式。一般离子推力器包括阳极、阴极和中和器三路供气,接口布于推力器上靠近卫星一侧,接口形式多为螺接。

2. 热接口

热接口要求中需要对推力器的对外热特性做出确定,以保证推力器自身可稳定工作,同时不影响其他单机的稳定可靠工作。相关要求包括以下内容。

（1）表面特性及发热量：需对离子推力器的表面热控特性,如是否有热控材料包覆、是否有特殊处理等做出明确要求。一般而言,上述要求是基于整星、分系统及推力器单机的热分析结果而综合确定的。发热量一般采用理论计算值。

（2）工作温度范围：主要包括启动温度和热试验温度。启动温度是指推力器点火工作前的温度范围。一般指在轨时的点火前温度,也是整星热控分系统对推力器的控温范围。在推力器产品研制过程中,在不同阶段要开展热真空试验,其温度需在启动温度上下限进行拉偏。一般验收级热真空试验的试验温度上下各拉偏10℃；鉴定级热真空试验的试验温度上下各拉偏20℃。

（3）温度监测点：在热接口要求中,还需对推力器的温度监测点数量、位置、测温元器件规格及安装方式做出规定。由于推力器工作区域分布有等离子体及高温环境,温度监测点都布置于推力器的外壳而非内部。在其中要选取一个作为温度控制点（一般用安装面的温度监测点）以确定工作启动温度。

3. 电接口

离子推力器电接口至少要规定两方面的要求：一是推力器与整星的接地方式和接地电阻要求；二是推力器与系统供电线缆的接口形式、接点定义和绝缘要求。若选取电连接器和导线则需对高温、高压及抗辐照性能进行明确规定,也可在推力器设计完成后,在原材料采购规范中明确。

3.1.6　环境适应性要求

1. 基本要求

离子推力器需能耐受地面存储、运输和发射的力学、温湿度条件环境,并在空间辐射和真空环境下工作。同时,离子推力器喷射出的离子束流还不能对卫星的通信及其他分系统工作造成影响。

环境适应性需要通过地面试验进行测试验证。试验的标准和等级依据航天器使用的离子推力器产品的技术成熟度和产品成熟度不同而分为四类：

A 类：完全继承已经通过鉴定的产品,在设计、制造、元器件、工艺、材料、承制方等方面没有更改,其设计规范和技术要求（包括性能、可靠性、设计寿命、环境条件等）均不高于被继承产品,不需进行鉴定试验,只需进行验收试验。

B 类：继承已经通过鉴定的产品，在设计、制造、元器件、工艺、材料、承制方等方面均没有较大的更改，当继承产品的使用环境或性能要求不高于被继承产品时，需要进行验收试验或准鉴定试验，当继承产品的使用环境或性能要求高于被继承产品时，需要进行准鉴定试验或补充鉴定试验。

C 类：继承已经通过鉴定的产品，但在设计、制造、元器件、工艺、材料、承制方等方面有较大更改的产品，需要进行相应的补充鉴定或全面的鉴定试验。

D 类：新研制的产品，需要进行全面鉴定试验。

2. 力学试验

依据航天器安装及入轨流程，离子推力器在地面需开展加速度试验、冲击试验和振动试验的力学适应性验证。

1）加速度试验

试验要求包括：① 用离心机做试验时，离心机臂长应大于试件沿臂长方向长度的 5 倍；② 加载速率不大于 $5g/\min$；试验过程中离子推力器不加电；③ 试验前后要对离子推力器的外观及电气特性进行确认。

试验条件包括：一般加速度取 $9g$，沿卫星三个正交轴方向，每个方向保持时间至少为 5 min。

2）冲击试验

试验要求包括：① 试验时应采用刚性试验夹具将离子推力器固定在振动台上，冲击控制点在离子推力器与试验工装夹具的连接面上或控制台连接面上；② 试验过程中离子推力器不加电；③ 试验前后要对离子推力器的外观及电气特性进行确认。

试验条件包括：一般离子推力器均装于矢量调节机构上，在轨需进行展开，其带来的冲击力较大。因此，离子推力器的冲击试验量级较高，表 3-1 为 GEO 卫星使用离子推力器的典型冲击试验条件。

表 3-1　离子推力器的典型冲击试验条件

频率/Hz	冲击谱加速度	
	鉴 定 级	验 收 级
100~1 500	+6 dB/oct	+6 dB/oct
1 500~4 000	1 600 g	800 g
试验次数	鉴定 3 次，验收 1 次	
试验方向	正交的三个方向	

3）振动试验

正弦振动试验条件：① 试验量级。具体的试验量级与采用的运载火箭型号及航天器的自身力学特性相关，一般由航天器设计用户给出具体试验量级。验收级、准鉴定级与鉴定级试验量级之间的关系为：准鉴定试验为鉴定级条件除以 1.2，验收试验为鉴定级条件除以 1.5。② 扫描速率。鉴定试验 2 倍频程/分；准鉴定试验和验收试验 4 倍频程/分。

随机振动试验条件：① 试验量级。具体的试验量级与采用的运载火箭型号及航天器的自身力学特性相关。一般由航天器设计用户给出具体试验量级。验收级、准鉴定级与鉴定级试验量级之间的关系为：准鉴定试验原则上谱密度以鉴定级条件除以 1.58，总均方根加速度以鉴定级条件除以 1.25，谱形不变；验收试验原则上谱密度以鉴定级条件除以 2.5，总均方根加速度以鉴定级条件除以 1.58，谱形不变。② 试验时间。鉴定试验 2 分钟/轴向；准鉴定试验和验收试验 1 分钟/轴向。

3. 热真空试验

1）试验目的

鉴定或准鉴定级热真空试验的目的是验证离子推力器在规定的真空压力和鉴定、准鉴定级热循环应力环境下的工作能力，并能承受在验收试验期间施加于离子推力器上的热真空环境。验收级热真空试验的目的是在真空热循环环境中暴露组件的材料和工艺制造质量方面的潜在缺陷。

2）试验条件

鉴定级：① 环境压力 $\leqslant 6.65 \times 10^{-3}$ Pa；② 试验温度：高温端温度为离子推力器启动的最高工作温度再加 20℃，如果高温端温度低于 70℃，则高温端温度取70℃；一般组件的低温端温度为离子推力器启动的最低工作温度再减 20℃，如果低温段温度高于−35℃，则低温端温度取−35℃；③ 循环次数 8.5 次。相比于航天器其他电子单机，离子推力器不能开展热循环试验，因而在热真空试验中要增加循环次数；④ 温变速率：温度平均变化率 $\geqslant 1℃/min$，至少应 $>0.5℃/min$；⑤ 停留时间：当温度控制点温度达到允许偏差范围后，对离子推力器进行温度保持，温度保持时间按表 3－2 规定，目的是使推力器完全温度平衡；⑥ 工作点火：高、低温端持续工作时间（含性能测试时间）不少于 4 h，其中保证性能指标测试持续时间按照性能指标测试时间确定。

表 3－2　不同质量离子推力器热真空试验时温度保持时间

试验组件质量/kg	温度保持时间/h
≤2	0.5
>2~8	1
>8~15	1.5
>15	>1.5(具体按温度稳定判据确定)

注：温度保持时间是使组件内部零、部件达到冷透、热透所需要的时间。

准鉴定试验：① 环境压力≤6.65×10⁻³ Pa；② 试验温度：高温端温度为离子推力器启动的最高工作温度再加 15℃，如果高温端温度低于 65℃，则高温端温度取 65℃；低温端温度为离子推力器启动的最低工作温度再减 15℃，如果低温端温度高于−30℃，则低温端温度取−30℃；③ 循环次数 3.5 次；④ 温变速率：升降温过程的温度变化率≥1℃/min，至少应>0.5℃/min；⑤ 停留时间：组件温度控制点温度达到允许偏差范围后进行温度保持，温度保持时间按表 3-2 规定；⑥ 高、低温端持续工作时间（含性能测试时间）不少于 4 h，保证性能指标的持续工作时间由完成性能指标测试的时间确定。

验收试验：① 环境压力≤6.65×10⁻³ Pa；② 试验温度：高温端温度为离子推力器启动的最高工作温度再加 10℃，如果高温端温度低于 60℃，则高温端温度取 60℃；低温端温度为离子推力器启动的最低工作温度再减 10℃，如果低温端温度高于−25℃，则低温端温度取−25℃；③ 循环次数 3.5 次；④ 温变速率：升降温过程的温度变化率≥1℃/min，至少应>0.5℃/min；⑤ 停留时间：组件温度控制点温度达到允许偏差范围后进行温度保持，温度保持时间按表 3-2 规定；⑥ 高、低温端持续工作时间（含性能测试时间）不少于 4 h，保证性能指标的持续工作时间由完成性能指标测试的时间确定。

4. 带电粒子辐照试验

1）试验目的

带电粒子辐照试验是为了检验离子推力器中所用的电子元器件和各种功能材料耐空间辐射的能力。

在推力器供电回路中会使用接插件和绝缘导线，其内部存在有机材料和高分子材料。推力器整机一般不开展抗辐照试验，可在元器件级对接插件和绝缘导线开展专项的抗辐照试验。

2）试验条件及要求

（1）辐照源。带电粒子辐照试验所采用的辐照源可以是电子加速器、质子加速器、重离子加速器、同位素源或者⁶⁰Co（γ 射线）源等，表 3-3 给出通常的辐照试验中辐照源的选择。离子推力器所使用的元器件为高压接插件和高温导线，主要对其进行总剂量测试。即表格中前两项测试及对应辐照源。具体实施哪种试验，可依据所采用的元器件类型及型号要求实施。

表 3-3 DFH-3B 公用平台卫星辐照试验的辐照源选择

试验样品及试验类型	辐照源
一般电子元器件及材料总剂量试验	⁶⁰Co（γ 射线）源
表面材料总剂量试验	1 MeV 或 300 keV 电子

续　表

试验样品及试验类型	辐　照　源
太阳电池辐射损伤试验	1 MeV 电子
电子元器件单粒子效应	质子、重离子加速器或^{252}Cf 同位素源

（2）辐照量。离子推力器应用最为广泛的高轨通信平台卫星在轨工作 15 年时吸收的辐射总剂量和屏蔽厚度的关系如表 3-4 所列。离子推力器所使用的非金属材料、接插件及导线等元器件和材料的带电粒子辐照试验的总剂量，可依据其对星外辐射环境的屏蔽厚度进行设计，其中卫星外表面总吸收剂量按照 2×10^9 rad（Si）进行考核。

表 3-4　高轨通信卫星在轨辐射剂量表（地球同步轨道最恶劣捕获粒子环境定点）

等效铝厚度/mm	屏蔽面密度/（g/cm^2）	捕获电子剂量/[rad（Si）]	韧致辐射剂量/[rad（Si）]	捕获质子剂量/[rad（Si）]	太阳耀斑质子剂量/[rad（Si）]	总剂量/[rad（Si）]
0.015	0.004	1.17E+09	4.31E+05	6.13E+06	2.92E+06	1.18E+09
0.1	0.027	5.79E+08	3.82E+05	0.00E+00	7.32E+05	5.80E+08
0.2	0.054	2.89E+08	2.63E+05	0.00E+00	2.80E+05	2.90E+08
0.3	0.081	1.74E+08	2.00E+05	0.00E+00	1.63E+05	1.75E+08
0.4	0.108	1.15E+08	1.59E+05	0.00E+00	1.12E+05	1.15E+08
0.5	0.135	7.87E+07	1.31E+05	0.00E+00	8.41E+04	7.89E+07
0.6	0.162	5.69E+07	1.11E+05	0.00E+00	6.62E+04	5.71E+07
0.7	0.189	4.34E+07	9.69E+04	0.00E+00	5.43E+04	4.35E+07
0.8	0.216	3.43E+07	8.58E+04	0.00E+00	4.47E+04	3.44E+07
0.9	0.243	2.75E+07	7.70E+04	0.00E+00	3.82E+04	2.76E+07
1	0.27	2.23E+07	6.98E+04	0.00E+00	3.36E+04	2.24E+07
1.5	0.405	8.58E+06	4.72E+04	0.00E+00	1.98E+04	8.65E+06
2	0.54	3.80E+06	3.53E+04	0.00E+00	1.35E+04	3.85E+06
2.5	0.675	1.89E+06	2.83E+04	0.00E+00	1.01E+04	1.93E+06
3	0.81	1.01E+06	2.38E+04	0.00E+00	8.00E+03	1.04E+06
3.5	0.945	5.52E+05	2.08E+04	0.00E+00	6.48E+03	5.79E+05
4	1.08	2.97E+05	1.85E+04	0.00E+00	5.46E+03	3.21E+05
4.5	1.215	1.61E+05	1.68E+04	0.00E+00	4.68E+03	1.82E+05
5	1.35	9.04E+04	1.55E+04	0.00E+00	4.08E+03	1.10E+05
6	1.62	3.27E+04	1.34E+04	0.00E+00	3.25E+03	4.93E+04

续　表

等效铝厚度/mm	屏蔽面密度/(g/cm^2)	捕获电子剂量/$[rad(Si)]$	韧致辐射剂量/$[rad(Si)]$	捕获质子剂量/$[rad(Si)]$	太阳耀斑质子剂量/$[rad(Si)]$	总剂量/$[rad(Si)]$
7	1.89	1.17E+04	1.19E+04	0.00E+00	2.62E+03	2.62E+04
8	2.16	3.43E+03	1.07E+04	0.00E+00	2.27E+03	1.64E+04
9	2.43	7.80E+02	9.77E+03	0.00E+00	1.91E+03	1.25E+04
10	2.7	1.08E+02	9.02E+03	0.00E+00	1.63E+03	1.08E+04
11	2.97	4.89E+00	8.39E+03	0.00E+00	1.48E+03	9.87E+03
12	3.24	0.00E+00	7.85E+03	0.00E+00	1.32E+03	9.17E+03
13	3.51	0.00E+00	7.39E+03	0.00E+00	1.15E+03	8.54E+03
14	3.78	0.00E+00	6.99E+03	0.00E+00	1.07E+03	8.06E+03
15	4.05	0.00E+00	6.64E+03	0.00E+00	1.01E+03	7.65E+03
16	4.32	0.00E+00	6.34E+03	0.00E+00	8.88E+02	7.22E+03
17	4.59	0.00E+00	6.07E+03	0.00E+00	8.23E+02	6.89E+03
18	4.86	0.00E+00	5.83E+03	0.00E+00	8.12E+02	6.64E+03
19	5.13	0.00E+00	5.62E+03	0.00E+00	7.19E+02	6.34E+03
20	5.4	0.00E+00	5.42E+03	0.00E+00	6.43E+02	6.07E+03

（3）其他。辐照试验样品是指材料、电子元器件或者用电子元器件设计成有一定功能和代表性的典型线路；试验样品在辐照时，必须裸露，不允许加有任何屏蔽物；在电子元器件样品的辐照过程中，对其主要性能参数应进行原位测量，并监视其变化趋势；对于材料样品的辐照试验，对其主要性能参数（主要为电性能等）应尽可能进行原位测量，至少应在离开辐射源后尽快测量，以减少漂白、退火等效应对试验结果的影响。机械性能的测量可进行非原位测量（移位测量）；试验过程中，必要时对样品台进行温度控制，使试验样品温度保持在实际使用温度范围之内；辐照试验样品进行本试验后将会受到不同程度的损伤，因此本试验仅为鉴定试验；因为辐照试验比较复杂，为保证试验成功，进行辐照试验之前，应制订试验大纲。

3.1.7　专项试验要求

1. EMC 试验

离子推力器一般安装于航天器的外表面且远离发射天线等载荷。开展电磁特性和电磁兼容性测试的主要目的是测量离子推力器在不同工况下的发射电平（即辐射特性），考察离子推力器在扩展频段的电磁发射特性，便于以此为依据分析电推进系统与航天器间的电磁兼容性。一般要求进行的测试项目如表3-5所列。

表 3-5　电推进系统电磁辐射特性测试项目

序号	代号	测试项目	频率范围
1	RE102	电场辐射发射	10 kHz～31 GHz
2	CE102	电源导线传导发射	
3	CE107	电源线尖峰信号(时域)传导发射	

2. 羽流试验

离子推力器羽流专项验证试验主要针对卫星总体最关注的两个羽流效应——污染以及表面充放电问题进行电推进羽流特性参数测试及污染效应和充放电效应的地面实际验证试验。同时,开展相关数值仿真评价。

试验项目共分为 5 大类,分别为:① 推力器引出束流特性参数测量;② 返流区等离子体特性参数测量;③ 羽流充放电效应验证试验;④ 羽流污染效应验证试验;⑤ 其他附加过程监测。各试验项目的详细试验内容见图 3-1。

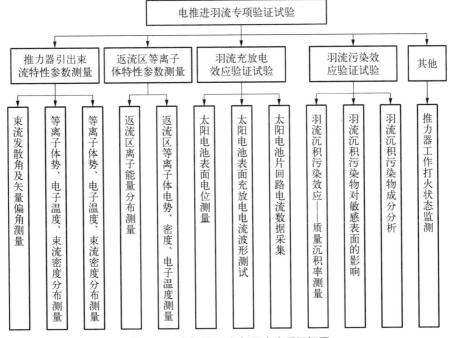

图 3-1　电推进羽流专项试验项目框图

3. 寿命试验

离子推力器寿命试验是鉴定阶段的一项重要考核验证项目,其目的是考核离子推力器持续累计工作能力、开关机能力,验证其工作寿命是否满足型号使用要求。同时,获取寿命关键特征参数,为寿命预测模型提供基础数据,并开展小子样数的可靠性评估方法研究,完成离子推力器寿命期间的工作可靠性评估。此外,寿命试验还可确认离子推力器的早期随机性失效模式,为产品改进提供依据。从寿命试验中获取的寿命期间离子推力器的性能衰退特性及电气参数补偿数据,可为在轨应用提供依据。

根据离子推力器在轨应用的方式,地面寿命试验一般采取两种试验工作模式。

(1)开关机循环工作模式。此种试验工作模式主要针对如南北位保任务中离子推力器需要多次重复开关机的使用工况。既可验证离子推力器的开关机循环能力,又可验证其累计工作寿命。接近在轨工作模式。试验中,采用工作、关闭、再工作、再关闭的开关机循环工作模式进行验证,配套的供电、供气和控制系统可采用地面设备或星上设备。

(2)持续累计工作模式。此种试验工作模式主要针对轨道转移及深空探测主推进等离子推力器单次工作时间较长的应用模式,主要是验证离子推力器单机持续累计工作能力及寿命,考验推力器在长期工作过程中的表现。试验过程中采用持续累计工作模式,配套的供电、供气和控制系统可采用地面设备或星上设备。其试验流程如图 3-2 所示。

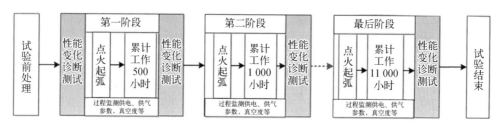

图 3-2　离子推力器持续累计工作寿命试验流程

3.1.8　其他要求

除上述技术方面的要求外,在离子推力器产品研制过程中,根据不同的型号应用要求,涉及产品研制过程的质量控制、防护、包装及标识等均有不同的要求。一般而言,上述要求都参照或选取具体型号的通用要求中的内容。由于产品研制流程的不同,不同的型号间会存在一定的差异。

1. 强制检验点

强制检验点是卫星总体为确保型号产品研制过程中的质量,加强过程中的质量控制,对影响推力器产品关键特性的生产过程而设置的质量特性检验点。强制检验点是中国航天产品在研制过程中的质量控制手段之一,需在飞行产品的研制技术要求中予以明确。

强制检验点的设置可根据具体的型号任务而有所不同,但必须由用户确定。

推力器承制方在研制过程中需提前提出申请并在用户代表在场的情况下进行质量检验。检测结果需得到用户代表的认可,方可认定为合格并进入下一步研制过程。

2. 电子元器件和原材料质量保证要求

离子推力器电子元器件和原材料的选择应按航天器总体要求的规定执行,优先选择目录内的元器件,对于目录外的元器件的选择,应按照元器件管理要求逐级上报,由型号总师批准后实施。

3. 产品标识及包装

根据应用电推进的型号要求,会给出离子推力器的编号并要求在产品明显可见的位置进行标识。标识的字体、字号及颜色等均有要求。

离子推力器产品要用放有干燥剂的防静电塑料袋封装,再装入产品箱。随箱文件包括"产品证明书""产品履历书"等。随箱文件由塑料袋封装,包装箱四周要包以海绵、泡沫塑料等减震材料,包装箱外要有明显的正确放置的标志。

3.2　离子推力器原理样机研制

3.2.1　原理样机研制目标

离子电推进方案研制阶段,以实现离子电推进产品的功能和主要性能为研制目标。研制原理样机产品,经过规范的测试和试验验证,确认其功能和主要性能已经达到产品要求。完成该阶段研制后,离子电推进产品的技术成熟度达到 4 级、制造成熟度达到 4 级、产品成熟度达到 1 级。

3.2.2　原理样机研制基本流程

1. 系统技术指标确定及任务书下达

作为航天器重要的动力输出系统,电推进系统的技术指标须结合整星论证和需求以及国内外应用情况综合考虑来确定,包括在轨任务、工作策略、指令要求、母线要求、系统干重、输入功率、输出推力、比冲、推进剂携带量、工作寿命、开关机次数等。其中,在轨任务需与航天器整体需求做多轮次迭代以明确电推进系统需提供的速度增量和工作模式,从而进一步确定系统的推进剂携带量等参数。在上述指标确定的基础上,需以"系统技术指标"或"任务书"的形式将技术要求向系统承制方明确。

2. 单机技术指标确定

根据系统技术指标开展单机指标分解,至少必须确定推力器的输入功率、推力指标和比冲。对于初次设计的产品,方案阶段以关键技术攻关或者说技术实现为主,对于诸如质量、外形尺寸及工作寿命等指标一般不做严格要求。对于已有型谱或技术基础的产品,除寿命可靠性指标外,其他的指标均要予以明确,以便开展推力器产品设计。

3. 单机方案设计

在此阶段,可分两种情况予以区别对待。第一种是首次设计的产品。对于这类产品,在分析技术指标的同时要开展充分的技术调研、必要的设计仿真分析,以确定离子推力器的技术方案,包括推力器束流直径、放电室磁场构型、放电室空心阴极选择、栅极组件设计以及中和器阴极选择等;随后开展技术成熟度分析,确定关键技术、攻关项目和技术流程。第二种是有型谱或有技术基础的改进产品设计。相对而言,其设计工作的重点是进行现有产品技术可实现性分析,区别出可以继承的、需要改进的和需要重新设计的,确定关键技术、攻关项目和技术流程。当继承的产品成熟度很高时,第二种情况的产品设计可以认为是工程样机设计。在确定离子推力器技术方案的同时,需进一步确认系统内的供电单元和供气单元的技术指标要求是否合理。必要时,要及时更新分系统的分解指标。

4. 关键技术攻关

此阶段是原理样机研制的重点工作与核心工作。对于在方案设计中分析出的各项关键技术,要开展有针对性的攻关策划工作,确定技术攻关线路和方案、投产矩阵及研制试验,制定出比设计阶段更为详细的技术流程和计划流程。根据研制攻关的实际情况,动态调整更新流程与计划。合理的策划工作能高效迅速地完成技术攻关工作,确保产品研制进度。例如,离子推力器需要在真空条件下开展各项测试,真空设备、供气设备、供电设备和测试仪器仪表等相关配套保障条件需提前开展建设。在原理样机阶段,要确保实现推力、比冲等指标。一般来讲,离子推力器关键技术包含磁场设计、阴极设计、栅极设计、中和器设计和高压气路绝缘器设计中的一项或几项,涵盖结构设计、材料选择、工艺参数攻关等多个方面。攻关过程一般采取半物理模型仿真结合试验验证的方法。

5. 整机性能测试

在完成各项关键技术攻关后,要开展推力器整机的性能测试以确定是否满足技术指标要求。全面满足技术指标要求,尤其推力、比冲、功率等核心指标是原理样机完成的标准判据之一。在完成推力器单机测试后,可进一步开展性能拉偏、寿命摸底或环境试验摸底等试验,为工程样机研制做技术摸底;在配套单机同时齐备的情况下,可开展分系统级别的联试,以确定分系统产品间的兼容性。

6. 阶段总结及转阶段

对方案阶段开展的各项技术工作进行总结,包括关键技术攻关情况、技术方案设计验证情况、技术指标符合情况、存在的问题及后续产品研制计划等几个大的方面。同时,对过程中形成的各类技术文件也应做细致的统计和归档。离子推力器原理样机研制阶段的研制流程如图 3-3 所示。

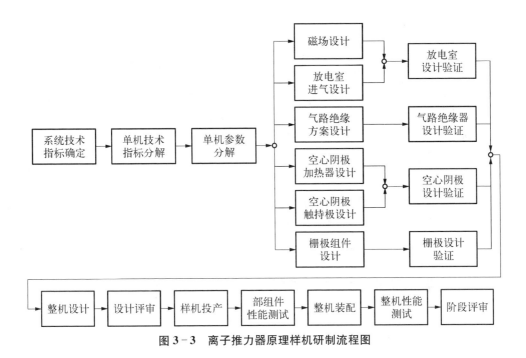

图 3-3　离子推力器原理样机研制流程图

3.2.3　验证项目和转初样研制

1. 验证项目

方案阶段重点在于技术攻关,对于不同层级的产品会分解出不同的及时攻关项目,主要验证工作包括:关键原材料、元器件的性能符合性验证;关键工艺的可行性验证;关键部组件点火性能符合性验证;整机点火性能验证,包括推力、比冲、发散角等指标测试以及性能拉偏;分系统性能匹配性验证;短时间寿命摸底验证;环境适应性摸底验证。

2. 转阶段准则

方案阶段转初样阶段需要组织相关专家以评审的形式对方案阶段开展的工作以及是否具备转阶段的条件进行总结和评价。评审一般应具备的条件包括:完成了关键技术攻关,验证了原理样机性能;重大及关键的工艺方案基本确定;产品达到了1级成熟度要求;提出了初样阶段研制和试验计划;提出了初样分系统研制任务书;完成了本阶段规定的其他工作;完成了方案阶段总结,文档资料齐全。

3.3　离子推力器工程样机研制

3.3.1　工程样机研制目标

在原理样机实现离子推力器的各项性能指标的基础上,工程样机阶段须针对实际工程应用需求,进行全面的工程化设计,在性能指标精度、质量、环境适应性等方面满足在轨应用需求,具备在轨飞行的基本条件。

工程样机研制以离子电推进原理样机研制为基础,以实现离子电推进产品充分适应其实际工作环境条件及工作应力载荷条件为工程化研制目标。这里的充分性是通过比产品实际工作条件更严酷的鉴定级条件来保证的。研制的工程样机产品经规范的性能试验和鉴定试验验证,确认其通过全部鉴定试验且全部的功能和性能满足产品技术指标要求。完成工程样机产品研制后,离子电推进产品的技术成熟度达到 7 级、制造成熟度达到 6 级、产品成熟度达到 2 级。

3.3.2　工程样机研制基本流程

工程样机研制阶段的研制流程与方案阶段基本一致,均包含上述的六个流程阶段。相同的要求不再做赘述,这里仅对该阶段的特殊之处做一说明。

1. 系统技术指标确定及任务书下达

在初样阶段,除明确系统的性能指标外,工程样机阶段要与用户进行多轮迭代,充分分析在轨的各种环境条件和应力载荷,给出明确的空间包络限制、通信要求、母线要求、质量要求及环境试验要求。

2. 单机技术指标确定

由于电推进分系统的系统总装集成度并不高,各单机分布于整星的不同位置,因此系统技术指标确定的同时即可将相关技术要求分解至单机,分系统技术要求和单机技术要求几乎同时确定。

3. 单机详细设计

相比于原理样机设计,在工程样机阶段的设计工作要充分考虑工程应用的需求而开展针对性的设计。原理样机未考虑的力学环境适应性、热环境适应性、空间辐射适应性、EMC 特性、羽流特性及寿命和可靠性实现等均需在工程样机阶段予以考虑。

4. 产品研制及关键技术攻关

针对详细设计中分析出的各类关键技术开展技术攻关的同时,需按照产品生产的模式组织产品研制,以便于后续的飞行产品研制和定型产品研制。

5. 整机性能测试和鉴定试验验证

相比于原理样机,工程样机阶段的性能测试是基本测试。在每项专项验证试验前均须对性能进行确认性测试。此阶段必须要完成充分的鉴定级试验,包括力学环境适应性试验、热真空环境试验和短期的寿命试验等。其中,离子推力器的环境适应性试验主要用于考核离子推力器工程样机对在轨发射任务的满足程度。短期寿命试验是对离子推力器的寿命进行初步摸底,确认产品已初步具备实际应用的技术水平。

此外,在工程样机研制阶段,如果其他单机产品配套齐,要尽可能开展离子电推进系统级联试。至少要开展控制单元、PPU 及离子推力器的子系统级联试。供气系统可由地面供气代替。

6. 阶段总结及转阶段

工程样机产品的总结内容与原理样机阶段接近,均需包括产品研制情况及后续工作计划。区别在于研制内容不同,总结的问题也不同。例如,工程样机阶段,需重点总结对于环境适应性的评价,并提出对后续飞行产品的改进建议。离子推力器工程样机研制阶段的研制流程如图 3-4 所示。

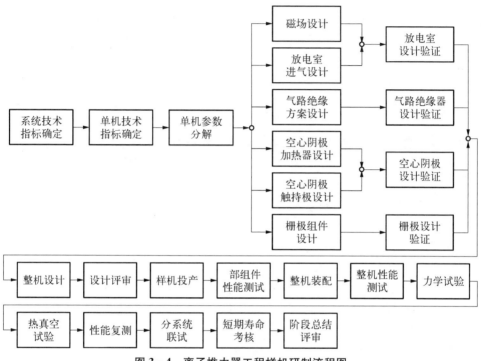

图 3-4　离子推力器工程样机研制流程图

3.3.3　验证项目和转鉴定研制

1. 验证项目

工程样机阶段的测试项目按照层级划分,可分为部组件测试、单机测试、系统测试。按照性质划分,包含力学环境试验、热真空环境试验、EMC 测试、热平衡专项试验。相关试验级均为鉴定级,要比分析出的实际工作条件高出一定的裕度。

2. 转阶段准则

工程样机研制阶段是产品开展工程应用前的重要节点,之后将转入工程应用产品研制。其转阶段也以评审会的形式进行总结与评价。工程样机阶段的评审应具备的条件包括:完成了工程样机阶段研制和试验工作;突破了工程样机阶段的各项关键技术;明确了后续阶段产品的技术状态;明确了后续阶段的产品研制要求;制定了后续阶段研制、试验计划;完成了工程样机阶段总结,文档资料齐全。

3.4　离子推力器鉴定产品研制

3.4.1　鉴定产品研制目标

鉴定产品研制以离子推力器工程样机研制为基础,以实现离子推力器产品的规范化生产及工作可靠性和寿命充分验证为工程化研制目标。

规范化生产是指按照完整的产品设计、制造、组装、测试标准完成鉴定产品研制;工作可靠性充分验证是指至少 2 台抽样鉴定产品进行完整鉴定试验;工作寿命充分验证是指至少 1 台产品在模拟环境条件下进行 1∶1 的地面寿命试验,开关机次数和累计工作时间均具有至少 1.2 倍安全裕度。

此阶段研制的鉴定产品经规范的性能试验、鉴定试验、寿命试验等验证,确认其产品研制规范、产品工作可靠性和寿命等全部满足产品要求。完成鉴定产品研制阶段,离子推力器产品的技术状态全部确定,生产基线建立,具备开展飞行产品研制的基础。离子推力器产品的技术成熟度达到8级、制造成熟度达到7级、产品成熟度达到3级。

3.4.2　鉴定产品研制基本流程

鉴定产品的研制流程与工程样机阶段基本一致,也包含六个阶段。相同的要求不再做赘述,这里仅对该阶段的不同之处进行说明。

1. 系统技术指标确定及任务书下达

在鉴定产品研制阶段,除覆盖前期工程样机技术要求的基础上,重点需对寿命及可靠性指标提出明确要求。一般而言,用户会明确下达鉴定产品技术要求,该阶段的要求与飞行阶段的技术要求基本一致。

2. 单机技术指标确定

单机技术指标与分系统技术指标类似,依据工程样机研制情况以及后续在轨应用的需求,对性能等指标会做部分调整。重点仍然是由分系统分解至单机的寿命及可靠性指标更加明确。

3. 单机详细设计

在工程样机研制的基础上,针对环境适应性、原材料选型、工艺可行性以及寿命可靠性方面进行进一步的细化设计。除性能和寿命之外,原材料、元器件的可靠性、制造工艺的规范性和可重复性是鉴定阶段需要重点攻关的内容。同样也要制定相应的技术流程和计划流程。

4. 产品研制及关键技术验证

在鉴定阶段包含许多验证试验工作,要确定试验矩阵和鉴定试验流程,必要时可投产多台产品开展相关的专项试验和多层级的关键技术验证。

5. 整机性能测试和鉴定试验验证

除工程样机阶段完成的力学环境适应性试验和热真空环境试验外,还需开展热平衡专项试验、EMC 试验、羽流试验和寿命试验等。其中,离子推力器寿命试验根据产品的继承性和成熟度以及承制方的技术能力,可以采取 1∶1 全寿命周期考核及短时间考核加仿真分析的两种方式实施。

　　与工程样机阶段研制类似,系统级的联试测试验证也是鉴定研制阶段的重要验证工作。分系统配套单机中有矢量调节机构的型号任务,力学试验不仅要完成单机鉴定级力学试验,还需要与矢量调节机构一同完成子系统的力学试验;分系统级联试要尽量在全真空系统内开展;在各单机配套齐全的情况下,以全系统开展地面 1∶1 的寿命考核将增加置信度。

　　6. 阶段总结及转阶段

　　鉴定产品的总结要对产品的设计状态、更改验证情况、常规鉴定试验、专项验证试验、原材料及工艺鉴定情况等做全面总结。其确定的产品基线即为后续飞行产品基线。离子推力器鉴定产品研制阶段的研制流程如图 3-5 所示。

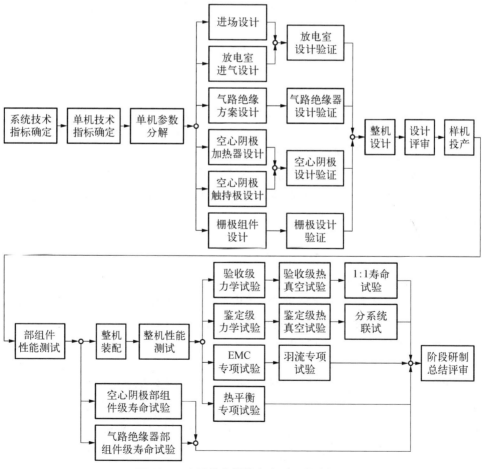

图 3-5　离子推力器鉴定产品研制流程图

3.4.3　验证项目和转正样研制

1. 验证项目

鉴定阶段的测试项目,按照层级可划分为部组件测试、单机测试、系统测试;按照性质可划分为性能试验、环境适应性试验、热平衡试验、寿命和可靠性试验、拉偏试验、健壮性测试以及材料和工艺方面的鉴定工作。相关试验量级均为鉴定级,要比分析出的实际工作条件高出一定的裕度。

2. 转阶段准则

鉴定产品研制阶段是产品开展飞行应用前的重要节点,之后将转入飞行产品研制。其转阶段也以评审会的形式进行总结与评价。鉴定阶段的评审应具备的条件包括:完成了鉴定阶段研制和试验工作;完成了鉴定阶段发生质量问题的归零;与工程其他系统接口明确、协调;完成了单机、分系统转阶段评审;明确了正(试)样阶段产品技术状态;明确了单机、分系统正(试)样阶段研制要求;制定了正(试)样阶段研制、试验计划;完成了鉴定阶段总结,文档资料齐全。

3.5　离子推力器飞行产品研制

3.5.1　飞行产品研制目标

离子推力器飞行产品研制以鉴定产品所确定的产品技术状态和产品生产工艺为基线,以实现为航天器应用型号提供离子电推进合格产品为工程化研制目标。研制的全部飞行产品经规范的性能试验、验收级环境试验、可靠性及寿命评估(老炼)试验等验证,确认其产品全部满足航天器型号应用要求。完成正样产品研制阶段后,离子推力器产品的技术成熟度达到 9 级、制造成熟度达到 8 级、产品成熟度达到 3 级。

3.5.2　飞行产品研制基本流程

飞行产品研制阶段的研制流程包含单机技术指标确定及任务书下达、单机详细设计、生产准备工作确认、产品研制、单机及分系统试验测试、产品交付六个流程阶段。其中,生产准备工作确认、单机及分系统试验测试和产品交付流程与鉴定产品研制阶段有所区别,这里进行重点说明。

1. 生产准备工作确认

飞行产品的技术状态一般完全继承鉴定产品。如果有技术状态更改的情况,需在产品详细设计前完成技术状态更改的确认和验证工作。在产品正式投产前,需对产品的技术状态做全面的评价确认工作。包括对技术要求、设计文件、生产图册、生产工艺、产品保证文件、测试文件、测试设备状态等产品生产相关的要素。一般需参与产品研制的各方共同确认后,方可进行产品投产。

2. 单机和分系统试验测试

试验项目相对于鉴定子阶段要少很多,量级也为验收级。

3. 产品交付阶段

产品交付需以评审会的形式,要求用户代表参加。对飞行产品研制过程中的研制情况、技术状态控制情况、最终测试符合性进行全面总结。评审通过后方可予以验收并交付。离子推力器飞行产品研制阶段的研制流程如图 3-6 所示。

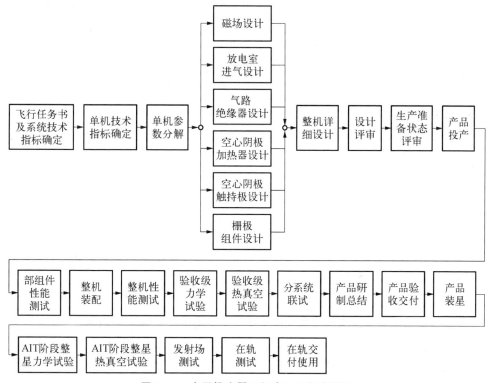

图 3-6　离子推力器飞行产品研制流程图

3.5.3　验证项目和产品交付

1. 验证项目

飞行产品的验证项目目的在于排除产品的早期失效,确认产品生产状态符合设计要求。相关试验量级均为验收级,以整机实施,包括力学环境试验、热真空环境试验和子系统联试。批量投产时,可挑选一台产品进行短时间的寿命试验考核。

2. 产品交付准则

产品交付准则包括:完成了飞行产品研制和试验工作;完成了质量问题的归零;生产及测试过程文档资料齐全,过程可控,工艺稳定一致;完成了单机所要求的所有测试,测试项目齐全,测试结果符合技术指标要求;完成了产品研制总结,产品履历书、产品说明书等文件齐全。

3.6　离子推力器产品定型研制

3.6.1　产品定型

离子推力器定型产品研制阶段,离子推力器产品在完成多型号航天器应用的基础上,产品研制技术要求和生产基线完全固化,产品性能、可靠性、寿命等验证充分,重复生产能力已经验证,以实现为航天器多型号应用提供批量货架式离子推力器合格产品为工程化研制目标。组批研制的货架产品满足不同航天器型号应用要求。完成定型产品研制阶段后,离子推力器产品的技术成熟度达到9级及以上、制造成熟度达到9级及以上、产品成熟度达到6级及以上。

3.6.2　定型条件

依据航天产品定型要求,离子推力器产品的定型分为三级定型、二级定型和一级定型,分别满足不同的条件。飞行产品首先定型为三级定型产品,随后逐步升级。

1. 三级定型产品定型条件

拟开展三级定型的离子推力器产品需满足以下条件,方可开展定型(成熟度6级)相关工作。

(1) 满足产品成熟度5级定级条件。

(2) 产品技术文件完善齐套,工艺和过程控制文件能保证产品重复生产,满足定型要求。

(3) 产品经过质量分析,对所有在研、飞行相关质量问题的归零工作进行了复查。

(4) 产品已通过环境适应性、极限能力、性能拉偏、寿命与可靠性等试验考核。

(5) 产品数据包中对多次飞行的产品基础数据进行了分析和要求值的固化;对产品关键特性参数的多次实测数据进行了分析,对要求值和检验验证方法进行了固化;固化了功能和性能指标。

(6) 产品数据包中补充了定型过程中进一步开展的试验验证形成的数据,形成最大环境适应性数据和极限能力数据。

(7) 产品数据包中补充了产品研制、成熟度提升过程中所有更改、增加及验证结果数据。

(8) 产品数据包中固化了产品生产及飞行数据记录项、比对要求及表格格式。

(9) 确定了要建立成功数据包络线的参数,形成信息化的数据库,开展积累各项数据。

（10）利用已开展的地面和飞行考核数据,进行了产品可靠性评估。

2. 二级定型产品定型条件

拟开展二级定型的离子推力器产品需满足以下条件,方可开展定型(成熟度 7 级)相关工作。

（1）满足产品成熟度 6 级定级条件。

（2）定型文件经小批量生产验证,能够保证产品一致、质量稳定。

（3）在三级定型产品基础上,又经过 3 次成功飞行试验考核,其中单次飞行考核时间应不低于 2 年,考核期间工作正常。

（4）至少经过 1 次实际飞行全寿命考核。

（5）地面考核和飞行工作期间,产品未发生重大质量问题或严重质量问题,出现的质量问题已经完成归零。

（6）产品数据包中进一步补充了 3 次飞行产品的基础数据、关键特性实测数据、功能和性能地面及飞行实测数据。

（7）作为质量问题归零的措施,针对 6 级成熟度定级后出现的质量问题,补充、修改、完善了产品数据包中的相关数据。

（8）根据重复生产和多次飞行考核数据记录、比对的实际情况,对固化产品生产及飞行数据记录项、比对要求及表格格式进行了持续改进。

（9）统计历次飞行成功产品的关键特性参数实测值,并结合成功地面试验结果形成成功数据包络线及环境条件参数成功包络线。

（10）根据增加的地面和飞行考核数据,更新了产品可靠性评估结果。

3. 一级定型产品定型条件

（1）满足产品成熟度 7 级定级条件。

（2）在二级定型产品基础上,又经过 2 次成功飞行试验考核,其中单次飞行考核时间应不低于 2 年,考核期间工作正常。

（3）产品数据包中进一步补充了 2 次飞行产品的基础数据、关键特性实测数据、功能和性能地面及飞行实测数据。

（4）作为质量问题归零的措施,针对 7 级成熟度定级后出现的质量问题,补充、修改、完善了产品数据包中的相关数据。

（5）根据积累的地面和飞行实测数据,进一步修订了成功数据包络线。

（6）细化完善产品数据包中的关键特性参数,偏差控制在 6σ 以内,达到精细化要求。

（7）根据应用情况,进一步对产品数据包中生产及飞行数据记录项、比对要求及表格格式进行改进。

（8）根据增加的地面和飞行考核数据,修订了产品可靠性评估结果,产品可靠度评估值在 0.7 置信度条件下不小于 0.99。

3.6.3　定型产品研制

作为定型产品,要逐步实现去型号化和批量化生产,产品规范和产品技术要求能最大限度覆盖所应用的领域型号。

通过定型试验,对设计、工艺和生产过程的薄弱环节予以改进,并以定型文件的形式实现固化和更新。定型文件不仅是重要的生产依据文件,也是发生重大技术质量问题时查证产品设计、生产情况的依据。按照定型文件规定,采取批量化生产的方式,需开展生产准备工作确认,严格控制生产试验过程,尤其是关键件、重要件(统称关重件)研制和关键检验点等关键环节,过程中的技术状态控制和工艺控制是批量化产品研制的工作重点。

离子推力器产品定型后,后续型号选用时,应开展产品适应性分析,并在此基础上,确定需开展的补充试验验证、技术状态更改等工作项目,以确保满足型号研制任务要求。对于根据型号要求需实施技术状态更改的产品,应执行型号技术状态管理的有关要求。

参考文献

高耀南,王永富.2018.宇航概论[M].北京:北京理工大学出版社.

黄本诚,马有礼.2002.航天器空间环境试验技术[M].北京:国防工业出版社.

余后满.2018.航天器产品保证[M].北京:北京理工大学出版社.

袁家军.2011.航天产品工程[M].北京:中国宇航出版社.

张洪太,余后满.2018.航天器项目管理[M].北京:北京理工大学出版社.

中国航天工业总公司.1999.航天产品技术状态管理:QJ 3118-1999[S].

中国航天科技集团公司.2010.宇航单机产品成熟度定级规定:Q/QJA 53-2010[S].

中国航天科技集团公司.2013.宇航单机产品成熟度定级实施细则:Q/QJA 146-2013[S].

中国人民解放军总装备部.2010.技术状态管理:GJB 3206A-2010[S].

中国人民解放军总装备部.1991.设计评审:GJB/1310-1991[S].

第4章
离子推力器产品保证

4.1 离子推力器产品保证概述

4.1.1 离子推力器产品保证

1. 产品保证概念

产品保证是为使人们确信产品达到规定的质量要求,在产品研制、生产全过程所进行的一系列有计划、有组织的技术和管理活动,重点对技术风险进行充分的识别和控制,保证产品质量满足要求。产品保证的工作目标是确保产品高效益地完成其规定的任务,对可能产生的缺陷、不合格、危险和故障进行控制,确保其产生的后果不会影响到人员、设备的安全和任务的完成。

2. 航天产品保证内容

航天产品主要运行在大气层外,其研制和应用需要适应硬件不可维护和外层严酷空间环境等特殊条件。航天产品的研制活动一般具有探索性、先进性、复杂性、高风险性的突出特点和高可靠、高质量、小子样研制及一次成功的特殊要求。因此,对于航天产品,产品保证是在航天器产品设计、生产、试验、发射、交付使用等全过程进行的一系列有组织、有计划的技术和管理活动,重点对技术风险进行充分的识别和控制,确保宇航型号任务风险可控,产品质量稳定;航天器在轨运行稳定,性能满足用户要求。航天产品保证的内容包括:产品保证管理、质量保证、可靠性保证、安全性保证、空间环境适应性保证、电气/电子/机电(以下简称 EEE)的元器件保证、材料与机械零件及工艺保证、软件产品保证、地面设备保证、生产阶段产品保证共十个方面。

1)产品保证管理

对产品保证各项工作项目进行计划、组织、指挥、协调、控制和检查监督,实现产品保证工作目标要求。

2)质量保证

针对与产品质量有关的各方面,依靠质量管理体系程序文件和作业指导书的支持,有计划地、系统地开展各项活动,在产品研制的全过程中,保证各项工作及产品都能达到规定的要求。质量保证的目标是让用户确信最终产品和服务能满足规定的要求。

3）可靠性保证

进行可靠性设计与分析、试验与验证的技术与管理活动,保证产品以最佳费效比完成所要求的任务。可靠性保证的目标是在产品开发的寿命周期内,了解可能导致任务失败的任何潜在故障,并通过识别、评价、控制使其风险最小。

4）安全性保证

在产品的寿命周期内,通过安全性保证活动,发现可能导致伤害飞行和地面人员,损坏型号产品、空间运输系统及地面保障设备,造成国家和个人财产的安全,破坏环境的任何潜在的风险;通过对危险的识别、评价、消除或减少、控制,使安全性符合规定要求。安全性保证的目标是确保对航天产品的设计、开发、生产和使用中的危险进行识别、评价,并采取措施以减少、控制危险,使危险产生的风险限制在可接受的水平内。

5）空间环境适应性保证

通过对航天产品运行的空间环境风险识别、空间环境适应性设计、空间环境适应性设计审查与确认、空间环境在轨数据分析与支撑等活动,保证航天产品适应空间环境,稳定可靠工作。空间环境适应性保证的目标是空间环境引起的风险得到有效识别并控制在可接受的范围内,确保航天器产品在轨稳定、可靠工作,满足寿命期内的服务与任务要求。

6）EEE 元器件保证

通过对元器件的选择、采购和使用的控制,保证用于航天产品的元器件在性能、质量、可靠性以及费用等方面满足规定的要求。元器件保证的目标是在全寿命周期内,确保使用的元器件满足任务的要求。

7）材料、机械零件和工艺保证

通过对材料、机械零件的选择、采购和使用控制,以及对工艺技术的选用控制,保证用于航天产品的材料、机械零件和工艺满足规定的要求。材料、机械零件和工艺保证目标是在产品全寿命周期内,确保使用的材料、机械零件和工艺满足任务的要求。

8）软件产品保证

软件产品保证包括软件寿命(或生存)周期内软件技术状态(配置)管理、质量管理、可靠性、维修性、安全性等活动。软件产品保证的目的是确保开发或重复使用的软件符合产品寿命周期内的全部要求,并确保软件在使用环境中正常、安全地运行。

9）地面设备保证

地面设备保证是通过对地面支持设备的需求分析和策划、设计研制、外协管理、质量管理、状态控制、验收交付、使用维护、发射场设备管理等活动,确保满足航天产品生产、测试、试验、发射等对地面设备的各项要求。

10）生产阶段产品保证

生产阶段产品保证是围绕产品生产全过程，以生产阶段风险识别与控制为核心，进行的一系列有组织、有计划的技术和管理活动。

3. 航天产品保证方法

为了确保航天产品保证各项工作有序和有效开展，达到产品保证目标，需建立一整套产品保证体系。主要包括：建立产品保证组织和专业化产品保证队伍；建立和实施产品保证文件；建立层次清晰、结构科学、内容覆盖全面的产品保证标准体系；建立产品保证技术支撑机构和专家队伍等。

通过产品保证文件的建立和实施确保产品保证策划系统全面、产品保证工作规范有序开展，与产品质量有关的风险得到有效识别和控制。产品保证文件包括策划类、过程类、总结类文件。

（1）策划类文件：产品保证大纲、产品保证计划、产品保证要求等；

（2）过程类文件：技术风险项目清单和技术风险控制表、关重项目（关键项目和重要项目）清单和关重件明细表及相应控制表、不合格清单和不合格报告、产品保证信息报告、产品数据包等；

（3）总结类文件：产品保证总结报告。

我国已初步建立了航天产品保证标准体系，并逐步完善。中国航天工业部门建立了一系列产品保证行业标准，如《航天器产品保证要求》（QJ 2171A‐98）、《航天产品可靠性保证要求》（QJ 1408A‐98）等一系列标准。中国空间技术研究院建立了层次清晰的航天产品标准体系，包括第一层次标准：产品保证目标和原则；第二层次标准：产品保证十个方面对应的标准；第三层次标准：支持性标准。产品标准体系的建立使产品保证工作更加规范和有效。

4. 离子推力器产品保证

离子电推进产品包括离子推力器、电源处理单元、推进剂贮供单元、控制单元等单机产品，也包括由各单机组成的电推进系统产品。为了保证电推进产品工程研制顺利开展、并实现在航天器上可靠和稳定工作，需应用产品保证的方法开展产品开发和验证等研制工作，确保产品技术风险的充分识别和有效控制。

离子推力器产品为复杂的关键单机，其组成包括空心阴极、栅极组件、气路电绝缘器及供气管路、放电室磁场结构、供电接口及线路、产品热控组件等。根据航天产品研制要求，在实现工程化应用前，产品所有性能指标、可靠性和寿命指标都应达到要求，并经过充分的试验验证，特别是寿命试验、羽流专项试验、电磁兼容试验等。这些试验不仅项目多、技术难度大、任务量大，而且对地面试验和测试设备有特殊要求，例如，产品必须在洁净的真空舱中进行试验、对工作介质（氙气）及供气管路的洁净度有很高的要求、推力及束流特性的测试需研制专用测试设备。这些研制工作的特殊性和复杂性给产品保证工作带来了极大挑战。

离子推力器产品保证工作以产品研制过程技术风险识别和控制为核心。从产品设计输入源头开始,包括设计阶段、生产阶段、测试和试验阶段、产品验收及交付阶段,全过程策划和落实产品保证工作项目,制定详细的产品保证工作项目表和检查清单(如确定生产阶段产品保证要素清单)等,并在生产工艺文件、产品生产过程和过程控制记录中落实。

1) 设计开发阶段

在设计开发阶段,离子推力器产品研制的重点是产品各项技术指标的全面实现、对各项设计开展仿真分析和充分的试验验证工作,确定产品生产技术状态。产品保证工作核心是对设计和研制试验过程的技术风险进行充分识别、制定控制措施、动态跟踪管理。

2) 生产阶段

在生产阶段,离子推力器产品研制的重点是建立生产基线,实施精细化过程质量控制,确保产品稳定可靠生产。产品保证工作的重点是对生产基线进行严格的控制,正样产品生产前必须完成生产基线的建立和评审确认,确认生产基线完整、协调,能够正确描述生产全过程的 5M1E 状态(人员、机器、材料、方法、环境、测量);对生产过程的 5M1E 状态变化严格审批,杜绝由于生产基线变化引发的质量问题。另外应对关重件和关重项目的控制措施落实情况进行检查,对生产和装配过程关键设计参数控制、生产和装配过程多余控制、生产和装配过程检验等重点关注,确保各项质量和技术控制措施落实到位。

3) 测试和试验阶段

测试和试验阶段,离子推力器产品保证工作与生产阶段类似,需重点关注各项测试和试验状态的控制,包括参试产品状态、地面设备状态、测试仪器和仪表、专用测试设备、测试电缆等,均需经过检查和确认。

4) 产品验收及交付阶段

产品交付阶段,产品保证工作的重点是全面检查和总结研制过程的各项工作,给用户足够的产品研制信息(载体为数据包文件),证明产品研制全面满足用户提出的各项要求;产品交付时需配套使用文件,并配合用户完成产品装星、AIT 阶段各项测试和试验工作等。

4.1.2   离子推力器产品质量控制

1. 航天产品质量控制

航天产品具有高风险、高可靠、高质量研制特点以及一次成功的特殊要求。因此除了按 GJB《质量管理体系要求》建立和不断完善质量管理体系,航天企业提出并实施了一系列具有航天特色的强化产品研制和质量控制的措施,实现了质量管理的不断跨越。

1) 产品研制策划和过程质量控制

在航天产品研制中,遵循"从源头抓起、预防为主、系统管理、一次成功"的方针,应用系统工程管理方法进行研制策划和过程控制,主要体现在"两个流程"的编制和应用,即技术流程和计划流程。技术流程由文字说明、技术流程图和技术流程工作项目说明组成。技术流程应包含全部研制活动的主要工作项目、逻辑顺序、保障条件、关键节点、质量控制点、技术安全控制点等信息。计划流程是技术流程中所有工作项目进度计划的执行程序。

在产品研制过程中,对设计的输入、设计开发策划(研制策划)、设计和开发输出技术文件(含可靠性报告等)、生产基线建立、生产准备、各阶段总结等进行评审,并把各项评审作为质量控制点进行控制,监督检查各项评审待办事项的落实,确保产品研制过程质量受控、产品技术状态明确。

2) 产品技术状态控制

产品技术状态是指在技术文件中规定的,并且在产品中所要达到的产品功能特性和物理特性。技术状态管理是在产品(含硬件、软件及其组合体)全生命周期内,运用技术管理手段,对技术状态管理的活动,包括标识、控制、纪实和审核等活动。技术状态管理是航天等复杂大型工程在研制生产过程中,确保产品质量、降低费效比、缩短研制周期的有效措施。

航天产品研制中要求严格控制技术状态,凡满足任务书要求、经考核验证并经过技术评审确定的技术状态,不得随意更改,必须按论证充分、各方认可、试验验证、审批完备、落实到位五条原则执行。技术状态控制是产品研制和生产过程中质量控制的重要内容。

3) 精细化质量控制

航天产品企业质量文化的显著特点是"零缺陷"质量理念,即以过程的零缺陷保证产品的零缺陷。在对产品要求充分识别的基础上,通过建立产品数据包,将精细化质量控制要求分解落实到产品研制过程的各项工作中。实施过程中应精细化操作,通过表格化管理、量化的过程记录等方式落实工作的各项要求。

精细化过程质量控制以产品风险识别与控制为主线,以落实各项产品质量保证要求为重点,强化检验、检查和验收的有效性、测试覆盖性、试验充分性等要求的落实,以智能工具为手段,用过程数据来支撑产品质量的符合性和产品合格率,持续提升过程控制的科学性、有效性。

4) 关键项目、关重件控制

从产品工程样机阶段开始,在产品研制全过程做好关键项目和关重件的识别、确定工作,形成关键项目和关重件清单,制定详细的过程控制措施,经评审后在过程控制中落实。关键项目和关重件研制过程需形成完整、详细、可追溯的质量记录,严格控制与关重项目和关重件有关的不合格和技术状态更改,确保产品研制全过程质量受控。

5)质量问题归零管理

航天产品质量问题归零包括技术归零和管理归零,技术归零是针对质量问题的技术原因进行归零,管理归零是针对质量问题的管理原因进行归零。质量问题归零方法具有科学性、先进性和有效性,已广泛地应用于航天航空等技术领域,质量问题归零"双五条"标准成为规范人们质量活动的行为准则,更详细内容见4.3.1小节。

2. 离子推力器产品质量控制

离子推力器产品研制过程需要满足质量管理体系要求,同时必须符合上述航天产品质量保证要求。离子推力器产品质量保证重点如下。

1)离子推力器产品研制策划

离子推力器产品研制策划是非常复杂的系统性工作,包括:推力器整机产品设计和验证;与推力器相关的供电、供气和控制单机产品的技术要求;栅极组件、空心阴极、气路电绝缘器及供气管路等组件产品的设计和验证;测试和试验技术研究及专用设备研制;推力器单机及各组件的测试和试验;推力器与其他单机的联试;电磁兼容性试验和整星羽流试验;推力器整机和组件的寿命试验等。因此,必须按航天产品研制"两个流程"的要求开展充分的策划工作,并合理设置质量控制点进行控制,严格落实质量管理体系和航天产品研制质量控制要求。

2)关键项目及关重件过程控制

离子推力器产品是电推进分系统的关键项目,关重件包括空心阴极和栅极组件。这两个组件是影响离子推力器单机的性能、可靠性和工作寿命的主要因素,因此是质量控制的重点。

3)落实其他航天产品质量管理要求

其他航天产品质量管理要求包括:产品技术状态控制要求、精细化质量控制要求、质量问题归零管理要求、外协产品质量控制要求等。这些要求应在离子推力器研制和生产全过程中严格落实。

4.2　离子推力器产品保证

4.2.1　设计阶段产品保证

1. 设计输入确认

产品研制任务确定后,应对产品的设计输入进行梳理,包括技术要求、建造规范、接口规范、环境试验条件、验收要求等。对与项目任务相对应的、适用的产品保证标准、规范、规定进行清理与分析确认。组织设计输入评审,确认设计输入满足产品研制需求。

对推力器技术要求规定的推力、比冲、点火启动时间、寿命以及离子推力器使用环境等进行分析,确定适宜的推力器产品类型。

2. 产品保证工作策划

依据离子电推进分系统产品保证要求,在对离子推力器产品任务特点进行分析的基础上,确定产品保证工作项目,明确工作要求,制定产品保证大纲和产品保证计划。对离子推力器承制方提出产品保证要求,确保产品保证要求的有效传递。对离子推力器整机及各部组件的设计、加工、装配、试验、测试等研制过程应产生的数据包,对所有文件、记录表格等进行策划。识别离子推力器产品保证的要素,并制定控制措施。

3. 风险分析

依据型号研制和使用要求,开展离子推力器产品的风险分析与控制工作,识别产品研制存在的技术风险,制定技术风险控制措施,形成风险项目清单和技术风险控制表。通过评审,对风险分析的全面性和控制措施的有效性进行确认。

方案(设计)阶段风险分析工作的重点是依据推力器型号研制和使用要求,对其任务特点、使用状态和环境条件等方面进行分析;在此基础上,对推力器设计方案,关键技术攻关情况,采用的新技术、新工艺、新材料(含器件)情况,用户技战术指标的满足程度,可靠性指标分配和传递情况等方面的技术风险进行分析与控制。

初样研制阶段风险分析工作的重点是依据本阶段的研制要求,对推力器设计正确性、单机与阴极、栅极等关键组件的匹配性,推力器产品测试的覆盖性、试验验证的全面性,单点故障模式识别的准确性和充分性,各级产品的环境适应性,技术状态更改情况,阴极关键特性参数及其裕度设计正确性的验证情况,产品实现过程重大技术问题解决情况,与分系统各单机间的接口匹配性与协调性,工艺攻关情况等方面的技术风险进行分析与控制。

正样研制阶段风险分析工作的重点是依据本阶段的研制要求,对试验验证和测试的覆盖性,工艺稳定性,技术状态更改情况,单点故障模式控制的有效性,推力器阴极、栅极等关键组件及推力器整机在生产过程控制方面可能存在的风险,产品实现过程量化控制情况等方面的技术风险进行分析与控制。

4. 设计输出评审

依据设计输入,开展推力器结构及物理详细设计工作,开展可靠性、安全性设计,空间环境适应性分析、特性分析及关键特性识别,测试覆盖性分析,FMEA 分析等工作,并形成报告。设计输出的主要文件应包括设计报告、研制技术流程、可靠性/安全性设计与分析报告、FMEA 报告、热设计与分析报告、抗力学设计与分析报告、抗辐照设计与分析报告、产品特性分析报告、设计图样、风险分析报告、测试覆盖性分析报告、测试大纲。

组织开展设计文件评审的目的是对可靠性、安全性设计、空间环境设计的符合情况进行确认。对设计输出符合设计输入情况进行检查确认。

方案阶段对推力器设计方案的对比分析和优选的结果及其适用性、可行性和经济性、初步的可靠性和安全性设计,设计规范,标准选用情况和标准化大纲制订情况,成熟技术和新材料、新工艺、元器件应用情况,可生产性和工程样机试制情况进行评审。

初样阶段主要对推力器产品初样设计满足任务书(或合同)或技术要求的情况,设计图样,原理图,可靠性和安全性设计、关键件、重要件特性分析情况和质量控制要求,各接口关系及协调性,技术风险分析情况,产品试验验证的全面性及有效性,外协件、元器件和原材料应用情况等进行评审。

正样阶段主要对推力器产品正样设计满足任务书(或合同)或技术要求的情况,产品相对于初样产品的技术状态更改情况,产品关键特性识别全面性、测试覆盖性分析的全面性等进行评审。

5. 工艺设计控制

工艺设计的主要内容及要求包括:确定推力器的工艺总方案、工艺流程;识别关键工序、工艺及过程关键特性并制定控制措施;制定强制(关键)检验点控制措施;制定阴极、栅极关键件的控制措施;编制全套工艺文件,要求文件细化、可操作、判据明确合理,将离子推力器生产阶段产品保证要素的控制方法落实到工艺文件及相应记录中;编制零部组件的测试、处理、外协入所验收细则,要求文件细化、可操作、判据明确合理、明确多余物控制措施。

对离子推力器产品材料选用、元器件选用、工艺选用情况进行确认,重点对新工艺和新材料选用、禁(限)用工艺、材料和工艺常见质量问题与隐患控制情况进行确认。

制定零部件生产过程记录及入所验收记录,阴极、栅极、磁钢等组件及离子推力器整机、装配质量跟踪卡,组件筛选记录,保证过程记录的全面性。

对工艺设计报告、工艺文件进行评审。

4.2.2 生产阶段产品保证

1. 生产基线控制

建立生产基线,明确推力器零部件加工、产品装配、组件筛选、测试、试验等生产依据性文件和记录表。开展生产准备状态检查、生产准备评审,确定生产现场人、机、料、法、环与生产依据文件的一致性;工艺鉴定与产品鉴定是否充分,生产基线确定是否正确;生产文件(含产品保证文件)是否明确,生产基线是否清晰;正样生产状态与鉴定状态是否一致等。产品生产基线建立后,对基线的变更严格控制,重点检查生产基线变更手续的齐全性、有效性,对需开展试验验证或补充验证的,审查试验验证的充分性。

2. 风险控制

在产品生产过程对风险项目控制措施的落实情况进行监督检查。动态管理技术风险项目清单和技术风险控制表,及时闭环降级或消除的风险,及时补充新认识到的风险。

3. 关重件控制

阴极、栅极组件为离子推力器的关键件。阴极、栅极组件一旦失效将导致推力器产品失效。对关键特性-阴极(中和器)点火特性检验和栅极组件栅间距检测,进行重点控制,对结果的正确性进行确认。对阴极和栅极部件进行100%检验,对关键尺寸(如阴极顶小孔直径、栅极孔径等)的检验结果进行确认。关键件的关键特性不允许超差使用。检查关键件、重要件各项控制措施落实结果和相关数据记录。

4. 关键工序控制

检查关键工序检验记录,确保关键工序符合工艺文件要求。对关键工序"定人员、定设备、定工艺方法"的执行情况进行确认。

5. 检验控制

对推力器零件进行100%检验。对产品检验工作记录进行检查,确保检验记录完整、客观、真实,并可追溯,有量值要求的必须记录实测数据。对不合格产品进行检查,确认其是否及时得到剔除或控制。对产品检验状态标识进行检查,确保标识清晰、完整。对检验工作的设备、工卡量具清单进行检查,确保检验设备和工卡量具在检定/校准周期内。产保工程师参加强制检验点和关键检验点检验,确保检验过程受控且符合强制检验点和关键检验点检验要求,并且对强制检验点和关键检验点检验记录进行审查,有量值要求的指标、参数等必须记录实测值,并且数据具有可追溯性,不能用文字和数值记录的,要留有照片或录像。

6. 技术状态更改控制

产品生产过程应对生产基线文件进行控制。发生技术状态更改时,按照 GJB 3206A–2010《技术状态更改》执行。对于Ⅲ类技术状态更改,审查更改内容,会签更改单;对于Ⅱ、Ⅰ类技术状态更改,按照技术状态更改五项原则审查技术状态更改论证报告的完整性、正确性、符合性,组织技术状态更改的评审并追踪技术状态更改的落实。

7. 洁净度、污染控制

对推力器产品装配、零部件装配、产品测试等生产环境有洁净度要求的生产环节,进行洁净度等级检查确保满足设计要求。对气路绝缘器、气路管路、下极靴等零部件洁净度、污染控制要求的落实情况进行检查。

8. 产品装配控制

产品装配过程中对影响产品装配质量及产品性能的关键环节进行控制,包括:

（1）对导线装配、磁钢装配等容易引入或产生多余物的环节进行多余物控制和检查,制定控制措施,确认控制措施的有效落实;

（2）对推力器内部结构间绝缘间隙进行控制和测试;

（3）对磁钢的极性、供气管路、电连接器的极性进行控制;

（4）对磁场的特征点强度进行检测及控制;

（5）装配过程中及装配完成后对绝缘电阻进行测量;

（6）盒盖前对内部结构安装情况、多余物等情况进行检查;

（7）对装配后推力器外形尺寸进行测量。

9. 不合格品控制

产品生产过程中发现不合格品时,应按照不合格品审理程序开展不合格品审理,明确不合格的发现情况、发生状态、不合格类型、不合格的原因及分析、不合格审理组织的处理意见、不合格纠正或预防措施的验证、不合格相关文件等。对不合格品审理结论的落实情况进行监督、审核,确保落实到位。建立产品的不合格品清单,完整地记录产品生产期间出现的所有不合格状态。当审理结论确定需要进行质量问题归零和举一反三时,组织开展质量问题归零和举一反三工作。

4.2.3　测试阶段产品保证

测试泛指离子推力器装配完成后开展的所有监视、测量、试验和评价。从研制流程上,依次包括调试测试、力学环境前电性能测试、力学环境试验、力学环境后电性能测试、热真空测试、EMC 试验、羽流试验、推力测试、发散角测试、束流偏心角测试、机械性能测试等。

产保工程师组织设计师、测试师等技术人员对试验项目、试验条件、测试项目、测试方法、测试技术指标等进行分析,确定试验矩阵和流程,制定环境试验大纲和环境试验细则、测试大纲和测试细则,在测试过程中确保严格落实质量管理体系和产品保证大纲的相关要求,以及航天体系"做事有依据,做事按依据,做事留记录"等要求,使测试项目全面、有效、可追溯,形成完整、规范的数据包记录。在测试阶段,产品保证工作的重点包括以下内容。

1. 测试依据文件有效性保证

产保工程师组织对《离子推力器验收大纲》进行评审,对试验项目、试验条件、测试项目、测试方法、测试技术指标等进行讨论和分析,确认研制团队对所有测试项目的人、机、料、法、环、测等均具备能力或条件,对有疑义或无法满足用户要求的内容,需要与用户沟通和反馈,及时修改验收大纲的内容,产品负责人、产品设计师、系统设计师、测试主管、产保工程师参与该项工作。

在验收大纲定稿受控后,由系统设计师根据验收大纲的内容编写《离子推力器测试覆盖性分析报告》,确保用户要求的所有测试项目得到覆盖,并编写《离子推力器环境试验大纲》和《离子推力器测试大纲》,对测试项目进行合理规划,形成试验矩阵和试验流程。测试主管编写《离子推力器环境试验细则》和《离子推力器测试细则》,将环境试验大纲和测试大纲中的项目进行细化量化,使其成为可执行的操作依据文件。

产保工程师负责对应形成的测试依据文件进行策划和分工,组织对这些文件的评审和待办事项闭环,对主要测试项目覆盖用户要求的全面性进行审核,并负责对以上所形成的技术文件进行受控归档管理。

2. 试验准备状态确认保证

在《离子推力器测试细则》文件中,制定详细的试验前准备状态检查确认项目,一般包括依据文件检查、试验安全检查、设备状态检查、漏率检查、供电线缆检查和离子推力器状态检查,见表 4-1。产品保证工作的重点是监督这些状态检查项目落实的全面性和有效性,试验记录的完整性、有效行和可追溯性。

表 4-1 离子推力器试验前准备状态检查确认项目及要求

序 号	检查确认项目	检查确认要求
1	依据文件检查	离子推力器测试大纲受控有效,版本正确
2		离子推力器测试细则受控有效,版本正确
3		设备系统操作规程受控有效,版本正确
4		试验数据记录表充足
5	安全检查	试验员经过安全培训
6		试验现场危险源标识清楚且有隔离防护
7		防噪声耳塞、绝缘手套等试验安全用品齐全
8	设备状态检查	氙气纯度、氙气瓶压力符合要求
9		水冷机组冷却水余量充足
10		设备总电源柜、控制柜、供气柜、供电柜工作正常
11		供电系统外壳接地正常
12		真空舱罐体接地正常
13		设备所有液、气管道正常
14		设备所有电缆(380 V 电缆、220 V 插座)正常
15		供电法兰接线柱正常
16		推力器测量、发散角测量等专用测试设备调试正常
17	测试仪器仪表检查	供电电源、流量计、真空计、绝缘测试仪、微欧计、万用表、示波器等仪器仪表的量程、精度符合要求,在标检有效期内

序　号	检查确认项目	检查确认要求
18	供气管路漏率检查	流量计出口到真空设备穿舱法兰漏率 $\leqslant 1\times 10^{-6}(\mathrm{Pa}\cdot\mathrm{m}^{3})/\mathrm{s}$；设备穿舱法兰到推力器漏率 $\leqslant 1\times 10^{-6}(\mathrm{Pa}\cdot\mathrm{m}^{3})/\mathrm{s}$
19	电缆检查	电缆的外观完好、绝缘、导通性能符合要求
20	离子推力器状态检查	离子推力器外观完好，无肉眼可见多余物
21		离子推力器各电极间的绝缘、导通性能符合要求
22	供电、供气连接状态检查	离子推力器高、低压线缆连接正确
23		主阴极、阳极、中和器管路极性连接正确

3. 测试过程有效性确认

测试进行过程中，操作人员按照测试细则的要求开展测试，并做好试验记录。测试过程中产品保证工作包括：

（1）对离子推力器、PPU 电源、地面电源的控制操作需要执行双岗制；

（2）试验人员负责试验记录完整、有效、可追溯，尤其是对试验过程中的异常现象，应如实详细记录；

（3）对 PPU 电源、地面电源的电流保护点、电压保护点设置确认；

（4）阳极、阴极、中和器三路供气流率，应根据流量计的校准曲线完成修正，使实际供气流率满足额定供气流率要求；

（5）试验过程中出现异常现象时，按照故障预案操作，并及时将异常现象信息向测试主管传递；

（6）产保工程师组织设计师、测试主管、试验操作人员、专家等对异常问题进行分析讨论，必要时按照归零流程处理；

（7）测试主管及时整理和分析试验数据，编写试验报告。

4. 测试覆盖性检查确认

试验完成后，测试主管编写试验报告，设计师根据测试报告的结果，比对测试覆盖性分析报告确定的测试项目要求，开展测试覆盖性检查工作，确保所有可测试项目均完成了测试并已获得有效测试结果，所有不可测试项目均开展了过程控制或计算、分析等方式的验证，结果满足要求，设计师编写测试覆盖性检查报告。

4.2.4　交付及使用阶段产品保证

1. 交付验收产品保证

交付验收，是指产品完成研制后，顾客（用户）对产品指标及研制过程质量保证进行确认并最终接收产品的过程。包括产品实物确认和产品数据包确认。

产品交付流程如图 4-1 所示。离子推力器产品研制完成后，由承制方组织完成产品的机械性能测试、电性能测试等自验收测试项目,自验收通过后,产保工程师组织对研制全过程数据包检查,质量师组织开展出所(厂)质量评审;质量评审通过后,项目办向用户提交验收申请单;用户同意验收后,由用户组建验收评审组开展离子推力器验收测试和研制总结,承制单位质量管理部门负责牵头产品交付活动的实施,验收评审组最终给出验收结论。验收通过后,由承制单位组织产品包装和运输,并准备交付文件,产品和数据包文件一并交付用户,双方填写交接单。

图 4-1　产品交付流程图

产品交付验收过程中,承制方的各级部门的业务分工通常为:离子推力器研制部门负责全程数据包审查、交付活动的实施;质量管理部门负责牵头组织验收、交付及售后服务过程中的质量问题归零工作;科研计划管理部门负责组织产品验收交付工作、并对交付节点进行管理;项目办负责向用户提交验收申请、验收过程中与用户沟通、协调技术服务、办理紧急放行、编写出厂责任保证书和组织开展复查工作等。

交付验收过程的产品保证工作如下:

(1) 产品自验收测试和验收测试过程中的产品保证工作见 4.2.3 小节;

(2) 产保工程师组织对研制全过程数据包检查,设计师、工艺师、测试师等参加;

(3) 质量师组织出所质量评审,给出具质量评审结论;

(4) 用户成立验收评审组,并由用户担任验收评审组长;

(5) 离子推力器研制部门准备验收测试所需的设备,按照验收细则的要求对规定项目进行测试,验收评审组对测试系统、测试项目、测试结果进行检查和确认;

(6) 项目办组织召开验收评审会,评审研制总结,验收评审组根据研制工作完成情况及验收测试结果、数据包检查结果,给出验收评审结论;

(7) 产品验收测试部分指标不合格但用户同意让步使用的,产保工程师组织办理超差申请,其他情形的不合格由项目办组织专家讨论决定;

(8) 对于未完成验收,但需要先行交接的产品,应通过质量评审,并经承制方质量管理部门、科研计划管理部门会签,型号指挥批准;

(9) 产品通过验收评审后,离子推力器研制部门按照产品防护要求对产品进行包装、运输;

(10) 产品数据包随产品一同交付至用户,交付数据包由用户规定,通常包括产品履历书、产品使用说明书、产品技术说明书、产品证明书;

(11) 产保工程组织产品交付前的实物检查和确认,对包装防潮抗震情况、多余物控制情况、标识粘贴情况、交付文件情况等进行确认。

2. 交付后产品保证

交付后产品保证也就是产品售后服务,是指产品完成交付后直至寿命终结,承制方对顾客进行技术指导、产品维护等服务过程。

离子推力器交付后的产品保证,通常包括产品在卫星上的安装、总装集成与试验(assembly integration and test, AIT)阶段的测试、期间出现故障的产品现场排故或返修等。离子推力器在卫星上的安装、AIT阶段的测试,由用户负责,产品承制方负责配合和技术指导,必要时协助安装或测试。当产品出现故障时,视故障的种类和级别,由用户决定、承制方负责,完成产品现场维修或退回承制单位返修。

产品交付后承制方负责的产保工作主要包括以下内容。

(1)根据用户的要求开展交付后的质量复查和复核复算工作,提交复查证据和支撑材料。

(2)产品出现质量问题时,通常有现场排故和返所返修两种情况。现场排故由所项目办组织相关人员到达现场排故,排故过程中做好记录。当出现返修时,项目办组织设计、工艺、试验、质量等人员核实产品故障,制定返修方案,按照方案完成返修工作,质量处重新组织质量评审,项目办重新组织验收。

(3)出现质量问题需要归零时,由质量师、产保工程师组织推动归零工作,设计师、测试师等负责具体技术问题的解决。

(4)承制单位市场管理部门负责对售后服务计划实施情况和外场质量信息处理情况进行统计、分析,并形成分析报告,提供持续改进依据。负责完成用户满意度调查。

4.3　离子推力器质量控制

4.3.1　质量控制策划

1. 离子推力器研制策划和质量控制

针对离子推力器产品研制工作和特点,本书梳理了研制过程中需开展的主要质量控制工作,详见表4-2。

表4-2　离子推力器研制质量控制内容及要求

序号	工 作 项 目	质量控制内容及要求
1	离子推力器研制技术要求的确认	与用户沟通;《离子推力器研制技术要求》评审;用户下发的产品保证要求确认
2	离子推力器产品设计和开发策划	离子推力器设计和开发评审,评审文件包括:《离子推力器研制技术流程》《离子推力器研制计划流程》《离子推力器产品保证大纲》

续　表

序号	工作项目	质量控制内容及要求
3	离子推力器产品设计（含组件产品）	离子推力器设计评审,评审文件包括:《离子推力器产品设计报告》《离子推力器产品特性分析报告》《离子推力器 FMEA 分析报告》《离子推力器测试覆盖性分析报告》《离子推力器产品可靠性和安全性设计报告》《离子推力器产品风险分析与控制报告》;《离子推力器专项分析报告》(热分析、力学分析、放电室磁场仿真分析等)
4	离子推力器工艺设计（含组件）	离子推力器工艺设计评审,评审文件包括:《离子推力器产品工艺总方案》《离子推力器工艺设计报告》《离子推力器工艺文件》
5	离子推力器测试和试验设计	离子推力器测试和试验评审,评审文件包括:《离子推力器产品测试大纲》《离子推力器产品试验大纲》《离子推力器测试细则》《空心阴极筛选测试细则》《栅极组件稳定化处理试验细则》《气路电绝缘器性能测试细则》《离子推力器试验细则》;测试项包括:推力、比冲、功率、束流发散角、束流偏心角、机械接口及外形尺寸、电接口及特征阻值等;试验项目包括:调试试验;力学试验;热真空试验;热平衡试验
6	离子推力器研制试验	离子推力器研制试验是对设计正确性开展充分的试验验证,对发现的问题和薄弱环节进行改进和再验证。需开展的质量控制工作如下:研制试验方案评审;研制试验中发生的问题开展分析、改进和再验证工作,不放过任何技术和质量疑点;研制试验总结评审,通过评审确认得到可靠的结论
7	离子推力器专项试验	离子推力器研制中的专项试验包括:离子推力器与其他单机的联试;电磁兼容试验;整星羽流试验;离子推力器寿命试验;空心阴极寿命试验等。针对每一项试验,需进行如下质量控制:试验方案评审;试验准备状态检查;试验总结评审
8	地面支持设备研制	根据离子推力器产品研制中测试和试验需求,需研制和配套专用测试设备和仪器。这些工作主要包括:性能测试和寿命试验专用设备研制;推力测量专用设备研制;推力器束发散角及推力矢量偏角测试装置研制;推力器电参数及放电室等离子体诊断测仪器研制;推力器负载模拟器研制;离子推力器工作状态显示单元研制。上述地面设备研制工作,均按航天产品地面支持设备保证要求进行评审,包括:设备研制技术要求评审;设备研制方案评审;设备验收评审
9	离子推力器生产、测试和试验实施	需开展质量控制工作如下:产品投产前,应进行生产基线文件和生产准备状态检查,通过相应评审;严格执行"做事有依据、做事按依据、做事留记录"的要求;对于发生的质量问题,严格按质量问题归零要求开展归零工作;对于发生的异常和薄弱环节,需开展面向产品质量问题分析,制定改进措施;需要对已形成的受控状态技术文件更改时,严格执行技术状态更改五条标准
10	离子推力器研制总结	研制总结评审包括:各阶段的转阶段评审;离子推力器产品研制总结评审。评审文件:产品研制和质量总结报告、测试覆盖性检查报告、技术风险分析与控制总结报告、产品保证总结报告

2. 关键项目及关重件过程控制

离子推力器产品本身被列为关键项目管理,通过产品特性分析、故障模式和影响分析,确定离子推力器的关重件为空心阴极和栅极组件。这两个组件是影响离子推力器单机的性能、可靠性和工作寿命的主要因素,因此是质量控制的重点。

1) 空心阴极

每个离子推力器产品有两个空心阴极,其中一个作为放电室阴极,其发射电子用于电离工质气体,该阴极的性能直接影响离子推力器放电室等离子特性,进而影响推力器的性能。另一个空心阴极作为中和器使用,其发射的电子用于中和束流离子,形成等束流离子体。空心阴极被确定为关键组件,研制和生产中的质量控制措施见表4-3。

表4-3   空心阴极质量控制措施汇总表

序号	工作项目	质量控制内容及要求
1	原材料控制	对发射体、阴极顶、阴极管、加热丝等关键材料进行严格的控制,包括材料复验、筛选、特殊处理净化等
2	设计关键特性识别和控制	对影响空心阴极性能和寿命的敏感设计参数进行识别和控制,形成设计关键特性表,并形成具体可控制措施
3	工艺关键特性及过程关键特性识别与控制	分析空心阴极生产过程,识别对设计关键特性及性能有重要影响的工艺和过程关键特性参数,进行控制
4	生产过程质量控制	严格按生产工艺文件规定生产,形成翔实的过程记录。对于过程中的不合格进行严格控制,与关键特性有关的超差零部件,不得办理让步放行
5	测试和试验过程质量控制	将空心阴极筛选试验中的"点火特性"作为关键检验点控制;空心阴极在试验过程严格控制多余物,特别是空心阴极暴露大气后的点火,采用特殊的处理流程,确保供给气体的纯度
6	使用过程质量控制	制定详细的存贮、使用规范;装配推力器后的点火试验、在轨点火过程,均形成规范的操作流程

2) 栅极组件

在离子推力器产品组成中,栅极组件是关键组件,其功能是引出并加速推力器放电室离子,形成推力。离子推力器的高比冲特性就由栅极组件决定,栅间加载电压通常在1 000 V以上。栅极组件被确定为重要组件,研制和生产中的质量控制措施见表4-4。

表4-4   栅极组件质量控制措施汇总表

序号	工作项目	质量控制内容及要求
1	原材料控制	对栅极材料、栅极安装板、绝缘材料等关键材料进行严格的控制,包括材料复验、筛选等
2	设计关键特性识别和控制	对影响栅极组件性能和寿命的敏感设计参数进行识别和控制,形成设计关键特性表,并形成具体可控制措施
3	工艺关键特性及过程关键特性识别与控制	分析栅极组件生产过程,识别对设计关键特性及性能有重要影响的工艺和过程关键特性参数,进行控制
4	生产过程质量控制	严格按生产工艺文件规定生产,形成翔实的过程记录。对于过程中的不合格进行控制,与关键特性有关的超差零部件,不得办理让步放行

续　表

序号	工 作 项 目	质量控制内容及要求
5	测试和试验过程质量控制	栅极装配中的"栅极间距检测"作为关键检验点控制;栅极组件在装配推力器之前需进行稳定化处理,保证其工作的稳定性和可靠性
6	使用过程质量控制	制定详细的存贮、使用规范;装配推力器后的点火试验、在轨点火过程,均形成规范的操作流程

3. 落实其他航天产品质量管理要求

其他航天产品质量管理要求包括:产品技术状态控制要求、精细化质量控制要求、质量问题管理和不合格品控制、外协产品质量控制要求等。这些要求应在离子推力器研制和生产全过程中严格落实。

1) 产品技术状态控制要求

离子产品研制过程中,应按数据包策划文件清单及时编制相应的文件,并签署完整。对于确定产品技术状态,作为设计、生产、测试和试验依据的技术文件,必须办理受控,严格控制其更改。技术文件主要包括设计文件、工艺文件、研试文件,这些文件的编制、签署及更改依据航天企业标准执行。

在原理样机阶段,研制重点是关键技术突破和产品功能、性能的实现,因此产品技术状态控制工作重点是与性能、功能实现有关的设计状态控制。在工程样机阶段(型号产品初样)、正样阶段,涉及离子推力器产品技术状态的任何更改都必须严格执行"五条标准",具体要求如下。

(1) 论证充分:在提出更改建议(申请)前,申请人应对更改的必要性、正确性、可行性及更改带来的影响进行全面、系统的论证。

(2) 各方认可:更改所涉及的相关部门和相关技术系统对更改的必要性及更改的可行性有清楚的认识并形成共识。

(3) 试验验证:以试验等方式来证实更改方案的正确性、可行性、有效性。

(4) 审批完备:对所有涉及更改的技术状态文件,均按规定的职责和权限进行审查和批准,并签署完整。

(5) 落实到位:对已批准的技术状态更改要求,各相关部门均贯彻执行、落到实处。落实到位包含文件更改到位、产品实现到位和落实情况监督到位等。

2) 精细化质量控制要求

"零缺陷"质量理念就是以过程的零缺陷保证产品的零缺陷。需要将"零缺陷"理念贯彻到离子推力器产品研制生产的每一个阶段、每一个过程、每个员工、每个岗位活动中。通过系统的策划和大量严慎细实的工作,使每一项具体工作都有细化和量化要求,确保工作有依据;通过严格的过程控制和闭环管理,将各项要求切实落实到每一个零部件组件产品上、每一项操作中,确保工作无差错;从识别产品要求到产品交付的各环节都得到有效控制,力求做到一次成功。

对离子推力器研制而言,落实精细化质量控制包括以下几个方面。

(1)离子推力器产品数据包策划和实施。

系统全面策划产品研制过程所需的所有文件和记录清单,确保所有过程都有依据文件和相应的记录文件。通过策划和建立产品数据包,将产品保证要求和量化过程控制要求分解落实到产品研制过程中,以规范和指导产品对要求实现全过程、各环节的细化和量化管理工作。使每一项工作开展都符合"做事有依据、做事按依据、做事留记录"的要求。

(2)设计文件的精细化。

离子推力器产品设计、工艺设计文件中各项要求都应该是具体、明确、量化可控的。例如,作为设计输出的图样及各类配套表单,内容必须具体、明确、正确,有量化要求的必须经过复核复算,确保设计的正确性和充分性,如三类关键特性表单等。

(3)操作文件的精细化。

对于生产、测试和试验的依据文件,必须对工艺参数、操作过程、每个步骤都有明确的规定,包括对操作和复核的要求。需记录的参数,必须规定合格(或正常)的参数范围等。

(4)过程记录的精细化。

过程记录要求在相应文件中规定,以表格化的形式给出,使用中不得随意更改。记录时,有量化要求的数据必须记录实测值。尽可能采用信息化手段,提高记录的效率和正确性。

3)质量问题管理和不合格品控制

技术问题归零五条标准为:① 定位准确:要求确定质量问题的准确部位;② 机理清楚:要求通过理论分析和试验手段,确定问题发生的根本原因;③ 问题复现:通过试验或其他验证方法,确定问题发生的现象,验证定位的准确性和机理分析的正确性;④ 措施有效:针对发生的质量问题,制定并采取可行的纠正措施,保证产品质量问题得到解决;⑤ 举一反三:把发生的质量问题信息反馈给本型号、本单位和其他单位、其他型号,并采取预防措施。

管理问题归零五条标准为:① 过程清楚:要查明问题发生、发展的全过程,从中查找管理上的薄弱环节或漏洞;② 责任明确:要求根据质量职责,分清造成质量问题的责任单位和责任人,并分清责任的主次;③ 措施落实:针对管理上的薄弱环节和漏洞,制定并落实有效的纠正措施和预防措施,确保类似问题不再发生;④ 严肃处理:对由于管理原因造成的质量问题应严肃对待,从中吸取教训,达到教育人员和改进管理工作的目的;⑤ 完善规章:针对管理上的薄弱环节或漏洞,健全和完善规章制度,并加以落实,从制度上避免质量问题的发生。

其他要求包括：① 产品异常问题：对于离子推力器鉴定和正样产品以外的产品，在研制过程出现的异常（如研制试验中的非预期结果），参考归零的方法和要求，开展技术分析、提出改进措施并验证；② 面向产品质量分析：离子推力器产品研制队伍或班组需根据实际情况开展面向产品质量分析工作、质量控制（QC）活动；③ 不合格控制：按不合格管理程序执行审理，并分析问题、制定纠正或预防措施；④ 产品故障库：在离子推力器研制过程中，建立质量问题或产品异常的故障库，包括技术和管理问题，作为经验的传承。

4.3.2　质量控制结果评价

离子推力器产品质量控制结果评价包括以下几个方面。

1）质量管理体系及航天产品质量保证要求的落实

通过对离子推力器产品研制质量复查、质量体系内审等方式，全面审查离子推力器产品研制全过程中的文件和记录（数据包文件），确认离子推力器产品质量是否满足用户要求、满足国军标质量体系要求、满足航天产品质量控制要求。

2）质量信息统计分析情况

对离子推力器产品研制过程中质量信息进行分析和评价，包括以下几个方面：

（1）各项技术评审是否按规定完成，并完成待办事项的闭环；

（2）产品研制过程所有技术状态文件是否受控有效，研制过程中各项记录是否完整和规范；

（3）关重项目、关重件控制措施是否制定，并全部落实；

（4）产品研制中质量问题归零是否完成、是否彻底、制定的措施是否落实，并举一反三；管理问题归零是否按要求完成，并且无重复性、低层次质量问题发生；

（5）产品研制中不合格控制，是否按要求进行了不合格品审理，是否制定并落实了纠正或预防措施，零部件及产品不合格数量是否呈下降趋势；

（6）产品数据包是否完整、符合要求；

（7）产品验收情况，是否通过验收、用户意见是否落实。

3）交付后质量及在轨应用情况

离子推力器产品交付后，将进行整星 AIT 阶段总装及测试、参加整星力学及热真空试验等试验、发射场测试及入轨后在轨点火和工作情况。

根据用户需要，配合完成各项服务工作，确保产品全过程状态受控，所有质量问题或异常都到得解决，制定在轨故障预案及风险控制措施，确保型号任务成功、产品在轨稳定可靠工作。

参考文献

余后满. 2018. 航天器产品保证[M]. 北京：北京理工大学出版社.

袁家军. 2011. 航天产品工程[M]. 北京：中国宇航出版社.

张天平, 杨福全, 李娟, 等. 2020. 离子电推进技术[M]. 北京：科学出版社.

中国航天工业总公司. 1999. 航天产品技术状态管理：QJ 3118 - 1999[S].

中国人民解放军总装备部. 1993. 产品质量评审：GJB/1710 - 1993[S].

中国人民解放军总装备部. 1990. 关键件和重要件的质量控制：GJB/909 - 1990[S].

中国人民解放军总装备部. 2010. 技术状态管理：GJB 3206A - 2010[S].

中国人民解放军总装备部. 1991. 设计评审：GJB/1310 - 1991[S].

中国人民解放军总装备部. 1993. 试制和生产准备状态检查：GJB/1710 - 1993[S].

中国人民解放军总装备部. 2013. 武器装配研制项目风险管理指南：GJB/Z 171 - 201[S].

中国人民解放军总装备部. 2017. 质量管理体系要求：GJB 9001C - 2017[S].

中国人民解放军总装备部. 2012. 装备安全性工作通用要求：GJB 900A - 2012[S].

中国人民解放军总装备部. 2006. 装备出厂检查、交接与发运质量工作要求：GJB/3916A - 2006
[S].

中国人民解放军总装备部. 2004. 装备可靠性工作通用要求：GJB 450A - 2004[S].

中国人民解放军总装备部. 2006. 装备质量问题处理通用要求：GJB/5711 - 2006[S].

研制篇

第5章
LIPS‑200 离子推力器产品研制

5.1　LIPS‑200 推力器产品技术要求

5.1.1　LIPS‑200 推力器产品概述

LIPS‑200 离子推力器是在我国最早开展工程化研制的千瓦级功率、单一工作模式离子推力器产品,其应用领域主要为同步轨道中等容量通信卫星南北位置保持任务。LIPS‑200 属于柱形会切场放电室类型离子推力器,配套双栅极组件和六硼化镧空心阴极,从 1999 年开始原理样机研制、2008 年完成工程样机研制、2011年完成飞行样机研制、到 2015 年完成 12 000 h 工作寿命试验验证。

LIPS‑200 离子推力器是目前国内成熟度最高的一款推力器产品,其技术成熟度 9 级、制造成熟度 8 级、产品成熟度 5 级。LIPS‑200 离子推力器已先后成功用于 SJ‑9A、SJ‑13(CS‑16)、APSTAR‑6D 等卫星,实现了首次空间飞行试验、首次卫星型号正式应用、首次商业卫星应用等多项国内第一,属于 DFH‑3B、DFH‑4E 通信卫星平台标配产品,未来 10 年内已确定应用 LIPS‑200 离子推力器的卫星近20 颗。

5.1.2　主要功能和性能指标要求

1. 功能要求

离子推力器的主要功能包括:① 在额定供气和供电条件下产生额定推力,且比冲和效率达到技术要求;② 提供与推力矢量调节机构之间的机械、热接口;③ 提供星上供电电缆线的电接口;④ 提供与推力矢量调节机构管路的机械接口;⑤ 实现推力矢量调节机构与离子推力器间的气路电绝缘。

2. 工作条件要求

离子推力器工作需要的氙气推进剂流量要求为:阳极 1.09(1±5%) mg/s;主阴极 0.136(1±5%) mg/s;中和器 0.136(1±5%) mg/s。离子推力器工作需要的供电条件如表 5‑1 所列。

表 5 - 1　离子推力器供电参数

序号	名　称	输出特性	额定供电参数
1	屏栅电源	稳压	1 000 V
2	加速电源	稳压	−185 V
3	阳极电源	稳流	开路电压≥50 V,1 档 2.6 A,2 档 4.0~5.2 A 可调
4	阴极触持电源	稳流	开路电压≥50 V,输出稳流: 600 mA
5	中和器触持电源	稳流	开路电压≥50 V,输出稳流 1.6 A
6	阴极点火电源	单次脉冲	900~1 100 V
7	中和器点火电源	单次脉冲	900~1 100 V
8	阴极加热电源	稳流	阴极预处理 4.0 A,正常工作 7.5 A
9	中和器加热电源	稳流	同上
10	烧蚀电源	限流	开路电压 32 V,限流 8 A

3. 性能指标要求

LIPS - 200 离子推力器应满足的性能指标要求见表 5 - 2 所列。

表 5 - 2　离子推力器性能指标

序号	技术指标项目	单　位	参　　数	备　注
1	功率	W	1 000±70	额定工作条件
2	推力	mN	40±2	
3	比冲	s	3 000±150	
4	效率	%	≥55	
5	累计工作时间	h	≥14 000 h	已考虑 1.5 倍裕度
6	开关次数	次	≥7 000	已考虑 1.5 倍裕度
7	点火启动时间	min	≤7	
8	束流发散角	(°)	≤30	全角(包含 90%束流)
9	推力偏斜	(°)	≤1	
10	外漏率	(Pa·m³)/s	≤1×10⁻⁷	氦质谱真空检漏
11	质量	kg	6.6±0.2	

4. 寿命及可靠性要求

寿命要求: 地面存储 3 年+在轨工作 15 年。

可靠性要求: 15 年服务寿命末期≥0.95。

5.1.3　接口要求

1. 机械接口

(1) 离子推力器主体轮廓尺寸: 宽(360±2.0 mm), 长(266±2.0 mm), 离子推力器中心轴到中和器外缘的径向距离不超过 189 mm。

(2) 安装接口: 离子推力器通过安装法兰固定到推力矢量调节机构上, 每台推力器通过安装法兰上 8 个 Φ4.5 mm 的通孔、用 M4 螺钉连接于矢量调节机构, 安装孔位置度为 Φ0.2 mm。

(3) 气路接口: 离子推力器有 3 路推进剂供应管路接口, 分别为 1 个阳极管路接口 A、1 个主阴极管路接口 MC 和 1 个中和器管路接口 NC。

2. 热接口

(1) 离子推力器安装面为铝本色, 推力器与矢量调节机构之间采用 2 mm 厚隔热垫进行绝热安装;

(2) 离子推力器工作温度(点火前, 推力器安装法兰处): $-50\sim+100$℃;

(3) 离子推力器总发热量: 准备状态不大于 300 W; 工作状态不大于 250 W。

3. 电接口

(1) 离子推力器外壳与星地的电接口: 离子推力器外壳通过安装法兰与星地实现同电位电连接;

(2) 离子推力器共 8 路输入供电需求, 离子推力器与离子电源处理单元的电连接通过电连接器实现。

5.1.4　绝缘要求

(1) 离子推力器各引出接点与接地桩之间绝缘电阻要求大于等于 50 MΩ(测试电压: 大气条件下 500 V, 真空条件下 2 500 V);

(2) 阳极回线与阴极触持极之间的绝缘电阻以及中和器触持极与电地之间的绝缘电阻大于等于 100 kΩ, 使用万用表测量;

(3) 阳极回线与加速极、屏栅极/阳极、电地等供电接点之间的绝缘电阻大于等于 50 MΩ, 测试电压: 大气条件下 500 V, 真空条件下 2 500 V;

(4) 推力器电地与加速极、屏栅极/阳极、阴极触持极等供电节点之间的绝缘电阻大于等于 50 MΩ, 测试电压: 大气条件下 500 V, 真空条件下 2 500 V。

5.1.5　环境适应性要求

1. 力学环境条件

推力器应满足的力学环境包括一阶固有频率、加速度、正弦振动、随机振动和冲击等, 其中一阶固有频率必须大于 140 Hz, 验收级和鉴定级正弦振动、随机振动和冲击等试验条件见表 5‐3~表 5‐5。

表 5 - 3　正弦振动试验条件

试 验 级 别	扫 描 速 率	频率范围/Hz	振 动 幅 值
验收级	4 oct/min	10~20	6.25 mm
		20~100	10 g
鉴定级	2 oct/min	5~20	10 mm
		20~100	16 g

表 5 - 4　随机振动试验条件

试验级别	加载时间	加载方向	频率范围/Hz	功率谱密度
验收级	1 min/轴向	三个轴向	10~95	+6 dB/oct
			95~130	0.45 g^2/Hz
			130~200	-14.7 dB/oct
			200~600	0.055 g^2/Hz
			600~2 000	-15 dB/oct
			总均方根加速度	8.5 Grms
鉴定级	2 min/轴向	三个轴向	10~95	+6 dB/oct
			95~130	1.0 g^2/Hz
			130~200	-13 dB/oct
			200~600	0.16 g^2/Hz
			600~2 000	-15 dB/oct
			总均方根加速度	13.6 Grms

表 5 - 5　冲击响应谱试验(验收级和鉴定级试验相同)

频率/Hz	冲击谱	试验次数
100~1 500	+6 dB/oct	鉴定级 3 次
1 500~4 000	1 600g	验收级 1 次

　　鉴定级加速度试验条件为：量级为 9 g，达到 9 g 后保持 5 min，加、卸载速率不大于 5 g/min。

　　2. 热真空条件要求

　　推力器要求的验收级和鉴定级热真空试验条件如表 5 - 6 所列，首末循环高低温端应通电点火并进行性能测试。

表 5‑6　热真空试验条件

参　数	验收级试验条件	鉴定级试验条件
试验压力	≤6.65×10⁻³ Pa	≤6.65×10⁻³ Pa
试验温度	−60~110℃	−70~120℃
循环次数	3.5 次	6.5 次
变温速率	≥1℃/min,至少≥0.5℃/min	≥1℃/min,至少≥0.5℃/min

5.2　LIPS‑200 原理样机研制

5.2.1　原理样机方案设计

1. 产品设计方案

离子推力器主要由阴极、放电室、栅极组件、气路电绝缘器、中和器、工质气路、外壳组成。

1) 放电室方案

放电室的功能是对进入放电室中的工质氙气进行电离。LIPS‑200 离子推力器放电室采用柱型磁铁环尖场方案,该放电室磁场设计的优点在于:① 通过上、中、下三个磁极靴形成的磁场把原初电子的主要电离区域集中到阳极筒表面边沿,并通过上极靴的径向磁场来约束放电室出口区域的径向电位分布,增强正离子向出口直径边缘的扩散,以此来改善束流均匀性,提高栅极的寿命;② 通过把阳极筒分为上下两段的中间极靴将阴极电位引入放电室中段边缘,强化了阳极筒表面边沿区域的电离效率,降低了放电损耗和阳极电压,并因此减少了双荷离子及其产生的溅射影响;③ 此放电室的磁铁置于屏栅筒外,工作温度低,且柱形磁铁长度较长,磁铁工作点容易设计在磁感应强度‑磁场强度(B‑H)温度退磁曲线簇线性区域,因此,磁路稳定性好,对磁铁的温度性能和抗衰减性能的要求不是太高。

2) 空心阴极方案

空心阴极方案主要包括发射体材料和加热形式。

发射体材料:采用六硼化镧发射体材料,其优点主要是:① 发射电流密度相对其他的发射体材料高,理想电流发射密度可以达到 20 A/cm²,比钡钨发射体的理想电流发射密度高近 1 个数量级;② 抗中毒能力强。选择抗中毒能力较强的六硼化镧做发射体,可以长期在空气中存放,在 600℃ 以下,不与空气发生作用。六硼化镧暴露大气后,发射表面吸附的水气等污染层会在短时间内造成六硼化镧点火性能和发射性能的变化,但工作一段时间后,可以恢复,对寿命不产生影响。

加热器加热形式：空心阴极加热形式选择直流加热,降低了加热电源的质量。

3) 栅极组件方案

在轨使用的离子推力器栅极组件主要分为双栅和三栅组件,表 5-7 给出了这两种栅极组件的比较。由于三栅栅极组件相对复杂,可靠性较低,因此 LIPS-200 离子推力器栅极组件选用双栅栅极组件。

表 5-7　两种栅极组件的比较

	双栅栅极组件	三栅栅极组件
离子束引出效率	中	中
组件磨损寿命	中	长
可靠性	中	低
束发散角	中	小
结构复杂程度	简单	复杂
任务满足程度	可以满足	可以满足

4) 气路电绝缘器方案

气路电绝缘器的功能是为不同电位的气路提供电绝缘的供气通路。气路电绝缘器设计选用多层金属网分电压抑制气体放电的气路电绝缘器。

气路电绝缘器由金属网、气路陶瓷管、隔离陶瓷管、屏蔽套和接头组成。对于氙气气路,由于单级分电压隔离的最低放电击穿电压大于 200 V,因此,阳极和阴极的气路电绝缘器采用了 15 级金属网分电压隔离设计,可以满足耐压 3 000 V 的要求。中和器气路电绝缘器采用 8 级金属网分电压隔离设计可以满足耐压 1 600 V 的要求。

5) 推力器的组成方案

LIPS-200 离子推力器组成方案包括:① 阴极和中和器:硼化镧空心阴极(阴极与中和器相同);② 放电室:柱形磁铁环尖磁场直、锥双阳极带中间屏极放电室;③ 栅极组件:支撑环凸面钼材双栅栅极组件;④ 气路电绝缘器:多层金属网分电压抑制气体放电的气路电绝缘器,阳极和阴极气路电绝缘器耐压≥3 000 V,中和器气路电绝缘器耐压≥1 600 V;⑤ 外部接口:按研制技术要求设计。

5.2.2　原理样机研制及验证

原理样机阶段主要是对性能指标的满足情况进行了验证。通过对电参数及供气条件的调整使产品的性能指标达到要求,进而优化工作点,能保证其具有较高的效率,输出额定的推力、比冲,同时延长其寿命,提高可靠性。

根据试验结果,输出额定推力 40 mN、额定比冲 3 000 s,推力器额定工作点的电气参数和性能如表 5－8 所列。

表 5－8 额定工作点主要电气参数和性能

序 号	参 数 名 称		额 定 值	
1	屏栅电源		1 000 V	800 mA
2	加速电源		−185 V	6 mA
3	阳极电源		35 V	4.4 A
4	主触持电源		16 V	0.6 A
5	中触持电源		20 V	1.6 A
6	氙气流率	主阴极	0.136 mg/s	
7		阳极	1.09 mg/s	
8		中和器	0.136 mg/s	
9	推力		40±2 mN	
10	比冲		3 000±150 s	
11	功率		1 000±70 W	
12	效率		≥55%	

5.3 LIPS－200 工程样机研制

5.3.1 工程样机设计

1. 离子推力器结构设计

1) 主体结构设计

离子推力器主体结构为圆柱形,由安装法兰隔成前后两段,前段为直筒结构,后段为锥筒结构。柱段和锥段分别由均布的 8 根磁钢套固定,磁钢套中间为屏栅筒,屏栅筒起到中心承力筒的作用,这一构型大幅提高了推力器的结构刚度和稳定性,屏栅筒设计厚度为 1 mm。推力器气路接口和电接口均布在锥筒面上,该位置结构刚度要优于其他位置。中和器安装在前外壳一侧,利用加强筋对前外壳刚度进行补强。

2) 安装接口设计

推力器通过安装法兰上 8 个 M4 螺栓安装固定在卫星推力器支架上,在推力器的安装法兰中心距为 Φ315 mm 圆周上均布 8 个 Φ4.5 mm 的安装孔,位置度 Φ0.2 mm,安装面平滑无凹凸,平面度 0.1 mm/100 mm,表面粗糙度 Ra 3.2 μm,安装接触面面积 6 100 mm^2。

管路接口,包括 1 个阳极接口、1 个阴极接口和 1 个中和器接口。接口形式为内台阶外套螺纹,螺纹 M10×1。

3) 推力器电接口设计

离子推力器外壳通过安装座上的接地桩与星地实现同电位电连接。由离子推力器后罩盖引线支撑陶瓷引出 8 根带有压接端子的外引线,实现离子推力器与供电转接盒的电连接,推力器后罩盖外引线引出连接图如图 5-1 所示,外引线接点接口设计如表 5-9 所列。

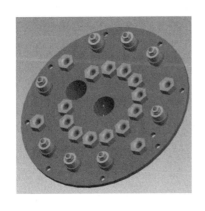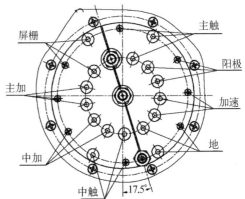

图 5-1　推力器后罩盖外引线引出连接图

表 5-9　离子推力器外引线接点接口设计表

接点编号	名　称	电压/V	电流/A	极　性	柱/孔
1	阳极	1 000	6	正	接线柱
2	主触	2 250	0.6	正	接线柱
3	主加	980	8	正	接线柱
4	屏栅	970	8	正	接线柱
5	加速	−180	1.2	负	接线柱
6	中触	1 250	1.6	正	接线柱
7	中加	16	8	正	接线柱
8	地	0	13	推力器电地	接线柱

2. 放电室设计

放电室设计全部沿用柱型磁铁环形会切磁场直、锥双阳极带中间屏极放电室,其结构如图 5-2 所示。

3. 空心阴极和栅极设计

LIPS-200 推力器采用 LHC-5L 空心阴极和 LGA-200M 栅极组件,LHC-5L

空心阴极研制详见 5.5 节, LGA - 200M 栅极组件研制详见 5.4 节。

4. 气路电绝缘器设计

气路电绝缘器设计指标要求为: ① 阳极和阴极气路电绝缘器耐压 ≥3 000 V(2 倍使用指标裕度); ② 中和器气路电绝缘器耐压 ≥1 600 V。分电压隔离气路电绝缘器由隔离金属网、气路陶瓷管、隔离瓷垫环、屏蔽罩和接头组成。

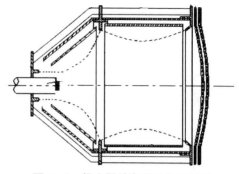

图 5 - 2　推力器放电室结构示意图

5. 可靠性和安全性设计

1) 可靠性预计

(1) 阴极。阴极的可靠度主要取决于发射体的可靠度与加热器的可靠度,其数学形式为 $R_1 = R_{1a}R_{1b}$, 其中 R_{1a} 为阴极发射体的可靠度, R_{1b} 为阴极加热器的可靠度。发射体属于损耗型失效,其寿命分布服从威布尔分布,其形状参数 m 取保守值 3,则阴极发射体的可靠度为 0.979 4。加热器属于损耗型失效,其寿命分布也服从威布尔分布,选取形状参数 $m = 8$,则阴极加热器的可靠度为 0.996 1。因此阴极的可靠度为 0.975 6。

(2) 中和器。中和器设计与阴极设计完全相同,其可靠度数学表达为 $R_2 = R_{2a}R_{2b}$, 其中 R_{2a} 为中和器发射体的可靠度, R_{2b} 为中和器加热器的可靠度。中和器发射体的工作条件是阴极工作条件的降额,中和器发射体的可靠度为 0.995 8。中和器加热器与阴极加热器的可靠度完全相同,因此中和器的可靠度为 0.991 9。

(3) 栅极组件。栅极组件的失效属于损耗型失效,其寿命分布可用威布尔分布模型描述。形状参数 $m = 8.5$,特征寿命 $\eta = 20\ 000$ h。由此得到栅极组件的可靠度为 0.993 8。

(4) 放电室及气路电绝缘器。由于阴极气路电绝缘器、阳极气路电绝缘器和中和器气路电绝缘器结构完全相同,这里统称为气路电绝缘器。放电室及气路电绝缘器的可靠度为 0.998 8。

(5) 推力器。根据各组件的可靠度预计结果,推力器可靠度的预计结果为 0.960 5,预计结果满足要求。

2) 安全性设计与分析

(1) 安全性设计目的。安全性设计的目的是分析确认离子推力器工作时存在的可能对外部接口(卫星、一次母线和离子供配电单元)造成危害的故障模式和应采取的安全措施,以及可能的外部接口对人身安全造成危害的故障模式和应采取的安全措施。

（2）安全性故障模式分析。离子推力器危险源及安全性故障模式如表 5－10 所列。

表 5－10　离子推力器危险源及安全性故障模式

序号	危险源	安全性故障模式	安全性影响
1	1 000 V 高电压	试验过程中人员触电	可造成人员伤亡
		气路电绝缘器高压击穿	可能造成卫星结构带电
		离子推力器高压电极与外壳短路	可能造成卫星结构带电
2	电磁干扰	辐射干扰	对卫星上电子设备造成不可接受的干扰
3		传导干扰	对离子电源处理单元造成不可接受的干扰
4		通信电磁波通过束流时发生衰减	衰减卫星无线电通信
5		推力器在航天器周围产生稀薄等离子，等离子环境引起卫星表面充放电	充放电过程造成电子设备、结构材料破坏
6		中和器单独熄弧引起的充放电	可能造成卫星结构充电
7	羽流	敏感表面的污染	造成敏感器功能下降
8		敏感表面的溅射	造成敏感表面性能下降

（3）安全性设计措施。针对表 5－10 所识别的 8 种离子推力器安全性故障模式，拟采取的安全性设计措施见表 5－11。

表 5－11　离子推力器拟采取的安全性设计措施

序号	故障模式	安全性设计措施
1	1 000 V 高电压	在高压接线端子外部安装防护罩。要求离子推力器电源设计短路保护、安全性接地网络。采用多种设计、工艺措施保证离子推力器高压电极与外壳之间绝缘良好。禁止未经过培训的人员操作推力器；严格按推力器操作规程操作
2	辐射干扰	充分继承离子推力器原理样机设计、工作点选择，使 LIPS－200 离子推力器电磁辐射水平与原理样机一致，与国外同类型的推力器辐射水平相当。识别对推力器辐射敏感的设备类型，并在卫星布局上，尽量使这些设备远离离子推力器，并采取必要的屏蔽手段，将推力器对这些设备的影响抑制在可接受的范围内
3	传导干扰	继承 SJ－9A 卫星的传导干扰解决方案，并将该方案落实在电源处理单元的技术要求中。通过联机试验方法发现和解决电磁兼容性问题，对电源的过载能力、保护功能、各路电源之间互锁控制提出具体要求
4	影响卫星通信	采取合理的布局设计，使推力器的束流远离卫星天线，保证离子推力器的束流不在通信电波传输的通路上
5	等离子环境引起的充放电	在卫星系统的层面对卫星表面及卫星壳体外安装的设备进行具体分析，识别是否存在放电的问题，进而提出解决办法，最后需要通过试验使防护措施得到验证。为了降低或避免离子推力器的羽流对太阳电池板造成危害，在离子推力器应用系统设计时，采取合理的布局设计，使推力器的束流远离太阳电池板

续　表

序号	故障模式	安全性设计措施
6	中和器单独熄弧引起的充放电	优化推力器设计,从而大幅降低了放电振荡,避免放电振荡引起中和器熄火。对中和器工作点进行优化,增强其抗放电振荡能力。要求离子推力器电源设计中,卫星结构地与离子推力器电地之间设计接地网络,在中和器意外熄弧期间,将推力器结构地与推力器电地之间电位差钳制在安全范围内。检测到中和器出现熄弧前兆(中触持电流异常降低)时,迅速关断高压电源
7	羽流的敏感表面污染和溅射	采取合理的布局设计,使推力器的束流远离敏感表面

5.3.2　工程样机验证

1. 验证项目及结果

LIPS－200 离子推力器工程样机产品的试验验证项目及结果如表 5－12 所列。

表 5－12　LIPS－200 离子推力器工程产品性能验证项目及结果

序号	项　　目		单位	技术要求	结果及结论	
					测试结果	结　　论
1	额定性能参数(2 h 平均)	推力	mN	40±2	40.1	满足要求
2		比冲	s	3 000±150	3 008	满足要求
3		功率	W	1 000±70	1 037	满足要求
4		效率	%	≥55	57	满足要求
5	贮供流量及 PPU 电气参数偏离额定值±5%范围时的性能参数(2 h 平均)	工况Ⅰ 推力	mN	40±5	36.2	满足要求
6		工况Ⅰ 比冲	s	3 000±500	2 803	满足要求
7		工况Ⅰ 功率	W	1 000±130	947	满足要求
8		工况Ⅱ 推力	mN	40±5	38.7	满足要求
9		工况Ⅱ 比冲	s	3 000±500	2 767	满足要求
10		工况Ⅱ 功率	W	1 000±130	995	满足要求
11		工况Ⅲ 推力	mN	40±5	41.8	满足要求
12		工况Ⅲ 比冲	s	3 000±500	3 046	满足要求
13		工况Ⅲ 功率	W	1 000±130	1 084	满足要求
14	阴极点火时间		s	≤420	312	满足要求
15	中和器点火时间		s	≤420	306	满足要求

5.4　LGA－200M 组件产品研制

5.4.1　LGA－200M 组件产品设计要求

LGA－200M 为钼材料、双栅极组件产品,其研制要求见表 5－13。

表 5-13   LGA-200M 组件产品研制要求

序 号	名 称	单 位	研 制 要 求
1	束流直径	mm	≤φ200
2	束电压	V	1 000(1±5%)
3	束流	A	0.8±0.05
4	工作寿命	kh	≥12
5	束流发散角	(°)	≤30(包含 90%束流条件下)
6	离子透明度	%	>70
7	束流平直度	—	≥0.5

5.4.2   LGA-200M 组件产品设计

针对离子聚焦效果要求,结合离子流导性能要求和电子反流安全裕度要求,采用 PIC-MCC 有限元仿真和试验迭代验证的方法,确定了 LGA-200M 屏栅厚度、加速栅厚度、屏栅透明度、加速栅透明度、双栅间距、屏栅电压、加速电压等参数。能够保证栅极组件对离子束流有较高的引出效率,又减少了双栅电弧短路和热形变短路故障模式。

针对束流发散角性能要求,LGA-200M 双栅极组件中加速栅采用了"补偿"设计,使单孔束流的轨迹接近轴向。该设计需要对其中一片栅极的孔中心距做一些调整,从而抵消由于球面栅产生的发散作用。对于双栅离子光学系统,补偿系数 δ 表示为

$$\delta = \frac{2\Phi h^2\left(\dfrac{2l}{D^2 + h^2} + \dfrac{t + t}{D^2 - h^2}\right)}{(D^2 + h^2)\arcsin\dfrac{2\Phi h}{D^2 + h^2}} + \frac{2hd}{k(D^2 + h^2)}$$

式中,δ 为补偿系数;D 为栅极直径;Φ 为球面直径;h 为球面拱高;k 为经验常数。经计算 LGA-200M 补偿系数为 0.33%。

针对热稳定可靠性要求,LGA-200M 双栅极组件结构选为固定螺接,即栅极通过螺钉紧固件安装至对应安装环组成部件,然后通过绝缘支撑件配合栅间距调整垫片,组装为栅极组件。由于栅极通过螺钉紧固件固定在安装环上,而栅极组件的温度变化接近 350℃,当栅极与安装环的线膨胀系数不一致时,在如此大的温度变化范围内,栅极与安装环间将产生超过栅极屈服强度的束缚应力,导致栅极出现不可逆热形变。为了防止栅极出现此种不可逆热形变,要求选择的支撑环材料的线膨胀系数与栅极材料应尽可能相近,同时还应考虑质量等工程问题。因此栅极支撑环选用与 Mo 线膨胀系数相近的 TC4 材料。

针对热、力学可靠性要求,LGA-200M 双栅极组件采用了球面结构设计,使双栅同向热膨胀,以消除栅极非定向热膨胀导致双栅间距离散性大甚至短路失效的缺点,同时提高了栅极组件抗震强度。此外,双栅间距的热膨胀变化是栅极组件热效应中影响束流变化的主要因素,因此需要选择热膨胀小的双栅支撑材料(如 A95 氧化铝绝缘陶瓷)以降低栅极组件热效应对束流的影响。

图 5-3 为 LGA-200M 组件产品,主要由屏栅、加速栅、屏栅安装环、加速栅安装环、绝缘支撑等组装而成。

图 5-3   LGA-200M 双栅极组件示意图

5.4.3   LGA-200M 组件产品验证及应用

1. 组件级验证

LGA-200M 组件级验证项目及结果如表 5-14 所示。

表 5-14   LGA-200M 组件级验证项目及结果

序　号	验 证 项 目	验 证 情 况
1	栅孔孔径精度测量	栅孔孔径精度±0.05 mm
2	栅极轮廓度测量	球面轮廓度≤0.3 mm
3	栅间距测量	栅间距 1.0±0.1 mm
4	栅孔对中性测量	中心孔偏移距离: l_X≤0.10 mm, l_Y≤0.10 mm X 方向上边缘孔偏移距离: l_Y≤0.10 mm Y 方向上边缘孔偏移距离: l_X≤0.10 mm
5	栅极绝缘性能测试	大气下绝缘测试仪 500 V 档,阻值≥50 MΩ 真空下绝缘测试仪 2 500 V 档,阻值≥50 MΩ

2. 束流密度分布及发散角测试

按照束流密度测试方法和步骤,测试中选择测量截面距离前外壳 50 mm,探针在径向连续移动,移动轨迹垂直于离子推力器中心轴线,采样步长 2 mm。图 5-4 为束流密度分布测试结果,束流平直度为 0.59。

束发散角可以采用基于束流离子电流密度分布的测试原理进行测量,测试中选择 5 个截面,距离子推力器束流引出面分别为 100 mm、200 mm、300 mm、400 mm 和 500 mm,对 5 个截面的扫描测试结果进行分析,用最小二乘法计算出这 5 个点所在的直线与离子推力器轴线的夹角,该角度就是束发散半角 γ。经计算 90%束流对应的束发散全角为 28.6°。

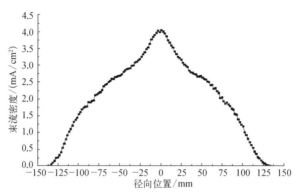

图 5 - 4　LGA - 200M 组件束流密度分布

3. 离子透明度测试

离子透明度是通过调整屏栅电参数进行测量的,具体为在主阴极和屏栅之间加载高于设备地 10~25 V 的正偏压,以阻止放电室等离子体中的电子撞在屏栅表面或逃逸出放电室,从而更精确地测量离子电流。偏置回路的电流即为屏栅表面的离子碰撞电流,不偏置状态束电流与偏置状态束电流和碰撞电流之和的比值定义为离子透明度。LGA - 200M 双栅极组件离子透明度测试中,将屏栅极电压对主阴极负偏置 20 V,栅极组件对离子的透明度为 0.766。

4. 电子反流测试

LGA - 200M 双栅极组件电子反流测试中,逐步降低加速极电压绝对值时,屏栅极电流增大 10 mA,即认为产生了束电流中的电子向放电室中反流,经测量,电子反流极限电压为 90 V,加速电压-185 V 的设置符合设计要求。

5. 寿命考核试验

LGA - 200M 双栅极组件配合 LIPS - 200 推力器通过了累计工作 12 kh 寿命、6 000 次开关机试验,达到设计要求。试验中发现,加速栅极中心处工作环境最为恶劣,腐蚀最严重,因此加速栅极中心区域耐腐蚀特性最为关键,加速栅结构失效是推力器的关键失效模式,决定了推力器的最终工作寿命。图 5 - 5 为加速栅中心

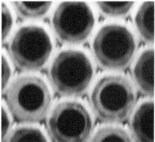

(a) 寿命初期　　　　　　(b) 寿命中期　　　　　　(c) 寿命末期

图 5 - 5　LGA - 200M 双栅极组件寿命试验中加速栅(下游表面)腐蚀情况

处在寿命考核试验中不同阶段的腐蚀情况。

5.5　LHC - 5L 组件产品研制

5.5.1　LHC - 5L 组件产品研制要求

1. 工作性能要求

LHC - 5L 空心阴极同时满足主阴极和中和器工作性能要求。

主阴极工作性能要求包括：发射电流 $4.6×(1±2\%)$ A；触持电流 $0.6×(1±5\%)$ A；工作流率 $0.136×(1±5\%)$ mg/s；点火预热电流 $7.5×(1±2\%)$ A；阳极电压≤30 V；触持电压≤20 V；点火预热功率≤100 W；点火时间≤480 s。

中和器工作性能要求包括：发射电流 $0.8×(1±2\%)$ A；触持电流 $1.6×(1±5\%)$ A；流率 $0.136×(1±5\%)$ mg/s；点火预热电流 $7.5×(1±2\%)$ A；阳极电压≤40 V；触持电压≤30 V；点火预热功率≤100 W；点火时间≤480 s。

2. 寿命要求

寿命要求包括：开关机次数≥6 000 次；累计工作时间≥12 kh；地面存储 3 年；在轨工作 15 年。

3. 接口要求

LHC - 5L 空心阴极外形及机械接口如图 5 - 6 所示，安装接口为直径 45 mm 的圆法兰，通过均布在直径 35 mm 圆周上的 4 个直径 3.2 mm 的安装孔进行安装。电接口为 M3 接线柱，气路接口采用刀口法兰形式。

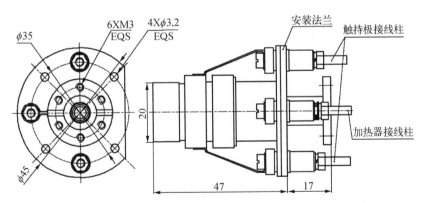

图 5 - 6　LHC - 5L 空心阴极外形及接口示意图(单位: mm)

5.5.2　LHC - 5L 组件产品设计

1. 方案设计

LHC - 5L 空心阴极结构示意图见图 5 - 7,采用分体组装的总体方案,主要由阴极体组件和触持极组件两部分装配为整体,详细设计主要包括关键结构尺寸设计和热设计两部分设计工作。

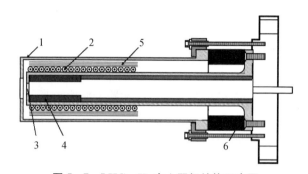

图 5 - 7 LHC - 5L 空心阴极结构示意图

1—触持极;2—加热器;3—阴极顶;4—发射体;5—热屏;6—绝缘陶瓷

空心阴极的性能主要由阴极体组件的关键结构尺寸决定,其关键结构尺寸主要包括发射体尺寸、阴极顶节流孔尺寸、触持极顶尺寸等,关键结构尺寸确定的依据主要是离子推力器给空心阴极设定的工作条件和空心阴极性能相关技术指标。

LHC - 5L 空心阴极选用多晶六硼化镧作为发射体材料;阴极顶选用耐高温、抗溅射的钨或其合金材料;触持极顶材料选用钽。触持极顶小孔结构尺寸以及触持极顶与阴极顶之间的距离主要根据试验得到的不同孔径对空心阴极点火特性、自持放电稳定性的影响规律来确定。

2. 工作寿命设计

空心阴极寿命设计主要考虑以下几个方面。

1)发射体蒸发消耗速率

主要由发射体工作温度来决定,通过理论分析或测温试验获得发射体的工作温度,进而计算得到六硼化镧蒸发速率,考虑空心阴极设计寿命并附加一定的寿命裕度,即可得到发射体贮备量,由发射体内径和需要的贮备量推算发射体外径和长度。

2)阴极顶磨损速率

阴极顶磨损速率主要由离子溅射腐蚀速率来决定,而离子溅射腐蚀速率和温度、轰击阴极顶表面离子电流密度和离子能量相关,通过理论分析或等离子体诊断试验、测温试验即可得到阴极顶工作温度、阴极顶附近区域离子能量以及等离子体密度,进而预估阴极顶溅射腐蚀速率,考虑空心阴极设计寿命并附加一定的寿命裕度,即可得到阴极顶厚度、阴极顶小孔倒角等尺寸预估值。

3)触持极顶磨损速率

主要由轰击触持极顶的离子能量和离子电离密度来决定,通过建模仿真和等离子体诊断试验,可以预估触持极顶材料溅射腐蚀速率,考虑空心阴极设计寿命并附加一定的寿命裕度,即可得到触持极顶厚度、触持极顶小孔倒角等尺寸预估值。

4)加热丝蒸发损耗速率

主要由加热丝的温度来决定,包括点火启动阶段加热温度和空心阴极自持放电工作阶段加热丝温度,考虑空心阴极点火启动次数要求和累计放电工作时长,合理选取加热丝芯丝直径、长度等尺寸。

5.5.3　LHC‐5L 组件产品验证

LHC‐5L 金属触持极空心阴极产品实物如图 5‐8 所示,LHC‐5L 空心阴极试验矩阵如表 5‐15 所示。

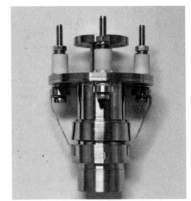

图 5‐8　LHC‐5L 金属触持极空心阴极产品实物

表 5‐15　LHC‐5L 空心阴极试验矩阵

序　号	技术要求项目		验 证 方 法		
			组件级	单机级	分系统级
1	功能和性能测试		T	T	T
2	环境适应性验证	冲击响应	T	T	—
3		正弦振动	T	T	—
4		随机振动	T	T	—
5		加速度	—	T	—
6		热真空试验	—	T	—
7	专项试验	供电、供气拉偏摸底试验	T	T	T
8		持续放电寿命考核试验	A/T	—	—
9		开关机寿命考核试验	A/T	—	—
10		真实工作条件寿命考核试验	—	T	T
11		EMC 试验	—	—	T

注:T—测试;A—分析。

图 5‐9 为 LHC‐5L 空心阴极的阴极顶温度随放电电流和工质流率的变化,从试验结果可知,5 A 空心阴极可以在较宽的工作范围内稳定工作。图 5‐10 为在较宽的放电电流范围内空心阴极阳极电压随放电电流的变化。当放电电流在 2~5 A 范围内,阳极电压随放电电流的增大而降低;当放电电流超过 6 A 时,空心阴极

阳极电压随着放电电流的增大而升高。从验证结果看,5 A 空心阴极在给定工作参数条件下,技术指标满足设计要求。

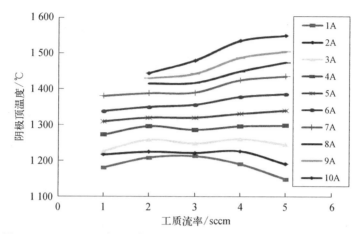

图 5-9   LHC-5L 空心阴极阴极顶温度随放电电流和工质流率的变化

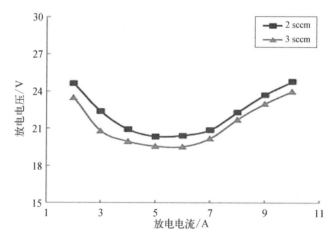

图 5-10   LHC-5L 空心阴极阳极电压随放电电流的变化

LHC-5L 空心阴极可靠性试验情况见 10.1 节的相关内容。

5.6   LIPS-200 鉴定产品研制

5.6.1   鉴定产品设计

鉴定产品继承工程样机产品主要结构、放电室、阴极、栅极、气路绝缘器等设计,主要针对提升产品可靠性和使用寿命方面进行了设计优化。

1. 电接口设计

推力器内引线与外引线之间的电接口采用航天器 GJB 599 系列Ⅲ宇航级电连

接器,型号为 J599/20GH09aBN/GY - 01。
插针间额定工作电压要求 2 500 V,满足推
力器绝缘的降额要求,结构如图 5 - 11
所示。

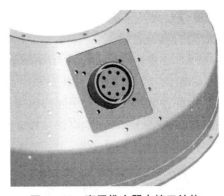

2. 非放电相邻电极间防击穿设计

离子推力器是电真空器件,在真空环境
中工作,除放电室内部外,其余相邻电极间
均要采取防气体放电和真空放电的设计。
主要设计如下。

图 5 - 11　离子推力器电接口结构

1) 防真空放电间隙设计

电极间最小距离设计为 1 ~ 10 mm 时,如果电极间气压为 $5×10^{-2}$ Pa,对应的放
电击穿电压约 18 kV,在轨飞行中推力器非放电电极间气压低于 $1×10^{-3}$ Pa,对应的
真空击穿电压几十万伏。

2) 防等离子体诱发真空放电设计

采用等离子体屏蔽设计,有效防止推力器工作时产生的等离子体进入非放电
电极之间。

3) 陶瓷绝缘设计

离子推力器中,非放电区电极间介质绝缘材料均采用 A95 氧化铝陶瓷,A95 氧
化铝陶瓷介质绝缘厚度设计为 2 ~ 10 mm,A95 氧化铝陶瓷直流击穿强度大于
18 kV/mm,2 ~ 10 mm 厚度的 A95 氧化铝陶瓷对应击穿电压大于 36 kV。

3. 推力器内部导线布线设计

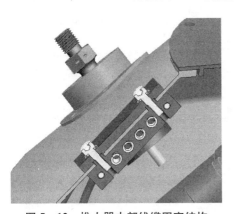

LIPS - 200 离子推力器内部导线,要求
耐压 10 kV,耐温等级 -100 ~ +260℃,耐辐
照 $1×10^{8}$ rad(验证值)。内部采用线缆固定
结构对内部引线进行了固定,该结构内部为
陶瓷套管,能够有效控制由于导线绝缘层在
全寿命周期内的老化和外力破损情况下的
绝缘下降的风险。推力器内部线缆固定结
构如图 5 - 12 所示。

4. 离子推力器多余物控制

图 5 - 12　推力器内部线缆固定结构

LIPS - 200 离子推力器在生产、装配、
存储和运输等过程中都要采取多余物控制措施,具体包括:生产过程中,离子推力
器零件加工完成后,加工厂家对零件进行除尘除污清洗;装配过程中,组装前对零
件进行超声波除尘除污清洗,离子推力器在 10 万级洁净间中组装,组装中采用肉
眼观察去除微小碎屑的控制措施,采用保护布套、保护罩防尘措施;存储与运输过

程中,推力器存储于专用包装箱内,采用防尘防潮洁净设计,并置于洁净间中,保证产品内部的洁净度。

5. 元器件的选用分析及降额设计

离子推力器内元器件共 2 种:内引线和电连接器。由于离子推力器内部空间有限,内部各电极具有多种不同的电位,因此,内引线采用了国外普遍使用的单点单线绝缘支撑架空走线方式,以提高其可靠性和安全性。降额设计按 GJB/Z 35 - 93《元器件降额准则》中 5.13 节导线与电缆降额准则的规定计算,满足 I 级降额要求。

5.6.2　试验及设计改进

1. 试验项目

对鉴定产品进行了性能、空间环境适应性、寿命等全面的验证,鉴定产品验证试验矩阵如表 5 - 16 所示。通过试验验证对产品的设计进行了改进,改进后再验证的过程最终确定了鉴定产品状态。

表 5 - 16　鉴定产品验证试验矩阵

序　号	技术要求项目	
1	性能测试	推力
		比冲
		发散角、推力偏角
		效率
		机械性能与接口
		供电、供气拉偏摸底试验(5%,10%)共 13 种工况
2	环境适应性验证	力学仿真分析
		热仿真
		冲击响应
		正弦振动
		随机振动
		加速度
		热真空试验
3	专项验证	寿命试验
		寿命仿真
		EMC 试验
		热平衡试验

2. 设计改进及验证

首台鉴定产品性能测试完全满足要求,推力器可以通过鉴定级正弦和随机振动试验,但没有通过鉴定级 1 600g 冲击响应谱试验。为此对推力器产品采取了减震措施,采用金属橡胶减震垫,减震垫安装在推力器和矢量调节机构的连接界面上,如图 5‐13 所示。采用无约束边界套筒进行安装,采用 150 Hz 的隔振频率实现对冲击响应降低 50% 的目标。通过减震设计,推力器通过了鉴定级冲击试验,试验前后推力器性能未发生变化。

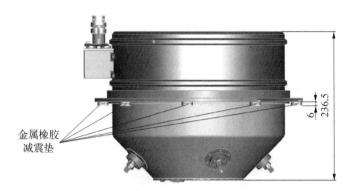

图 5‐13　减震垫安装位置示意图(单位: mm)

热平衡试验结果中,离子推力器在轨受照条件下不点火时,后外壳温度达到 145℃,不满足离子推力器在轨起始温度范围−50~100℃ 的要求;离子推力器点火 2 h 内部磁性部件温度达到 260℃,接近磁铁工作温度不超过 270℃ 的要求,设计裕度不足。因此对产品进行了改进设计,对推力器前外壳实施高发射率低吸收率的 CCAl 镀膜,对屏栅筒外侧及外壳内侧进行本色阳极化处理,以增强其向外的热辐射能力;对改进设计的验证表明,推力器在受照条件下不点火时最高温度为 93℃,满足起始温度范围−50~100℃ 的要求;离子推力器点火引束流 5 h 内部磁性部件最高温度为 225℃,设计裕度符合要求。

5.6.3　鉴定产品验证

LIPS‐200 离子推力器鉴定产品技术状态确定后共投产两台产品,产品代号为 DFHP101‐3B 和 DFHP102‐3B,DFHP102‐3B 产品完成了全部的产品鉴定项目,鉴定项目见表 5‐17。鉴定产品通过了所有产品鉴定试验项目。DFHP101‐3B 产品完成验收级试验后,进行了基本目标 12 000 h 的寿命试验,结果详见 11.2 节。

表 5‐17　离子推力器鉴定产品鉴定项目

序　号	试 验 项 目	DFHP101‐3B	DFHP102‐3B
1	热真空试验	验收级	鉴定级
2	老炼测试	累计工作至 100 h	累计工作至 100 h

序　号	试验项目	DFHP101 - 3B	DFHP102 - 3B
3	加速度试验	—	鉴定级
4	正弦振动试验	验收级	鉴定级
5	随机振动试验	验收级	鉴定级
6	冲击试验	验收级(同鉴定级)	鉴定级
7	性能测试	性能测试	性能测试
8	寿命试验	12 000 h、6 000 次开关	—

5.7　LIPS - 200 飞行产品研制

LIPS - 200 推力器飞行产品设计与鉴定产品最终状态完全一致。LIPS - 200 离子推力器工程产品生产完成后要经历多种试验对其性能指标和环境适应性进行测试,以验证研制指标的符合性。一般试验流程为调试试验、力学环境试验、热真空试验、性能指标测试。

1. 调试试验

离子推力器调试是指新推力器产品完成装配后,进行的初次点火和试运行、测试推力器工作参数、对推力器进行必要调试的工艺过程。主要内容包括: 新推力器进行初次点火试验和运行;在额定供气供电条件下测试推力器主要工作参数;在除阳极电流外的额定供气供电条件下,测试阳极电流与束流的对应关系;如果点火参数和推力器工作参数不满足要求,对推力器进行必要的处理,使其满足指标要求。

2. 力学环境试验

每台离子推力器进行力学环境验收试验,试验项目包括: 特征扫描试验、正弦振动试验、随机振动试验和冲击试验。试验前后进行推力器性能指标测试。试验过程中对推力器特征阻值进行测量,产品进行有效的防护,防止多余物进入推力器内部。

3. 热真空试验

验收级热真空试验一般在力学试验之后进行,试验条件见表5 - 6,试验推力器采用冷套降温、热笼升温,2 个温度传感器,1 个为推力器安装法兰位置的温度控制点,另 1 个位于前外壳前端作为温度监测点。具体试验步骤如下: ① 在试验温度高温段,若 1 h 内温度维持在高温段温度允许偏差范围内,则开始高温段温度保持; ② 高温段温度保持至少 1 h;③ 满足规定的温度保持时间后,进行高温段点火启动,关机并等待温度回到试验温度允差范围后,做下一次高温启动,共做三次高温启动,每次启动之间的时间间隔都应大于0.5 h;④ 离子推力器高温段点火启动并引束流,持续工作4 h并间隔15 min记录一次工作参数;前2 h的束流平均值在760~850 mA范围内,则性能指标正常;⑤ 推力器停机并开始降温至低温段,若1 h内温度维持在低温段温度允许偏差范围内,则开始低温段温度保持;⑥ 低温段温度保持至少1 h;⑦ 满足规定的温度保持时间后,进行低温段点火启动,关机并等待温度回到试验温度允差范围后,做下一次低温启动,共做三次低温启动,每次启动之间的时间间隔都应大于0.5 h;⑧ 离子推力器低温段点火启动并引束流,持续工作4 h并间隔15 min记录一次工作参数;前2 h的束流平均值在760~850 mA范围内,则性能指标正常;⑨ 后续每个循环重复上述过程直到满足规定的循环数(中间循环不做高低温启动和保性能指标测试,最后一个循环进行高低温启动和保证性能指标测试)。

4. 性能指标测试

1) 性能指标测试项目

性能指标测试一般在交付用户前进行,以验证产品指标符合性,LIPS－200的性能测试项目包括额定工况性能参数、5%拉偏工况性能参数、10%拉偏工况性能参数、点火启动时间、束发散角(90%束流)、推力矢量偏角、总发热量等。

2) 绝缘和特征电阻测试项目

绝缘和特征电阻测试项目列于表5－18。真空条件下绝缘、特征电阻测试数据以全部试验项目完成后,推力器断电、断气半小时后的测试数据为准;大气条件下绝缘、特征电阻测试数据以全部试验项目完成,真空设备开舱后的测试数据为准。

表 5－18　离子推力器绝缘和特征电阻测试项目

序 号	项 目 名 称	单 位	规 定 值
绝缘电阻(除特殊说明外均使用绝缘测试仪测试,测试电压: 大气环境500 V;真空环境2 500 V)			
1	屏栅极与接地桩(即外壳)		≥50
2	加速栅极与接地桩		≥50
3	阳极与接地桩		≥50
4	阴极触持极与接地桩		≥50
5	中和器触持极与接地桩	MΩ	≥50
6	推力器供电地与接地桩		≥50
7	阴极加热极与接地桩		≥50
8	中和器加热极与接地桩		≥50
9	屏栅极与中和器触持极		≥50

续　表

序　号	项　目　名　称	单　位	规　定　值
10	屏栅极与阳极		≥50
11	屏栅极与加速栅极		≥50
12	屏栅极与供电地	MΩ	≥50
13	加速极与供电地		≥50
14	阳极与供电地		≥50
15	阴极触持极与供电地		≥50
16	屏栅极与主阴极触持极(万用表测试)	kΩ	≥100
17	供电地与中和器触持极(万用表测试)		≥100
特征电阻(微欧计测试)			
18	阴极加热极与屏栅极		400~600
19	中和器加热极与推力器供电地	mΩ	400~600
20	接地桩与安装环接触电阻		≤10
热控组件			
21	铠装加热丝电阻	Ω	532±30
22	加热丝对金属套管绝缘	MΩ	≥1 000(500 V 测试电压)
23	热敏电阻阻值	kΩ	4.8~21.1(参考值)
24	热敏电阻对外壳绝缘	MΩ	≥50(100 V 测试电压)

3）机械尺寸测量项目

机械尺寸测量项目如表 5-19 所示。

表 5-19　机械尺寸测量项目

序号	项　目　名　称		单位	规　定　值
机械参数				
1	外形尺寸	安装环外圆尺寸(不含中和器)	mm	$\Phi346\pm0.5$
2		推力器长度	mm	261 ± 2
3	含中和器最大径向尺寸		mm	360 ± 2
4	质量(含实施热控的质量)		kg	6.6 ± 0.2
5	安装孔	尺寸	mm	$8\times(\Phi11\pm0.1)$
6		位置度	mm	$\Phi0.2$
7	安装面平面度		mm	$0.1/100\times100$
8	安装面粗糙度 Ra		μm	≤3.2

续　表

序号	项目名称		单位	规　定　值
9	管路接口	主阴极 MC	—	外套螺纹,螺纹 M8×1‐6g
10		阳极 A		
11		中和器 NC		
12	管路密封面粗糙度 Ra	阴极	μm	0.8
13		阳极		
14		中和器		
15	接地桩长度		mm	10±2
16	测温点		—	3 点
17	电连接器		—	型号正确
18	产品标识		—	供气管路接口处标有 MC、NC 及 A 标识
				前外壳上,产品编号、代号及单位信息在菱形框中
				接插件插座处 X1 标识
				热控组件引线标识
19	产品外观		—	无明显缺损、断裂、划伤; 表面无毛刺和锐角; 安装面平滑无凹凸,表面保持铝本色
20	多余物		—	轻轻晃动(滚动)推力器检查其内部是否有响声

5.8　LIPS‐200 改进型产品研制

5.8.1　LIPS‐200A 产品研制

LIPS‐200A 推力器性能指标完全继承 LIPS‐200 推力器,主要研制目标是提高产品的工作寿命和可靠性,寿命指标由 12 kh 延长到 15 kh 以上。为达到该目的,进行的设计改进项目包括以下内容。

1. 扩大内径的中间极靴和短阳极筒设计

原设计中间极靴内径偏小,深入放电室部分较多,通过寿命试验发现中间极靴是推力器内部被溅射最严重的零件,溅射刻蚀面最大,由溅射产生的多余物也最多。溅射刻蚀物主要附着到阳极筒内侧面、屏栅筒内侧面,越靠近中间极靴多余物越厚。此问题造成推力器内部绝缘可靠性降低,经分析后认为扩大中间极靴内径、减小深入放电室部分尺寸可有效减少因此问题造成的多余物影响。通过磁场模拟,扩大中间极靴内径对推力器内部磁场分布影响较小,因此决定扩大中间极靴的内径并进行验证。

LIPS‐200 设计中阳极筒与中间极靴距离偏小,在推力器寿命后期,内部导电多余物增多的情况下因为大体积多余物搭接造成的屏栅——阳极短路风险较大。结合磁场分析结果,确认减小阳极筒长度,加大端面与中间极靴距离可在不影响推力器性能情况下有效提高推力器绝缘可靠性。

2. 石墨触持极顶设计

目前设计状态的推力器在寿命试验 9 kh 后,观察发现钽触持极顶表面被溅射刻蚀,石墨触持极顶设计寿命超过 30 kh,因此决定采用石墨触持极顶替换原来的钽触持极顶进行验证。

3. 变孔径栅极设计

LIPS‐200 采用的是不变孔径双栅结构的栅极组件,LIPS‐200 寿命试验结果表明栅极组件中心部分刻蚀严重,最先出现结构失效。而加速栅极被刻蚀程度与束流均匀性关系密切,因此,改善束流均匀性是提高栅极组件寿命的重要技术措施。LIPS‐200A 采用渐变屏栅孔径的栅极结构设计,以降低栅极中心区域的束流密度,从而降低栅极中心区域的溅射刻蚀程度。最终使 LIPS‐200A 离子推力器设计寿命达到 15 kh 以上。

通过变孔径设计,改善束流均匀性,如果中心束流峰值降低 20%,按加速栅溅射刻蚀速率与束流密度成反比估算,工作寿命预计达到 16.25 kh。考虑到估计的不确定性,工作寿命预计能够达到 15 kh。因此,LIPS‐200A 栅极组件的加速栅设计不变,采用 LIPS‐200 加速栅设计,屏栅采用渐变孔径设计降低中心区域束流密度。

4. 电连接器降温措施

LIPS‐200 推力器电连接器处温度接近所选用 J599 电连接器的温度上限,存在可靠性风险,需要在 LIPS‐200A 设计中增加降温隔热措施降低电连接器处温度使之满足 Ⅰ 级降额要求。

降温措施包括:① 采用高热导率陶瓷将导线的热量传导至推力器外壳,从而降低电连接器中绝缘体材料温度和导线温度。导热陶瓷采用氮化铝陶瓷。② 在电连接器与推力器锥段屏栅筒之间设计隔热板,减少由高温零件向电连接器的热辐射。隔热材料为多层钛箔,通过 4 根支撑杆与电连接器安装板连接。

5. 采用耐高温磁钢

LIPS‐200A 推力器采用耐高温磁钢代替 LIPS‐200 离子推力器磁钢,省略了外壳降温热控镀膜工艺,降低成本,提高可靠性。

5.8.2　LGA‐200M‐A 组件产品研制

基于 LGA‐200M 双栅极组件 12 000 h 寿命试验,对 LGA‐200M 双栅极组件进行了寿命、可靠性提升改进设计,改进后产品代号为 LGA‐200M‐A 双栅极组件。具体改进为:引入栅极孔径与放电室等离子体参数相匹配变化的设计思路,即采用渐变孔径设计,屏栅透明度降低至 63%。

对 LGA－200M－A 双栅极组件进行了束流离子电流密度分布测试,并在相同条件下与原有设计进行对比,测试结果如图 5－14 所示,束流平直度提升了 35%。

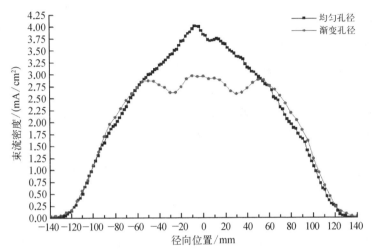

图 5－14　LGA－200M－A 双栅极组件束流密度分布

2017 年,LGA－200M－A 双栅极组件配合 LIPS－200A 推力器完成了累计工作 2 000 h 寿命试验。图 5－15 为 LGA－200M－A 双栅极组件加速栅中心处在 2 000 h 寿命考核试验过程中的腐蚀情况。

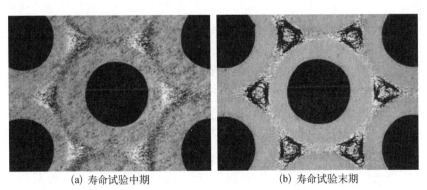

(a) 寿命试验中期　　　　　　(b) 寿命试验末期

图 5－15　改进产品 2 000 h 寿命试验中加速栅(下游表面)腐蚀情况

结合 LGA－200M 双栅极组件 12 000 h 寿命试验数据,对栅极组件产品寿命预估 PIC－MCC 计算模型进行了模型修正。结果表明 LGA－200M－A 双栅极组件较 LGA－200M 双栅极组件寿命提升 50.4%,满足寿命为 15 000 h 的改进设计指标要求,将配套于 LIPS－200A 离子推力器。

5.8.3　LIPS‑200E 产品研制

LIPS‑200E 是 LIPS‑200 的性能拓展型离子推力器产品,双模式工作可以满足未来不同平台和任务需求。LIPS‑200E 在继承 LIPS‑200 离子推力器基础上针对长寿命、高可靠性工作要求,以及双模式工作方式做出较多设计改进,主要关键技术:① 以降低阳极电压为目标的放电室优化设计技术;② 长寿命变孔径栅极组件设计技术及加工工艺;③ 基于短期寿命考核试验的寿命分析预测技术;④ 防镀膜层脱落设计技术及工艺。

LIPS‑200E 离子推力器产品主要技术指标如下。

(1) 小功率模式:功率 $1\,100\pm100$ W;推力 40 ± 2 mN;比冲 $3\,000\pm150$ s。

(2) 大功率模式:功率 $1\,600\pm100$ W;推力 60 ± 3 mN;比冲 $3\,500\pm200$ s。

(3) 寿命≥15 000 h: LIPS‑200E 目前已实现性能指标要求,正在进行可靠性设计和验证。

5.8.4　LHC‑5L‑A 组件产品研制

1. LHC‑5L‑A 研制要求

LHC‑5L‑A 空心阴极是 LHC‑5L 的改进型产品,改进型空心阴极采用了抗溅射腐蚀能力更强的石墨作为触持极材料。LHC‑5L‑A 的研制要求相对 LHC‑5L 的主要变化包括阴极发射电流提高到 $6.2\times(1\pm2\%)$ A、中和器发射电流提高到 $3.68\times(1\pm2\%)$ A、工作寿命提高到 15 kh、开关次数提高到 12 000 次。

2. LHC‑5L‑A 产品设计

阴极体组件在继承 LHC‑5L 原设计的基础上,设计改进主要在触持极材料和固定结构上,触持极顶材料改为石墨,通过不锈钢压环固定于触持极筒顶部。

3. LHC‑5L‑A 产品验证

对 LHC‑5L‑A 空心阴极单独开展性能测试时,性能参数与原 LHC‑5L 空心阴极没有差异,与 LIPS‑200A 离子推力器联试试验结果表明,推力器性能也没有明显变化。同时作为 LIPS‑300 离子推力器的中和器,伴随推力器开展流率裕度测试,试验结果表明:LHC‑5L‑A 石墨触持极 5 A 空心阴极性能参数、流率裕度满足设计要求。

考虑到触持极顶材料变更后,空心阴极性能没有明显变化,石墨触持极 5 A 空心阴极不再进行 1:1 寿命及可靠性考核试验,而是在进行上千小时短期寿命考核试验后进行拆解,分析预测的寿命及和可靠性均满足要求。

参考文献

陈娟娟. 2012. 20 cm 氙离子推力器放电室性能优化[J]. 强激光与粒子束,24(10): 2469‑2473.

郭宁,江豪成,高军,等. 2005. 离子发动机空心阴极失效形式分析[J]. 真空与低温,11(4): 239‑242.

郭宁,唐福俊,李文峰. 2012. 空间用空心阴极研究进展[J]. 推进技术,33(1): 155‑160.

贾艳辉,张天平,李小平. 2011. 离子推力器加速栅寿命概率性分析[J]. 推进技术,32(6): 766 -
769.

贾艳辉. 2012. LIPS‑200 离子推力器寿命预测和评价研究[D]. 兰州:兰州物理研究所博士学位
论文.

李得天,张天平,张伟文,等. 2018. 空间电推进测试与评价技术[M]. 北京:北京理工大学出
版社.

李娟,顾左,江豪成,等. 2005. 氙离子火箭发动机补偿栅极设计[J]. 真空与低温,11(1): 29 - 33.

李娟. 2012. 离子推力器加速栅溅射腐蚀研究及初步寿命预估[D]. 兰州:兰州物理研究所博士
学位论文.

孟伟. 2017. LIPS‑200 离子推力器 12000 h 长寿命试验成果总结[C]. 北京:第十三届中国电推
进会议.

史锴,王志,孙景春,等. 2008. 失效空心阴极发射体的扫描电镜研究[J]. 现代科学仪器(1):
51 - 52.

孙明明,顾佐,郭宁,等. 离子推力器空心阴极热特性模拟分析[J]. 强激光与粒子束,2010,22
(5): 1149 - 1153.

吴先明. 2015. 20 cm 离子推力器 4 束流平直度的改进方案[J]. 固体火箭技术,38(5): 635 - 639.

杨福全,江豪成,张天平,等. 2016. 20 cm 离子推力器飞行试验工作性能评价[J]. 推进技术,
37(4): 783 - 787.

于志强,高玉娟,邵文生,等. 2017. 钡钨扩散阴极中毒特性综述[J]. 真空电子技术,22(1):
22 - 27.

张强基. 1989. 六硼化镧阴极的失效分析[J]. 电子学报,17(5): 115 - 117.

张天平,杨福全,李娟,等. 2020. 离子电推进技术[M]. 北京:科学出版社.

张天平. 2015. 兰州空间技术物理研究所电推进新进展[J]. 火箭推进,41(2): 7 - 12.

郑茂繁. 2015. 20 cm 氙离子推力器性能扩展研究[J]. 推进技术,36(7): 1116 - 1120.

An B. Influence of insert structure on hollow cathode discharge characteristics[J]. IEEE Transactions
on Plasma Science, 2014, 42(9): 2198 - 2201.

Capece A M, Polk J E. 2015. Decoupling the thermal and plasma effects on the operation of a xenon
hollow cathode with oxygen poisoning gas[J]. IEEE Transactions on Plasma Science, 43(9):
3249 - 3255.

Farnell C C. 2007. Performance and; lifetime simulation of ion thruster optics[D]. Colorado:
Colorado State University.

Li J. 2015. Ion thruster grid lifetime assessment based on its structural failure[C]. London:
International Conference on Aerospace, Propulsion and Energy Science.

Polk J E. 2006. The effect of reactive gases on hollow cathode operation[C]. California: The 42nd
Joint Propulsion Conference & Exhibit, Sacramento.

Rosenberg D, Wehner G K. 1962. Sputtering yield for low energy He⁺, Kr⁺, and Xe⁺ - Ion
bombardment[J]. Journal of Applied Physics, 33(5): 1842 - 1845.

Wen C H, Wu T M. 2004. Oxidation kinetics of LaB6 in oxygen rich conditions[J]. Journal of the
European Ceramic Society, 24(10 - 11): 3235 - 3243.

第 6 章
LIPS‑300 离子推力器产品研制

6.1　LIPS‑300 离子推力器产品技术要求

6.1.1　LIPS‑300 推力器产品概述

LIPS‑300 离子推力器是一款功率为 5 kW 的双(多)工作模式离子推力器产品,其应用领域主要为同步轨道大容量通信卫星部分轨道转移和全部位置保持、全电推进卫星、深空探测航天器主推进等任务。LIPS‑300 属于环形会切场放电室类型离子推力器,配套三栅极组件和六硼化镧空心阴极,从 2014 年开始原理样机研制;2016 年完成工程样机研制;到 2017 年完成飞行样机研制,研制周期相对 LIPS‑200 显著缩短。

LIPS‑300 离子推力器是目前国内成熟度次高的一款更高性能离子推力器产品,其技术成熟度 9 级、制造成熟度 8 级、产品成熟度 4 级。LIPS‑300 离子推力器已先后用于 SJ‑18、SJ‑20 等卫星,属于 DFH‑5、DFH‑3E 等通信卫星平台标配产品,其多模式改进型产品 LIPS‑300S 离子推力器将应用于我国小天体探测任务。

6.1.2　功能和性能要求

1. 功能要求

LIPS‑300 离子推力器功能要求为:① 在额定供气和供电条件下产生额定推力,且比冲和效率达到技术要求;② 提供与推力矢量调节机构之间的机械、热接口;③ 提供与电源处理单元之间电缆线的电接口;④ 提供与流量控制模块之间管路的机械接口;⑤ 实现流量控制模块气路与离子推力器气路间的电绝缘。

2. 性能要求

LIPS‑300 离子推力器性能主要技术指标要求见表 6‑1。

表 6－1　LIPS－300 离子推力器性能主要技术指标

序号	技术指标项目	单　位	高功率工况(5 kW)	低功率工况(3 kW)
1	功率	W	≤5 250	≤3 000
2	推力	mN	200±10	100±5
3	比冲	s	3 500±175	4 000±200
4	累计工作时间	kh	≥5	≥16
5	开关次数		≥1 000	≥10 000
6	单次点火时间	h	≥24	≥3
7	点火启动时间	min	≤21	≤11
8	束流发散角	(°)	≤30(包含 90%束流)	
9	推力偏斜	(°)	≤1	

6.1.3　接口要求

离子推力器对外接口要求主要包括机械接口、热接口、电接口三个方面,由电推进分系统给出。

1. 机械接口

离子推力器最大轮廓尺寸为 536 mm×380 mm×412 mm。离子推力器与矢量调节机构安装,一共有四个安装面。四个安装面中三个为锁定安装面,它们在推力器周向均布,另一个为驱动安装面,它的位置根据推力器在卫星上的安装状态而定。

离子推力器共有三路气路接口,包括 1 个阳极接口、1 个阴极接口和 1 个中和器接口。

2. 热接口

离子推力器安装面材料通常为钛合金 TC4,表面不处理,其他表面材料均为铝合金,表面本色阳极化处理。离子推力器工作环境温度通常在−50~100℃(启动前)范围内。离子推力器与矢量调节机构驱动面之间通常采用隔热安装方式,推力器驱动安装面温度不超过 200℃。

3. 电接口

离子推力器电接口选用航天器用宇航级高压电连接器。由于 LIPS－300 离子推力器较 LIPS－200 离子推力器工作电压高,供电接口采用高低压分组方案。

6.1.4　可靠性、安全性和寿命要求

1. 可靠性要求

在轨位保阶段可靠性≥0.940;轨道转移阶段可靠性≥0.960。

2. 安全性要求

安全性设计的目的是分析确认离子推力器工作时可能存在的对外部接口(卫星、一次母线和离子供配电单元)造成危害的故障模式和应采取的安全措施,以及外部接口可能对人身安全造成危害的故障模式和应采取的安全措施。表6-2给出了离子推力器各电极之间和对外的高压电绝缘要求,其中"红"代表正极。

表6-2 高压电绝缘要求

序 号	项 目 名 称		单 位	要求(大气/真空)
1	绝缘阻值(绝缘测试仪)	电地—外壳(红)	MΩ	≥15(测试电压 500/1 500)
		中触(红)—外壳		≥15(测试电压 500/1 500)
		加速—减速(红)		≥10(测试电压 500/1 000)
		加速—外壳(红)		≥25(测试电压 500/2 500)
		减速—外壳(红)		≥25(测试电压 500/2 500)
		屏栅(红)—外壳		≥25(测试电压 500/2 500)
		阳极(红)—外壳		≥25(测试电压 500/2 500)
		主触(红)—外壳		≥25(测试电压 500/2 500)
		减速—屏栅(红)		≥25(测试电压 500/2 500)
		加速—屏栅(红)		≥25(测试电压 500/2 500)
		电地—屏栅(红)		≥25(测试电压 500/2 500)
		加速—电地(红)		≥25(测试电压 500/2 500)
		减速—电地(红)		≥25(测试电压 500/2 500)
		阳极(红)—电地		≥25(测试电压 500/2 500)
		主触(红)—电地		≥25(测试电压 500/2 500)
		阳极(红)—屏栅		≥1(测试电压 100/100)
2	绝缘阻值(万用表)	中触(红)—电地	kΩ	≥100
		主触(红)—屏栅		≥100
3	加热丝阻值(微欧计)	主加—屏栅	Ω	0.4~1.7
		中加—电地		0.4~1.7
备注	"红"表示测试时该电极接绝缘测试仪正极。测试电压单位为伏特。			

3. 寿命要求

低功率工况(3 kW)工作寿命≥16 kh;高功率工况(5 kW)工作寿命≥5 kh。

6.1.5 环境适应性要求

1. 力学环境要求

力学环境试验条件包括加速度试验、正弦振动试验、随机振动试验、冲击试验等,具体要求与 LIPS‑200 推力器相似,这里不再罗列。

2. 热真空试验条件要求

LIPS‑300 热真空试验的温度范围为−70~+120℃,其他条件与 LIPS‑200 类似。

3. 抗辐照要求

元器件和材料耐受电离总剂量的能力原则上不低于 35 krad(Si),外表面的薄膜材料(如多层隔热材料、热控漆等)的耐受电离总剂量的能力不低于 $2×10^9$ rad(Si)。仪器、设备所采用元器件的抗辐射能力同时必须满足《五院航天器单机产品用电气、电子和机电(EEE)元器件保证基本要求》的规定,保证其与任务期间的空间辐射环境相容。

6.2　LIPS‑300 原理样机研制

6.2.1　原理样机方案设计

LIPS‑300 离子推力器总体技术方案为放电室采用四极环型会切场、栅极组件采用凸面三栅结构、阴极采用全石墨触持极六硼化镧发射体 20 A 空心阴极、中和器采用石墨顶触持极六硼化镧 5 A 空心阴极、气路电绝缘器采用电压分割式结构、支撑结构采用主支撑环集成式设计结构。

1. 指标分解

1)流率

由比冲和推力指标,应用公式计算流率:

$$I_{sp} = \frac{F}{\dot{m}_{总} g} \tag{6-1}$$

式中,g 为地球表面的重力加速度,取值 9.8 m/s^2;F 为推力;I_{sp} 为比冲;$\dot{m}_{总}$ 为总流率。计算得到 3 kW 工况总流率为 2.551 mg/s,5 kW 工况总流率为 5.831 mg/s。

2)束电流

束电流由下式得到:

$$I_b = \eta_m \frac{e\dot{m}}{m_i} \tag{6-2}$$

式中, η_m 为工质利用率,参考现有试验结果和国外技术水平确定;m_i 是氙离子的质量,取值 $2.189×10^{-25}$ kg;e 是电子的电量,取值 $1.6×10^{-19}$ C。当工质利用率取 0.85~0.95 时得到 3 kW 工况束流为 1.60~1.78 A,5 kW 工况束流为 3.65~4.07 A。

3)屏栅电压

输入功率可由下式表示:

$$P_{\text{总}} = V_b I_b + \varepsilon I_b + P_0 \qquad (6-3)$$

式中, ε 为放电损耗, 取值 160 W/A; P_0 为阴极和中和器触持损耗功率, 一般取 50 W。再考虑到应在限定功率下以最小束流实现大推力指标。计算得到的 5 kW 工况最优屏栅电压 V_b 为 1 200 V。

4）束流直径

由栅极可引出最大束电流密度由 Child – Langmuir 方程表示：

$$J_{\text{max}} = \frac{4\varepsilon_0}{9}\sqrt{\frac{2e}{m_i}}\left[\frac{V_t^{\frac{3}{2}}}{\left(l_g + t_s\right)^2 + \dfrac{d_s^2}{4}}\right] \qquad (6-4)$$

式中, J_{max} 为栅极最大可引出束流密度; ε_0 为介电常数, 取值 8.85×10^{-12} F/m; d_s 为屏栅极孔径; l_g 为栅间距; t_s 为屏栅极厚度; V_t 为总加速电压, $V_t = V_b + |V_a|$。计算得到可引出最大束流密度为 8.3 mA/cm^2。假设推力器束流平直度为 0.65, 引出 3.68 A 束流所需的栅极束流直径必须大于 295 mm, 因此束流直径取 300 mm。

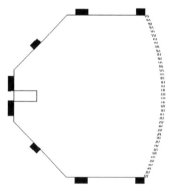

图 6 - 1   四极环型会切场示意图

2. 放电室设计

放电室磁场结构如图 6 - 1 所示, 采用环型会切场, 磁极数为四极, 分别位于柱段阳极两端、锥段中部和锥段底部, 从出口向后依次被称为前磁环、中间磁环、锥段磁环和后磁环。磁钢采用耐高温钐钴磁钢, 防止推力器工作过程中高温造成磁性能衰减。

3. 栅极组件设计

栅极组件采用三栅结构, 从束流上游到下游分别为屏栅、加速栅和减速栅, 每个栅极由栅极支撑环和栅片组成, 加速栅和减速栅通过数组氧化铝陶瓷绝缘组件安装于栅极安装环上。

三栅极中减速栅将交换电荷离子能量由双栅极中的加速栅电位电势能(一般约为 200 eV)减小到离子推力器悬浮电位电势能(约 25 eV)。交换电荷离子能量的降低将减小交换电荷离子对栅极下游表面和栅极小孔孔壁的溅射速率, 从而实现栅极长寿命设计。

栅极拱高、小孔直径、孔间距、栅间距等关键参数完全继承已验证设计。通过提高栅极热稳定性改善栅间距一致性, 以解决局部区域束流欠聚焦导致的溅射刻蚀问题。

4. 中和器设计

LIPS - 300 推力器采用 LHC - 5L - A 中和器, 该中和器是在 LHC - 5L 基础上的改进产品, 为了提高触持极寿命, 将触持顶材料由钼改为了抗溅射能力更强的石墨材料。

5. 阴极设计

LIPS - 300 推力器主阴极采用全石墨触持极阴极 LHC - 20。LHC - 20 空心阴极通过了 3 288 h 累计寿命考核试验和 16 000 次开关机寿命试验。根据试验结果分析认为,阴极寿命完全满足要求。

6. 气路电绝缘器设计

LIPS - 300 离子推力器阳极、主阴极、中和器气路绝缘器分别采用兰州空间技术物理研究所研制的 LPI - 3000 - 45、LPI - 3000 - 15 和 LPI - 2000 - 8 气路绝缘器产品。这些产品根据电压分割原理设计,为了适应不同流率下不同耐压要求,采用了不同的电极数和内部气体通径。试验测试表明:LPI - 3000 - 45 气路电绝缘器在 0~45 sccm 流率下耐压不小于 3 000 V;LPI - 3000 - 15 气路电绝缘器在 0~15 sccm 流率下耐压不小于 3 000 V;LPI - 2000 - 8 气路电绝缘器在 0~8 sccm 流率下耐压不小于 2 000 V。

6.2.2　原理样机试验验证

原理样机阶段主要对产品技术指标中的电性能符合性进行验证,验证项目主要包括性能指标实现情况、阳极电压及振荡情况、阴极流率统一化及流率裕度目标实现情况、束流均匀性等。

1. 性能指标实现情况

1）推力和比冲性能参数验证

通过调节阳极电流保持束流不变和通过调节屏栅电压保持束电压不变的方式,保证整个试验过程推力和比冲满足 5 kW 工况下 200 mN/3 500 s、3 kW 工况 100 mN/4 000 s 的指标。结果表明 5 kW 工况达到平衡时保证额定推力和比冲需要 5 188 W 功耗;3 kW 工况保证额定推力和比冲需要 2 766 W 功耗,距离额定功率有 234 W 剩余,即功率节余 7.8%。

2）功率性能参数验证

在 5 kW 额定功率下,推力器提供推力为 195 mN,比冲 3 413 s,即保功率条件下,推力超差 2.5%,比冲超差 2.5%。

2. 阳极电压及振荡测试

根据 LIPS - 300 在不同工况下 6 h 内阳极电压和阳极电压峰峰值试验数据,发现阳极电压均小于 30 V,阳极电压峰峰值均小于 10 V。

3. 阴极流率调节

为了实现在 2 个工况下的阴极流率统一化,开展了阴极流率调节试验。试验结果表明:5 kW 工况下,阴极流率在 0.231~0.34 mg/s 范围内,阳极电压小于 30 V,阳极电压振荡峰峰值小于 10 V;3 kW 工况下,阴极流率在 0.231~0.34 mg/s 范围内,阳极电压小于 30 V,阳极电压振荡峰峰值小于 10 V。

因此可见,统一阴极流率为 0.231 mg/s 时,能保证 2 种工况下,阳极电压小于 30 V,阳极电压振荡峰峰值小于 10 V。同时,试验结果也表明,在 0.1 mg/s 的阴极流率裕度调节范围内,阳极电压均小于 30 V,阳极电压振荡峰峰值均小于 10 V。

4. 束流均匀性改善情况

在 3 kW 和 5 kW 工况下对推力器束流均匀性进行了测试,束流密度径向分布如图 6‑2 所示,束流密度分布基本为平顶形。

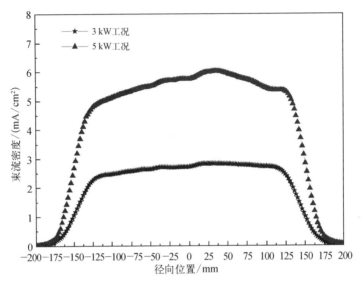

图 6‑2   LIPS‑300 优化后的束流密度分布

6.2.3   工作条件确定

通过对 LIPS‑300 原理样机的调试和测试,确定了离子推力器的供气和供电额定条件。推力器 3 kW、5 kW 工况下具体的额定流率见表 6‑3。

表 6‑3   各工况额定流率

工 况	主阴极流率/(mg/s)	中和器流率/(mg/s)	阳极流率/(mg/s)
3 kW	0.231(1±3%)	0.204(1±3%)	2.116(1±3%)
5 kW	0.231(1±3%)	0.204(1±3%)	5.396(1±3%)

LIPS‑300 离子推力器的供电电源由十个模块组成,包括屏栅电源、加速电源、阳极电源、阴极触持电源、中和器触持电源、阴极点火电源、中和器点火电源、阴极加热电源、中和器加热电源和烧蚀电源。其中屏栅电源和加速电源为稳压电源,阴极点火电源和中和器点火电源为脉冲电源,其余为稳流电源。由于烧蚀电源在推力器出现故障时才使用,所以通常烧蚀电源可由阴极加热电源通过切换开关来实

现。LIPS－300 离子推力器与各供电模块的连接关系如图 6－3 所示,各模块电源的供电参数要求如表 6－4 所示。

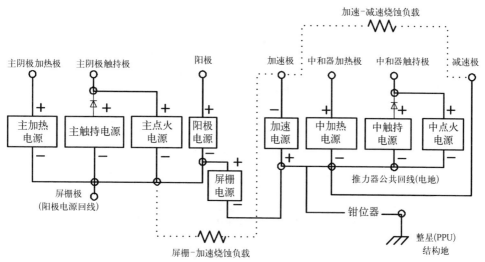

图 6－3　LIPS－300 离子推力器供电关系

表 6－4　LIPS－300 离子推力器供电参数

序号	名　称	输出特性	额 定 输 出
1	屏栅	稳压	(1) 1 档 1 420 V(1.68 A),2 档 1 170 V(3.68 A); (2) 工作点额载阻性电压纹波≤5%; (3) 推力器屏栅极与其他电极之间发生短路故障时,电源自身应不损坏; (4) 空载电压≤2 100 V
2	加速	稳压	(1) 工作点 2 个,1 档－220 V(加速电流≤20 mA),2 档－400 V(加速电流≤40 mA);束流启动时(加速电流 500 mA)1 档(－200±20)V,2 档:(－360±20)V; (2) 纹波:工作点额载阻性电压纹波≤5%; (3) 推力器加速栅极与其他电极之间发生短路故障时,电源自身应不损坏; (4) 空载电压≥－500 V
3	阳极	稳流	(1) 阳极 1 档稳流 7.5 A,在 5.63~8.63 A 可调;阳极 2 档稳流 12.5 A,在 9.38~14.38 A 可调;阳极 3 档稳流 20 A,在 15.0~23.0 A 可调;阳极 4 档稳流 27.5 A,在 20.63~31.63 A 可调; (2) 输出电压范围:开路 50~100 V;高功率工况 25~40 V、低功率工况 25~37 V; (3) 纹波:工作点额载阻性电流纹波≤5%; (4) 阳极电压峰峰值在推力器负载条件下≤20 V(参考指标,地面电源测试≤12 V 条件下)
4	阴极触持	稳流	(1) 单一工作点: 0.45~0.85 A; (2) 输出电压范围:开路 50~100 V;带载 5~10 V; (3) 纹波:工作点额载阻性电流纹波≤10%

序号	名　称	输出特性	额　定　输　出
5	中触持	稳流	(1) 单一工作点: 1.2~2.1 A; (2) 输出电压范围: 开路 50~100 V;高功率工况 16~27 V、低功率工况 20~30 V; (3) 纹波: 工作点额载阻性电流纹波 ≤5%
6	阴极点火	脉冲	开路电压 900~1 100 V,脉冲频率(0.2±20%) Hz,3 kΩ 负载下输出电压大于 450 V 的脉宽大于 5 μs
7	中点火	同上	同上
8	阴极加热	稳流	预处理档: 稳流 4 A/电压 2~8 V;正常加热档: 稳流 7.5 A/电压 4~15 V;工作点额载阻性电流纹波 ≤5%
9	中加热	同上	同上
10	烧蚀电源 (2 路)	稳流	(1) 恒流: 7.5(1±2%) A; (2) 输出电压范围: 开路 20~50 V; (3) 纹波: 工作点额载阻性电流纹波 ≤5%

6.3　LIPS－300 工程样机研制

6.3.1　工程样机设计

1. 抗力学设计

LIPS－300 离子推力器采用以主支撑环为主要承力结构的集成式设计思路,各部组件及对外安装板等均固定在主支撑框架上。该设计的优点包括: ① 阳极与外壳之间双重绝缘,从而提高了推力器长期溅射沉积环境下电极间高压绝缘能力; ② 阳极与外壳之间无遮挡实现面面辐射传热从而降低了推力器放电室温度; ③ 将绝大多数组件集成在主支撑环上从而使推力器结构简单紧凑、力学性能好、零部件少、装配和维修性好。

抗力学包括加速度、正弦振动、随机振动和冲击试验,试验条件按照鉴定级试验条件开展。推力器设计结构按上述力学试验条件,完成了加速度、冲击、正弦和随机试验,试验后检查推力器无破损,绝缘正常,性能指标相对试验前无变化。

2. 热设计

1) 高温工况下散热设计

LIPS－300 离子推力器中热敏感元件为接插件和永磁体,I 级降额后 J599 接插件允许使用温度为 160℃,永磁体 XGS175/199G550 允许使用温度为 500℃。

为了保证接插件和永磁体使用温度满足要求,LIPS－300 离子推力器采取了以下热设计: ① 外壳表面进行阳极化处理,使表面发射率>0.8; ② 接插件安装于推力器温度最低处,即中和器安装盒尾端; ③ 中和器安装盒与推力器外壳之间增加隔热垫,降低向中和器安装盒热传导;④ 中和器安装盒与阳极之间设计双层热屏,降低阳极向中和器安装盒内热辐射;⑤ 导线连接接插件前通过导线转接柱进行转接,减小通过导线传导进入接插件的热量;⑥ 延长通过大电流的导线长度,降低通过导线热传导至接插件的热量。

2）低温工况下加热设计

为保证 LIPS‒300 离子推力器在轨低温工况下能够正常工作,在推力器外壳上采用了加热器设计,推力器外壳上安装铠装加热片 9 只,共 3 种规格。加热器 1 安装于中和器安装盒,共 1 片;加热器 2 位于 T 型安装板左侧,共 4 片;加热器 3 位于 T 型安装板右侧,共 4 片。加热器阻值及加热功率保证推力器在轨 16 年磁钢处温度始终≥−50℃。LIPS‒300 离子推力器高温型加热器加热功率见表 6‒5。

表 6‒5　LIPS‒300 离子推力器高温型加热器加热功率

加热器型号	电压/V	功率/W	室温电阻/Ω	备　注
1	100	20	500±40	共两路
2	25	7.5	83.3±7	
3	25	7.5	83.3±7	

3. 长寿命设计

影响推力器寿命的主要部件为阴极和栅极。参考 NASA 的 NEXT 离子推力器采用 1 mm 厚石墨顶的空心阴极,其寿命在 100 kh 以上,如图 6‒4 所示。

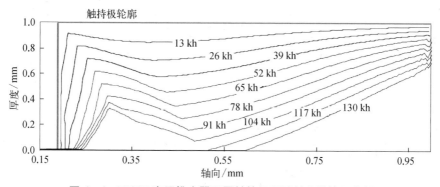

图 6‒4　NEXT 离子推力器石墨触持极顶溅射腐蚀情况分析

对采用石墨触持极的空心阴极,发射体损耗是空心阴极寿命短板。按照平均发射电流密度得到阴极发射体消耗速率,并假定发射体消耗 80% 厚度即无法工作,计算得到的鉴定件阴极发射体寿命能达到 40 kh,并且考虑发射体蒸发后重新沉积作用,发射体寿命将大于 40 kh。

栅极组件采用三栅结构后,交换电荷离子对加速栅溅射速率很小,栅极的寿命短板是屏栅上游离子刻蚀。屏栅寿命估算公式为

$$T_{sg} = \frac{t_s \phi_i F_b e \rho A_b (1 - f_s)(1 + f_d R_+^{++})}{J_b m_g (1 - f_i)\left(Y_+ + \dfrac{f_d}{2} R_+^{++} Y_{++}\right)} \qquad (6-5)$$

式中，A_b 为开孔区面积；F_b 为束流平直度系数，J_b 为小孔束电流，m_g 为钼原子质量；R_+^{++} 为双荷离子与单荷离子比率；t_s 为屏栅厚度；Y_+ 为单荷氙离子对钼的溅射产额；Y_{++} 为双荷氙离子对钼的溅射产额；ρ 为屏栅极材料密度；ϕ_i 为屏栅极对离子透明度。假设屏栅溅射刻蚀 50% 时出现结构失效，以阳极电压 30 V、束流平直度 0.6 为例，可估算出 LIPS-300 离子推力器在 5 kW 工况下的寿命可达 15 kh，在 3 kW 工况下的寿命可达 34 kh。

4. 安全性设计

安全性设计的目的是分析确认离子推力器工作时存在的可能对外部接口(卫星、一次母线和离子供配电单元)造成危害的故障模式和应采取的安全措施；以及外部接口可能对人身安全造成危害的故障模式和应采取的安全措施。

1) 安全性故障模式分析

LIPS-300 离子推力器危险源及安全性故障模式见表 6-6。

表 6-6　LIPS-300 离子推力器危险源及安全性故障模式

序　号	危险源	安全性故障模式	安全性影响
1	1 450 V 高电压	气路绝缘器高压击穿	可能造成卫星结构带电
2		离子推力器高压电极与外壳短路	可能造成卫星结构带电

2) 安全性设计方案

针对表 6-6 所识别的离子推力器安全性故障模式，拟采取的安全性设计措施见表 6-7。

表 6-7　LIPS-300 离子推力器的安全性设计措施

序号	故　障　模　式	安全性设计措施
1	气路绝缘器高压击穿	对气路绝缘器开展降额设计 对气路绝缘器开展高压绝缘测试
2	离子推力器高压电极与外壳短路	开展推力器绝缘设计 采用陶瓷架空裸线走线方式，保证内部电极与外部的绝缘 内部电极与外部设计安全隔离间距，满足真空下爬电距离要求

对于内部裸线高压防护以及等离子放电短路问题，由于推力器采用的是密封式放电室结构，等离子体无法进入屏栅筒与外壳区域空间，因此不存在等离子体环境下的气体放电导致裸线短路问题，并且所有的裸线安全间距设计均满足真空环

境下的高压防护设计,最小间距为 5 mm,真空环境下耐压达到 50 000 V,满足高压防护设计要求。

6.3.2　工程样机试验验证

1. 工程样机试验验证项目

LIPS‐300 离子推力器在制造完成后,需要开展鉴定试验,鉴定试验矩阵见表 6‐8,包括了性能测试、环境适应性验证和专项试验共计 13 项,其中离子推力器整机 9 项、组件 4 项。

表 6‐8　LIPS‐300 离子推力器鉴定试验矩阵

序 号	技术要求项目		验 证 方 法		
			组件级	设备级	分系统级
1	性能测试(推力、比冲、发散角、效率等)		—	T	—
2	环境适应性验证	冲击响应	—	T	—
3		正弦振动	—	T	—
4		随机振动	—	T	—
5		加速度	—	T	—
6		热真空试验	—	T	—
7	专项试验	供电、供气拉偏摸底试验	—	T	—
8		推力器寿命试验	—	A/T	T
9		阴极寿命试验	A/T	—	—
10		阴极开关机试验	A/T	—	—
11		中和器寿命试验	A/T	—	—
12		中和器开关机试验	A/T	—	—
13		EMC 试验	—	T	—

注:T—测试;A—分析。

鉴定试验按照图 6‐5 所示的流程进行。

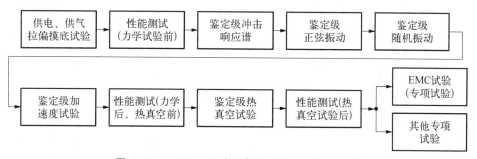

图 6‐5　LIPS‐300 离子推力器鉴定试验流程图

2. 工程样机试验验证

1）力学环境试验验证

按照图6-5流程开展了鉴定级力学试验。正弦、随机试验前后推力器低扫基频如表6-9所示,推力器基频>220 Hz,满足星载>140 Hz要求。冲击、正弦和随机试验曲线均未出现超差。振动试验中三只传感器分别贴装于推力器前端面、中和器以及安装耳片。

表6-9   正弦、随机试验前后推力器低扫基频

方　向	基频/Hz		
	正弦前低扫	正弦后低扫/随机前低扫	随机后低扫
X	230	232	237
Y	224	224	221
Z	246	247	246

所有试验完成后,对推力器开展了以下内容的检查:① 绝缘性能检查,表明离子推力器所有绝缘正常。② 多余物检查,对推力器进行拆解检查,内部未发现多余物、标准件无松动和零部件破损现象。③ 栅间距检查,栅间距和栅对中性试验前后测量结果无变化。④ 空心阴极检查,全石墨触持极阴极未发现破裂现象。⑤ 性能检查,力学试验后推力器在3 kW、5 kW工况下工作性能试验,试验前后性能无变化。

从试验结果看,LIPS-300离子推力器基频满足星载>140 Hz要求,且正弦振动、随机振动、冲击无超差,满足试验要求。试验前后绝缘导通正常,外观正常,晃动无异响,栅极对中性无异常。证明目前LIPS-300工程样机已经通过了鉴定级正弦、随机、冲击振动试验产品力学环境适应性良好。

2）性能测试验证

在LIPS-300离子推力器装配完成后,开展了性能调试并符合要求后,开展了力学环境试验,最终对推力器进行了完整的性能测试,LIPS-300离子推力器性能验证结果见表6-10。

表6-10   LIPS-300离子推力器性能测试验证结果

序号	工况	项　目		单位	技术要求	测试结果
1	5 kW	额定性能参数	推力	mN	200±10	199.05
2			比冲	s	3 500±175	3 424
3			功率	W	≤5 250	5 093
4			效率	%	≥65	66
5		拉偏性能参数	推力、功率最大拉偏	推力	mN	—	196.97
6				比冲	s	—	3 485
7				功率	W	—	4 927

续　表

序号	工况	项　　目		单位	技术要求	测试结果
8	5 kW	拉偏性能参数	推力、功率最小拉偏 — 推力	mN	—	192. 88
9			比冲	s	—	3 227
10			功率	W	—	4 787
11			阳极电压振荡最大拉偏 — 推力	mN	—	205. 35
12			比冲	s	—	3 641
13			功率	W	—	5 302
14		点火启动时间		min	≤21	18
15		束流发散角 90%		(°)	≤30	20.95
16		推力偏角		(°)	≤1	0.8
17		束流平直度		—	≥0.6	0.636
18		5 kW 单次连续工作时间		h	24	24
19	3 kW	额定性能参数	推力	mN	100±5	99.31
20			比冲	s	4 000±200	3 820
21			功率	W	≤3 000	2 747
22			效率	%	≥65	68
23		拉偏性能参数	推力、功率最大拉偏 — 推力	mN	—	103. 10
24			比冲	s	—	4 068
25			功率	W	—	2 913
26			推力、功率最小拉偏 — 推力	mN	—	96.40
27			比冲	s	—	3 617
28			功率	W	—	2 592
29			阳极电压振荡最大拉偏 — 推力	mN	—	103.11
30			比冲	s	—	4 088
31			功率	W	—	2 910
32		点火启动时间		min	≤11	9
33		束流发散角 90%		(°)	≤30	26.35
34		推力偏角		(°)	≤1	1
35		束流平直度		—	≥0.6	0.612
36		单次连续工作时间		h	3	3

3. 寿命专项试验验证

除开展鉴定试验外,一台推力器用于开展寿命专项试验验证,以验证所设计的推力器的寿命与可靠性。同时对离子推力器的核心组件主阴极和中和器还开展了组件级的寿命试验,包括点火寿命试验和开关机次数试验。

1) 推力器寿命试验

首先使用地面电源开展 600 h 早期失效摸底试验,主要验证短期稳定性及设计缺陷;随后使用 PPU 供电,开展累计 5 000 h 寿命试验,对长期性能进行摸底,并对主要失效模式及仿真分析模型提供验证数据;后续将继续开展 1∶1 寿命试验,对寿命指标的符合性进行充分试验验证。

2) 主阴极、中和器寿命试验

在全石墨触持极阴极、触持顶中和器上开展全周期的组件寿命考核和开关机可靠性试验,根据阶段性(每 1 000 h)寿命试验数据,进行阴极寿命预估。

4. EMC 试验

开展了专项 EMC 试验,试验结果表明 LIPS－300 离子推力器在 PPU、控制单元等单机的电磁环境下能够正常工作,无产品受损或性能降级,离子推力器工作时未给环境带来不可接受的电磁干扰。

6.4　LGA－300M 组件产品研制

6.4.1　LGA－300M 组件产品研制要求

LGA－300M 为钼材料、三栅极组件产品,其研制要求如表 6－11 所示。

表 6－11　LGA－300M 组件产品研制要求

序号	名　　称	单位	研　制　要　求	
			高功率工况(5 kW)	低功率工况(3 kW)
1	束流直径	mm	≤Φ300	≤Φ300
2	束电压	V	1 170(1±5%)	1 420(1±5%)
3	束流	A	3.68	1.68
4	工作寿命	kh	≥5	≥15
5	束流发散角	(°)	≤30(包含 90%束流条件下)	
6	离子透明度	%	>80	>70
7	束流平直度	—	≥0.6	

6.4.2　LGA－300M 组件产品设计

与 LGA－200M 双栅极组件一样,LGA－300M 三栅极组件和推力器的连接选用固定螺接的形式,栅极通过螺钉紧固件安装至对应安装环组成部件,然后通过绝缘支撑件配合栅间距调整垫片,最后组装为栅极组件。

针对热稳定可靠性要求,LGA - 300M 三栅极组件的栅极材料和 LGA - 200M 双栅极组件保持一致。LGA - 300M 三栅极组件除了每个栅极各有一个安装环外,还有一个总安装环,三个栅极安装环均固定于此,其中,加速栅安装环和减速栅安装环通过绝缘支撑组件与其固定,屏栅安装环通过螺接紧固与其固定,且整个栅极组件也是通过该总安装环固定于推力器。

针对束流发散角性能要求,LGA - 300M 三栅极组件同样采用了"补偿"设计。针对束流平直度要求,借鉴了 LGA - 200M - A 双栅极组件研制经验,LGA - 300M 栅极采用分区变孔径设计。图 6 - 6 为 LGA - 300M 三栅极组件。栅极组件主要由屏栅、加速栅、减速栅、屏栅安装环、加速栅安装环、减速安装环、总安装环和绝缘支撑组件组装而成。

图 6 - 6　LGA - 300M 推力器
三栅极组件

6.4.3　LGA - 300M 组件产品验证及应用

1. 组件级验证

LGA - 300M 组件级验证结果见表 6 - 12。

表 6 - 12　LGA - 300M 组件级验证结果

序 号	验 证 项 目	验 证 情 况
1	栅孔孔径精度测量	栅孔孔径精度±0.05 mm
2	栅极轮廓度测量	球面轮廓度≤0.3 mm
3	栅间距测量	屏栅与加速栅间距 1.0±0.05 mm 减速栅与加速栅间距 0.9±0.05 mm
4	栅孔对中性测量	中心孔偏移距离: l_X≤0.10 mm, l_Y≤0.10 mm X 方向上边缘孔偏移距离: l_Y≤0.10 mm Y 方向上边缘孔偏移距离: l_X≤0.10 mm
5	栅极绝缘性能测试	大气下绝缘测试仪 500 V 档,阻值≥50 MΩ 真空下绝缘测试仪 2 500 V 档,阻值≥50 MΩ

2. 束流密度分布测试

按照束流密度测试方法和步骤,分别在两种工况下对 LGA - 300M 三栅极组件的引出束流密度进行测试,试验中选取测量截面距推力器前外壳端面 50 mm,沿推力器径向步进平移扫过束流区域,扫描步进为 2 mm,即每 2 mm 读一个数据,依次测试离子推力器在额定功率 3 kW 和 5 kW 下稳定工作时的束流密度分布。

图 6-7 为 LGA-300M 组件两种工况下的束流密度分布测试结果,3 kW 工况下束流平直度为 0.61;5 kW 工况下束流平直度为 0.64。

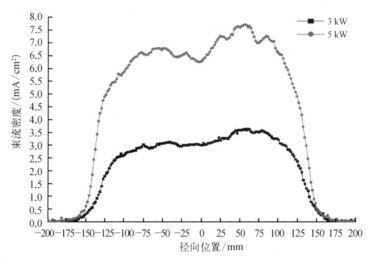

图 6-7   LGA-300M 组件两种工况下的束流密度分布

3. 束发散角测试

在测试 LGA-300M 三栅极组件束流发散角时,工况分别为 1.68 A 和 3.68 A 束流下测量,结果显示,1.68 A 工况下在包含 90%束流条件下的发散角为 20.9°,3.68 A 工况下在包含 90%束流条件下的发散角为 21°。

4. 离子透明度测试

LGA-300M 三栅极组件的离子透明度是通过调整屏栅电参数进行测量的,将偏置电源电压调为 0 V,以 5 V 步长增加,直到 35 V,每个调整点停留 5 min,记录每个偏置电压下推力器电气参数和偏置电流。试验过程保证束流分别维持在 3 kW 和 5 kW 工况的额定值。

配套 LIPS-300 推力器的离子透明度测试中,将屏栅极电压对主阴极负偏置 35 V,栅极组件对离子的透明度在 3 kW 工况下为 0.72,5 kW 工况下为 0.83。

5. 电子反流测试

在 3 kW 和 5 kW 工况下分别进行电子反流测试,每种工况下当逐步降低加速极电压绝对值时,一旦屏栅极电流增大 10 mA,即认为产生了束电流中的电子向放电室中反流。经测量,5 kW 工况下电子反流极限电压为-125 V,3 kW 工况下电子反流极限电压为-110 V,两种工况下加速电压的设置符合降额设计要求。

6. 寿命考核试验

LGA‐300M 三栅极组件随离子推力器进行了 10 kh 寿命考核试验,试验过程中定期对栅极状态进行检测,重点关注加速栅和减速栅磨损刻蚀情况。图 6‐8 为不同时刻加速栅和减速栅孔径磨损刻蚀情况。

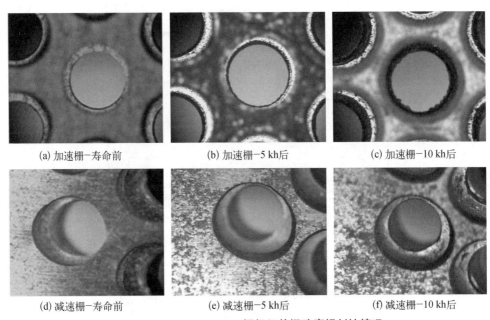

(a) 加速栅‐寿命前　　　　(b) 加速栅‐5 kh 后　　　　(c) 加速栅‐10 kh 后

(d) 减速栅‐寿命前　　　　(e) 减速栅‐5 kh 后　　　　(f) 减速栅‐10 kh 后

图 6‐8　LGA‐300M 三栅极组件栅孔磨损刻蚀情况

从图 6‐8 可以看出,随着累计工作时间的增加,加速栅孔径不断增大,而减速栅孔径在增大到一定程度后基本保持不变。统计结果表明,加速栅孔径磨损刻蚀速率与累计工作时间近似呈线性关系,而减速栅孔径磨损刻蚀速率初期较大,随着累计工作时间的增加速率逐渐变小并最终基本保持不变。

结合 10 kh 试验数据和仿真结果进行全寿命周期预测,计算得到:3 kW 工况下减速栅预估寿命为 29 094 h,5 kW 工况下加速栅预估寿命为 17 280 h。可见 LGA‐300M 栅极组件的工作寿命可以满足设计要求。

7. LGA‐300M 三栅极组件产品应用

LGA‐300M 三栅极组件主要配套 LIPS‐300 离子推力器,已经应用于 SJ‐20 卫星型号。

6.4.4　LGA‐300M‐A 组件产品研制

从 LGA‐300M 三栅极组件两种工况下的束流密度分布可以看出,栅极中心区域束流密度略有"塌陷",该区域束流引出能力受到过度抑制,针对该问题进行优化设计,对屏栅孔径进行了重新设计,改进后产品为 LGA-300M-A 三栅极组件。图 6-9 为束流密度分布测试结果,3 kW 工况下束流平直度为 0.64,5 kW 工况下的束流平直度为 0.64。

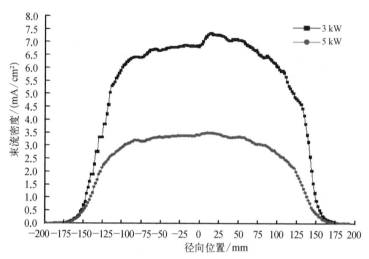

图 6-9   LGA-300M-A 栅极组件两种工况下的束流密度分布

6.5   LHC-20 组件产品研制

6.5.1   LHC-20 研制要求和产品设计

1. LHC-20 研制要求

LHC-20 产品主要指标包括:发射电流 ≤35 A;稳态功耗不大于 600 W;流率范围 ≥0.34 mg/s(氙气);阳极电压 ≤35 V;设计寿命 ≥30 kh;开关机 ≥16 000 次;点火时间 ≤7 min。

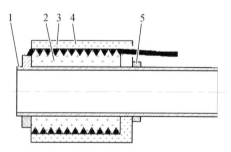

图 6-10   LHC-20 加热器结构示意图

1—阴极管;2—陶瓷骨架;3—加热丝;
4—陶瓷外套;5—后定位环

2. LHC-20 产品设计

LHC-20 空心阴极由加热器(阴极)和触持极两部分组成。发射体作为加热器的核心零件,位于阴极管内部。加热器外部设计有螺旋形沟槽的陶瓷骨架烧结在阴极管上。加热丝绕制在陶瓷骨架外侧的螺旋槽中,一端焊接在阴极管,另一端作为引线引出,如图 6-10 所示。这种组装式加热器具有结构简单、易于制造的特点。

　　阴极本体的结构设计中阴极管与阴极顶,阴极管与安装法兰之间采用电子束密封焊接。触持极主要由触持筒、触持极顶、热屏组件和绝缘陶瓷组成。热屏组件的主要作用为隔热保热。触持极与阴极体的绝缘依靠绝缘陶瓷。图 6－11 为 LHC－20 空心阴极实物照片。

图 6－11　LHC－20 空心阴极实物照片

6.5.2　LHC－20 组件产品验证

　　LHC－20 空心阴极试验矩阵如表 6－13 所示。

表 6－13　LHC－20 空心阴极试验矩阵

序　号	试　验　项　目		原理样机	工程样机	鉴定产品
1	功能性能试验	阴极发射电流	T	T	T
2		阳极电压	T	T	T
3		触持极电压	T	T	T
4		点火时间	T	T	T
5		流率裕度	—	T	T
6		电性能拉偏	—	T	T
7	专项试验	振动试验	—	A/T	T
8		冲击试验	—	A/T	T
9		加速度	—	—	T
10		热真空	—	—	T
11		热循环	—	—	T
12		开关机次数	—	—	A/T
13		持续放电	—	—	A/T

注:T—测试;A—分析。

6.6　LIPS－300 飞行产品研制

　　LIPS－300 离子推力器飞行产品研制是在直接继承鉴定产品技术状态基线的基础上,进行飞行件产品研制的过程。每台产品根据用户验收大纲要求完成验收项目测试,并剔除早期失效产品。

　　LIPS－300 离子推力器将首先应用于 SJ－20 卫星型号。SJ－20 离子推力器正样产品共四台,代号分别为 DFHP101－5、DFHP102－5、DFHP103－5、DFHP104－

5。正样产品的研制工作开始于 2018 年初,同批次投产共 6 台。正样产品功能、性能均满足使用要求,具体见表 6‑14 和表 6‑15。

表 6‑14　SJ‑20 卫星正样产品功能符合情况

序　号	功能特性要求	功能符合性
1	在额定供气和供电条件下产生额定推力,且比冲和效率达到技术要求	符合
2	提供与推力矢量调节机构之间的机械、热接口	符合
3	提供与电源处理单元之间电缆线的电接口	符合
4	提供与流量控制模块之间管路的机械接口	符合
5	实现流量控制模块气路与离子推力器间的气路电绝缘	符合

表 6‑15　SJ‑20 卫星正样产品实现的技术性能符合性检查表

序号	项　目	工况	单位	技术要求	测试结果	结论
1	推力	5 kW	mN	200±10	199.05	合格
		3 kW	mN	100±5	99.31	合格
2	比冲	5 kW	s	3 500±175	3 424	合格
	额定工况性能参数	3 kW	s	4 000±200	3 820	合格
3	功率	5 kW	W	≤5 250	5 093	合格
		3 kW	W	≤3 000	2 747	合格
4	效率	5 kW	%	≥65	66	合格
		3 kW	%	≥65	68	合格
5	单次最长工作时间	5 kW	h	24	24	合格
		3 kW		3	3	合格
6	束发散全角(90%束流)	5 kW	(°)	≤30	20.95	合格
		3 kW		≤30	26.35	合格
7	点火启动时间	5 kW	min	≤21	18	合格
		3 kW		≤11	9	合格
8	推力矢量偏角	5 kW	(°)	≤1	0.8	合格
		3 kW			1.0	合格
9	束流平直度	5 kW	—	≥0.6	0.636	合格
		3 kW			0.612	合格
10	准备状态发热量	5 kW	W	≤800	644.3	合格
11		3 kW	W	≤400	315.2	合格
12	工作状态发热量	5 kW	W	≤800	635.6	合格
13		3 kW	W	≤400	282.5	合格

续　表

序号	项　目	工况	单位	技术要求	测试结果	结论
14	质量		kg	15.9±0.5	15.515	合格
15	启动温度范围		℃	−50~+100	−60~+110	合格
16	工作温度范围(推力器点火前)		℃	−50~+100	−60~+110	合格

6.7　LIPS‑300 多模式化研制

6.7.1　主要性能指标

多模式 LIPS‑300 离子推力器的主要指标要求如表 6‑16 所示。

表 6‑16　离子推力器的主要指标要求

序号	技术指标项目	单　位	指标要求	备　注
1	功率	kW	0.3~5	
2	推力	mN	9.7~184	
3	比冲	s	1 757~3 459	
4	累计工作时间(单台)	kh	≥36	其中,0.5~3 kW 范围为 32 kh
5	开关次数	—	≥10 000	
6	单次工作时间	h	≥24	
7	点火启动时间	min	≤21	不含束流加载时间
8	束流发散角	(°)	≤30	全角(包含 90%束流)
9	推力偏斜	(°)	≤1	
10	管路接口到空心阴极、阳极出口外漏率	(Pa·m³)/s	≤1×10⁻⁷	检漏方式为氦质谱真空外压检漏
11	质量	kg	14.6	不含热控

6.7.2　设计与试验

1. 性能调节策略

离子推力器输入总功率计算公式为

$$P_{in} = V_b I_b + V_d I_d + |V_a| I_a + V_k I_k + V_n I_n \tag{6-6}$$

式中,V_b、V_d、V_a、V_k、V_n 分别为束电压、阳极电压、加速电压、阴极触持电压和中和器触持电压,单位为 V;I_b、I_d、I_a、I_k、I_n 分别为束电流、放电电流、加速栅电流、阴极触持电流和中和器触持电流,单位为 A。其中,$|V_a| I_a + V_k I_k + V_n I_n$ 一般小于 40 W,对千瓦级离子推力器可以忽略,因此,离子推力器功率主要取决于 $V_b I_b$ +

$V_d I_d$，又 $V_d I_d \approx \varepsilon I_b$，$\varepsilon$ 为放电损耗，取决于离子推力器放电效率和栅极引出效率。因此，千瓦级离子推力器功率可近似为

$$P_{in} \approx (V_b + \varepsilon) I_b \qquad (6-7)$$

对于屏栅电源与阳极电源，采用并联方式的供配电关系，束电压就是屏栅电压；对于屏栅电源与阳极电源采用串联方式的供配电关系，束电压是屏栅电源电压和阳极电源电压的之和。由于阳极电压远小于屏栅电压，束电压近似为屏栅电压。因此由式(6-7)可知离子推力器功率的宽范围调节是束流和屏栅电压的调节。

另外，受离子光学系统的束流过聚焦和欠聚焦约束限制，在一定栅极几何参数下，对一定束流存在可正常聚焦引出的总加速电压范围。总加速电压是屏栅电压和加速电压绝对值之和。由于加速电压影响交换电荷离子能量，其绝对值不能取太大，一般只是高于电子反流极限电压，因此，总加速电压主要取决于屏栅电压。即栅极离子光学束流正常聚焦引出的限制其实为束流与屏栅电压之间的限制关系。在一定束流下，当屏栅电压高于某值时，束流出现过聚焦，当小于某值时出现欠聚焦，即每个束流存在其正常引出的屏栅电压范围。

因此，离子推力器功率宽范围调节约束条件可表示为

$$\begin{cases} P_{in} \approx (V_b + \varepsilon) I_b \\ V_{min}(I_b) < V(I_b) < V_{max}(I_b) \\ P_{min} \leq P_{in} \leq P_{max} \end{cases} \qquad (6-8)$$

式中，P_{max} 为允许的最大功率，在卫星所能提供的最大功率和离子推力器可工作的最大功率中取较小值；P_{min} 为离子推力器可稳定工作的最小功率；$V_{min}(I_b)$ 和 $V_{max}(I_b)$ 分别为能正常聚焦引出束流 I_b 的最小屏栅电压和最大屏栅电压。

从功率宽范围调节约束条件可知，可以通过以下两种策略实现功率宽范围调节。

调节策略Ⅰ：利用不同束电压、相同束流下最佳供气参数基本一致的特性，将功率模式分解为几种束流模式，再在同一束流下分解为不同束电压模式，通过两级分解实现所要求功率范围及工作点。

调节策略Ⅱ：在某一屏栅电压下，精调阳极电流和阳极流率，在同样屏栅电压下引出不同束流，实现功率小范围调节，再通过以较粗步长对屏栅电压的调节实现功率的宽范围调节。

2. 推力器优化改进

由于功率宽范围调节的最大功率受限于卫星可提供最大功率、推力器束流直径、可工作最大束流密度等条件，一般功率宽范围调节是在最大功率基础上向下调节实现功率宽范围工作，因此离子推力器的可工作功率范围主要取决于其最小稳定工作功率。在小功率工作点，易出现放电室和阴极熄弧等工作不稳定问题；如果放电室出口附近离子均匀度较差，则在大束流工作点下栅极中心易出现欠聚焦，小

束流工作点下栅极边缘易出现过聚焦。因此提高小功率下放电电流、进一步提升束流均匀性是需要解决的主要问题。

可通过减小磁极处磁场强度或增加磁极数的方法增加小功率下放电电流,从而提高小功率下工作稳定性,但同时会造成放电损耗的增加,需要进行权衡优化。减弱放电室磁场强度能改善束流均匀性。在保证原来磁场构型不变的条件下,完成了离子推力器放电室磁场减弱优化设计并研制了样机。磁场优化后推力器最小稳定工作束流下降到 0.3 A。如图 6‑12 所示,在最小束流 0.3 A、最小屏栅电压 420 V 下,推力器稳定工作 3 h 未发生熄弧现象,功率约为 246 W,推力 10 mN,比冲 1 589 s。图 6‑13 给出了 2.5 A 束流下磁场改进前后束流密度径向分布情况,可见磁场强度优化后束流平直度分别提升 7%。

试验结果证明,通过牺牲一定效率降低磁场强度,可实现更小功率下稳定工作

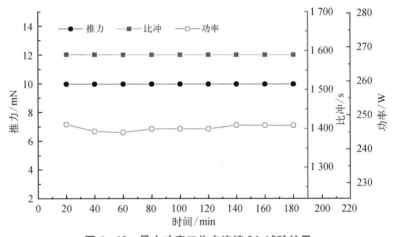

图 6‑12　最小功率工作点连续 3 h 试验结果

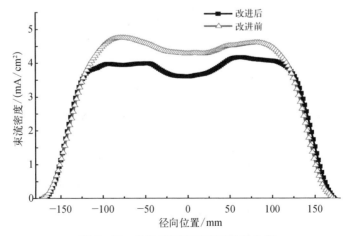

图 6‑13　改进前后束流密度径向分布

和推力器束流均匀性提高,从而增加功率可调节范围。

3. 功率宽范围多模式调节

在固定束流、加速电压和工质流率不变的条件下,通过调节屏栅电压,测量加速电流和减速电流,获得了推力器不同束流下加速和减速电流与屏栅电压的变化关系,如图6-14所示。可见在试验最高屏栅电压1 500 V条件下,部分束流下减速电流与屏栅电压的关系曲线呈现完整U形;加速电流与屏栅电压的关系曲线只呈现半个U形,说明双栅极比三栅极具有更宽的功率调节范围。同样束流下,屏栅电压较高时,过聚焦离子碰撞到减速栅小孔孔壁或其上游表面上,造成减速截获电流增大。在正常束流引出屏栅电压区域内,截获电流值相对比较平直,且达到最小。当屏栅电压减小到一定程度,加速栅和减速栅截获电流又迅速增大,这说明欠聚焦离子直接碰撞到加速栅和减速栅小孔孔壁或上游表面。

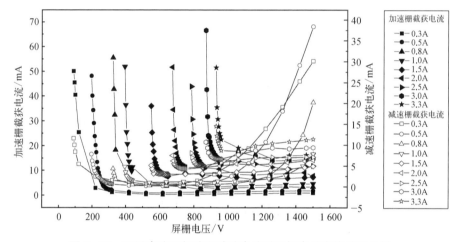

图6-14　不同束流下加速和减速电流随屏栅电压变换关系曲线

拟合试验数据得到推力器束流I_b与临界过聚焦屏栅电压V_{max}和临界欠聚焦屏栅电压V_{min}关系为

$$\begin{cases} V_{min}(I_b) = (11\ 884 I_b + 8\ 054.6)^{2/3} - 200 \\ V_{max}(I_b) = (35\ 433 I_b + 25\ 569)^{2/3} - 200 \end{cases} \quad (6-9)$$

与之对应的离子推力器功率宽范围调节约束条件可具体化为

$$\begin{cases} V_{min}(I_b) < V(I_b) < V_{max}(I_b) \\ V_{min}(I_b) = (11\ 884 I_b + 8\ 054.6)^{2/3} - 200 \\ V_{max}(I_b) = (35\ 433 I_b + 25\ 569)^{2/3} - 200 \\ P_{in} \approx (V_b + \varepsilon) I_b \\ 0.25\ \text{kW} < P_{in} < 5\ \text{kW} \end{cases} \quad (6-10)$$

根据调节策略 I 和 II,得到了推力器在 0.25~5 kW 功率范围内的 41 个工作点(又称工作模式),分别如表 6 - 17 和表 6 - 18 所示。对比可见,在同样功率调节范围和工作模式数下,调节策略 II 屏栅电压只有 5 档,但调节策略 I 屏栅电压调节档达到 10 档,因此调节策略 I 相比调节策略 II 对 PPU 屏栅电源的要求更高。但是,调节策略 II 下束流达到 17 档,而在调节策略 II 下只有 9 档;束流的调节除了调节阳极电流外,还需调节阳极流率以保证较佳的工质利用率,因此调节策略 II 对推进剂贮供单元的要求更高。

表 6 - 17　调节策略 I 下设计工作点

		屏栅电压/V									
		1 260	1 200	1 100	1 000	900	800	700	600	500	420
束电流/A	3.3	TL41	—	—	—	—	—	—	—	—	—
	3.0	TL40	TL39	TL38	—	—	—	—	—	—	—
	2.5	TL37	TL36	TL35	TL34	—	—	—	—	—	—
	2.0	TL33	TL32	TL31	TL30	TL29	—	—	—	—	—
	1.5	TL28	TL27	TL26	TL25	TL24	TL23	—	—	—	—
	1.0	TL22	TL21	TL20	TL19	TL18	TL17	TL16	—	—	—
	0.8	—	—	TL15	TL14	TL13	TL12	TL11	TL10	—	—
	0.5	—	—	—	—	TL09	TL08	TL07	TL06	T0L5	—
	0.3	—	—	—	—	—	TL04	TL03	TL02	TL01	

表 6 - 18　调节策略 II 下设计工作点

		屏栅电压/V				
		1 260	1 050	840	630	420
束电流/A	3.3	TL41	—	—	—	—
	3.0	TL40	—	—	—	—
	2.7	TL39	TL38	—	—	—
	2.5	TL37	TL36	—	—	—
	2.3	TL35	TL34	—	—	—
	2.0	TL33	TL32	—	—	—
	1.9	TL31	TL30	TL29	—	—
	1.8	TL28	TL27	TL26	—	—
	1.6	TL25	TL24	TL23	—	—
	1.5	TL22	TL21	TL20	—	—
	1.4	TL19	TL18	TL17	—	—
	1.1	—	TL16	TL15	TL14	—

续　表

		屏栅电压/V				
		1 260	1 050	840	630	420
束电流/A	1.0	—	TL13	TL12	TL11	—
	0.9	—	TL10	TL09	TL08	—
	0.8	—	TL07	TL06	TL05	—
	0.5	—	—	TL04	TL03	—
	0.3	—	—	—	TL02	TL01

　　试验结果显示,两种调节策略下推力与功率呈线性增加关系,比冲与功率的增加趋势总体上呈先快速增加后趋于稳定,但由于调节策略Ⅰ下二级调节采取了精调屏栅电压方式,又由于比冲正比于束电压开方,因此在调节策略Ⅰ下比冲随功率呈锯齿状上升,而调节策略Ⅱ下比冲随功率呈台阶状上升。经多模式化后 LIPS-300 离子推力器在 0.25~5 kW 功率范围内稳定工作,对应推力范围 10~186 mN,比冲范围 1 522~3 586 s。

参考文献

陈娟娟,张天平,贾艳辉,等.2015.LIPS-300 离子推力器加速栅电压的优化设计[J].中国空间科学技术,35(2):70-74.

陈娟娟,张天平,贾艳辉,等.2016.LIPS-300 离子推力器双栅极寿命的数值分析[J].固体火箭技术,39(1):44-49.

陈茂林,夏广庆,毛根旺,等.2014.多模式离子推力器栅极系统三维粒子模拟仿真[J].物理学报,63(18):182901.

贾艳辉,张天平,郑茂繁,等.2012.离子推力器栅极系统电子反流阈值的数值分析[J].推进技术,33(6):991-996.

孙明明,张天平,王亮,等.2016.30 cm 离子推力器栅极组件热应力及热形变计算模拟[J].推进技术,37(7):1393-1400.

孙小菁,张天平,王亮.2014.全电推卫星平台电推进系统方案设计[C].上海:第十届中国电推进会议.

王亮,王小永,汪忠,等.2017.LIPS-300 离子推力器短期寿命摸底试验进展[C].北京:第十三届中国电推进会议.

张天平,杨福全,李娟,等.2020.离子电推进技术[M].北京:科学出版社.

张天平.2015.兰州空间技术物理研究所电推进新进展[J].火箭推进,41(2):7-12.

赵以德,江豪成,张天平,等.2015.离子推力器束流均匀性改善方法研究[J].真空与低温,21(3):157-160.

赵以德,吴宗海,张天平,等.2020.离子推力器多模式化研究[J].推进技术,41(1):187-193.

赵以德,张天平,黄永杰,等.2018.40 cm 离子推力器宽范围调节实验研究[J].推进技术,39(4):942-947.

赵以德,张天平,郑茂繁,等.2017.高推力密度离子推力器研究[J].真空,54(1):14-16.

Herman D A, Soulas G C, Patterson M J. 2007. Performance evaluation of the prototype model NEXT ion thruster[R]. Cincinnati: AIAA.

Tighe W G. 2006. Performance evaluation of the XIPS - 25 cm thruster for application to NASA discovery missions[C]. Sacramento: The 42nd Joint Propulsion Conference & Exhibit.

Zhao Y D, Zhang T P, Wu Z H, et al. 2017. Performance evaluation of the 30 cm ring-cusps ion thruster[C]. Shanghai: The 7th CSA/IAA Conference on Advanced Space Technology.

第7章
LIPS‑100 离子推力器产品研制

7.1　LIPS‑100 工程应用背景

7.1.1　工程应用背景

1. 重力梯度测量卫星无拖曳控制需求

地球重力场是地球的基本物理场之一,重力场及其时变特性反映了地球表层及内部的密度分布和物质运动状态,决定了水平面的起伏变化。测量地球重力场的精细结构,可为资源勘探、环境监测、精确导航等领域提供准确重力场和海洋环流数据支持。

重力梯度测量卫星在飞行过程中受到的力可分为重力和非重力。非重力一般包括:偏离质心时,由重力梯度和离心加速度引起的潮汐力,以及卫星绕质心旋转引起的离心力和切向力;大气阻力和太阳辐射压产生的质心准定常加速度;推进系统点火和机械部件运动引起的扰动力等。为了保证重力梯度测量卫星内的核心载荷重力梯度仪的测量范围和灵敏度,需要星载推进系统对非重力进行补偿,同时为了保证阻尼补偿的及时性、星载加速度计测量精度(噪声水平优于 $3\times10^{-3}~ms^{-2}Hz^{-1/2}$)和无拖曳控制后的残余加速度(优于 $10^{-8}~ms^{-2}Hz^{-1/2}$)满足任务要求,对阻尼补偿的推进系统的推力调节速率、推力分辨率和推力噪声都要求很高:推力调节速率一般大于 1.5 mN/s;推力分辨率要求在几十微牛;推力噪声功率谱密度在 1 mHz 下优于 $1.2~mN/(Hz)^{1/2}$,在 100 Hz 下优于 $0.012~mN/(Hz)^{1/2}$。传统的化学推进显然无法满足上述任务要求,冷气推进虽然其他性能可以满足,但是其比冲不到 100 s,卫星需要携带的推进剂量很大。目前,只有具备宽范围变推力连续可调功能的离子电推进可以作为阻尼补偿任务推进系统的选择对象。

2. 超低轨高分辨率对地观测卫星轨道维持需求

高分辨对地观测卫星已经在民用和军事领域得到了广泛的应用,取得了巨大的经济社会效益。随着技术进步和图像应用领域的拓宽,用户对光学遥感应用的要求越来越高,需要光学遥感卫星提供更高的图像分辨率。

飞行在 200~350 km 轨道高度的卫星受到显著的大气阻尼作用,为了保证卫星飞行在标称轨道上,要采用推进系统对卫星进行频繁的轨道维持。如果应用推力连续精确可调节的电推进系统,不但可以大大节省卫星的推进剂携带量,有效降低卫星发射质量或提高有效载荷承载能力,而且可以在实现轨道维持(大气阻尼补偿)的同时不中断正常成像任务,任务质量能得到可靠保证。

7.1.2　推力调节策略

LIPS - 100 离子推力器采用发散场放电室结构;离子光学系统采用双栅结构;阴极和中和器采用发射电流为 3 A 的小型化六硼化镧空心阴极。LIPS - 100 离子推力器的主要技术特点就是推力的高精度、宽范围连续调节,因此以该技术应用特点为核心开展产品研制工作。

针对宽推力调节比要求,推力器采用以下技术以满足宽范围推力调节需要:① 磁场采用能进行大范围参数调节的螺线管电磁场,阳极电流大范围连续可调;② 阴极和中和器流率保持不变,阳极流率连续可调;③ 推力器用三个输入参数(流率、阳极电流和励磁电流)来控制输出推力。其中,通过推进剂流率和阳极电流进行推力的粗调节,通过快速调节励磁电流进行推力的精调。

7.2　LIPS - 100 离子推力器产品研制要求

7.2.1　功能、性能和接口要求

1. 功能要求

功能要求包括:在额定供气和供电条件下产生额定推力,且比冲和效率满足技术要求;提供与推力矢量调节机构之间的机械、热接口;提供星上供电电缆线的电接口;提供与推力矢量调节机构管路的机械接口;实现推力矢量调节机构与离子推力器间的气路电绝缘。

2. 性能要求

主要性能指标要求包括:功率范围:50~600 W;比冲范围:400~3 500 s;推力调节范围:1~20 mN;推力分辨率:≤12 μN;推力调节速率:≥1.5 mN/s;束流发散角:≤30°;启动时间≤7 min。

3. 接口要求

离子推力器通过安装法兰固定到推力矢量调节机构上,每台推力器通过推力器安装法兰上 6 个 Φ5.5 mm 的通孔用 M5 螺钉连接推力器与矢量调节机构。

离子推力器有 3 路推进剂供应管路接口,分别为 1 个阳极管路接口、1 个主阴极管路接口和 1 个中和器管路接口。

离子推力器外壳通过安装法兰与星地实现同电位电连接。离子推力器与离子电源处理单元的电连接通过电连接器实现,共 9 路输入供电需求。

7.2.2 寿命和可靠性要求

1. 寿命要求

累计工作时间≥15 000 h,开关机次数≥6 000 次,贮存寿命地面 2 年、在轨 10 年。

2. 环境适应性要求

离子推力器工作环境温度通常在-50~100℃范围内。

离子推力器力学环境适应性要求包括: ① 纵向 9g、横向 2g 的加速度;② 验收 10g、鉴定 16g 的正弦振动;③ 验收 8.5 Grms、鉴定 13.6 Grms 随机振动;④ 验收 700g、鉴定 1 000g 的冲击。

7.3 LIPS–100 原理样机研制

7.3.1 总体方案设计

1. 离子光学系统方案

离子光学系统采用屏栅和加速栅组成的双栅结构。栅极组件采用凹面结构,主要的优点为: ① 由于屏栅的温度高于加速栅,向里的拱形面可以使得栅间距在工作时有增大的趋势,从而避免栅极间的起弧和短路;② 拱形面向里的栅极组件的束聚焦优于凸面栅。

为了使通过加速栅引出的等离子密度更加均匀,LIPS–100 推力器屏栅采用变孔径,即屏栅小孔孔径从中心到边缘逐渐增加。设计有以下优点: ① 使加速栅受到的溅射刻蚀趋于均匀,从而避免中心区域结构过早腐蚀失效,提高了栅极寿命;② 由于减小了空间电荷效应,所以束流发散角趋于减小;③ 由于离子密度降低,所以中心区域的电子反流裕度增加。

2. 放电室方案

要实现 LIPS–100 离子推力器宽范围快速响应的推力调节、推力及其推力矢量长期稳定、低推力噪声、高比冲、高效率等技术指标,重点是设计好放电室的性能。

LIPS–100 离子推力器放电室采用电磁铁发散场方案,整体呈一个圆柱体结构,主要由电磁铁、屏栅筒、阳极、阴极、阴极极靴、屏栅极靴和挡板等部分组成。放电室由挡板分割为两部分,即靠近阴极的耦合等离子区和主放电区。推力器的大多数效率指标都由放电室几何特征参数、磁场特征参数所决定,其中磁场构型及其参数是决定放电室乃至整个推力器性能参数的关键。

考虑在放电室圆周方向均匀布置 6 根螺线管电磁铁,电磁铁产生的磁场通过导磁材料引导到屏栅极靴、阴极极靴,从而在放电室内部产生需要的磁场。其中,阴极极靴尖端环绕在挡板外面,挡板将阴极区和阳极区分开。阴极发射的电子通过阴极极靴与挡板之间的环形通道到达阳极区,电子在磁场作用下进行螺旋线运动,从而实现中性离子的充分电离。

图 7－1 为 LIPS－100 离子推力器放电室方案图。

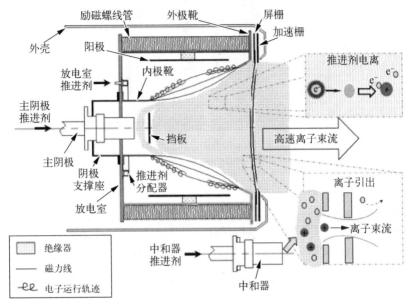

图 7－1 LIPS－100 离子推力器放电室方案图

3. 阴极和中和器方案

主阴极和中和器均采用发射电流为 3 A 的小型化六硼化镧空心阴极。

4. 气路电绝缘器方案

气路电绝缘器设计采用多层金属网分电压抑制气体放电的气路电绝缘器技术。

7.3.2 物理参数设计

LIPS－100 离子推力器物理参数设计内容包括直径、束流、束电压、放电电流、工作流率、磁场特征参数等。直径主要由推力大小决定,根据推力要求进行计算,并参考国外相关设计经验后,LIPS－100 离子推力器选择 10 cm 直径。束流和束电压由推力和比冲要求决定,经过分析计算,束电压设计值确定为 1 200 V,束电流根据推力调节范围在 5～385 mA 范围内可调节。工作流率主要由推力和比冲决定,各路供气流率的最优化值主要通过放电室磁场和结构优化确定。放电电流根据束流进行了初步估算,在后续试验中主要通过磁场和放电室结构优化确定。磁场参数设计是推力器性能优化的关键,其优化的目标就是在保证推力、比冲指标的前提下实现推力器的高效率、低功耗和长寿命。图 7－2 为 LIPS－100 离子推力器整机和屏栅实物照片。

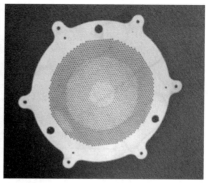

图 7 - 2   LIPS - 100 离子推力器整机和屏栅实物照片

7.3.3   原理样机试验验证

1. 整机性能优化试验

LIPS - 100 离子推力器整机性能优化试验主要方法是通过调节放电室和栅极的几何特征参数和物理特征参数开展推力器性能优化试验,根据试验结果对几何特征参数、物理参数进行改进设计,从而获得较理想的结果。图 7 - 3 为 LIPS - 100 离子推力器历次性能优化获得的放电室性能曲线。

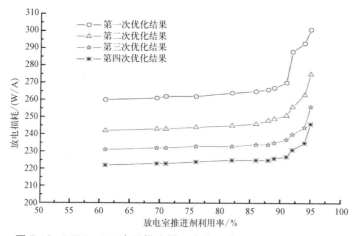

图 7 - 3   LIPS - 100 离子推力器历次优化获得的放电室性能曲线

通过多轮次产品几何特征参数和物理特征参数优化,整机性能得到有效改善,产品电气参数相对固化,为后续开展推力宽范围连续调节奠定了基础。

2. 推力宽范围连续调节试验

在完成整机性能优化试验,产品电气参数及结构相对固化的情况下,开展了推力宽范围连续调节试验研究。LIPS - 100 离子推力器的推力宽范围连续调节方案为:通过调节阳极电流、阳极流率和电磁铁励磁电流三个输入参数实现推力的调节。试验对推力器的推力分别与流率、阳极电流、励磁电流等参数及其组合之间的关系,以及放电损耗和推进剂质量利用率之间的关系进行了研究,这些关系将成为推力调节控制算法设计与算法结构体系的理论基础。图 7－4~图 7－8 为相关测试结果曲线,其中 I_a 为阳极电流。

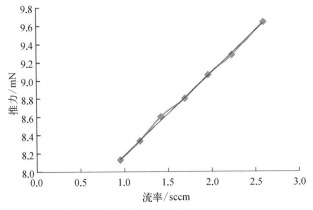

图 7－4　推力与流率之间的关系图

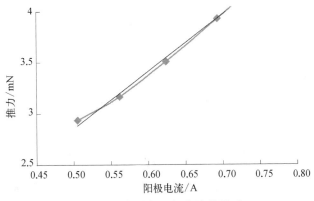

图 7－5　推力与阳极电流的关系

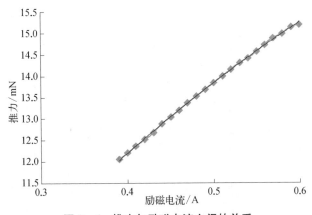

图 7－6　推力与励磁电流之间的关系

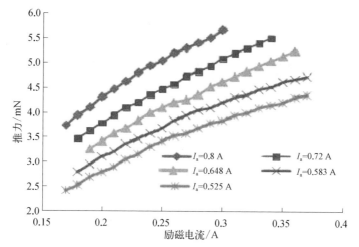

图 7-7　推力 6 mN 到 2 mN 时推力关系图

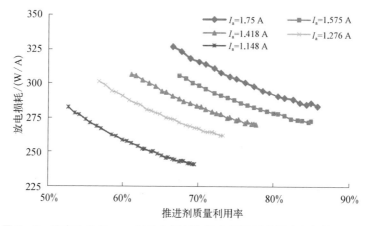

图 7-8　流率为 2.6 sccm 时放电损耗和推力剂质量利用率之间的关系图

3. 束发散角测量

以 LIPS-100 离子推力器原理样机技术状态为基础,对束发散角进行了测试,获得的 LIPS-100 离子推力器束流发散角为 20°,满足设计指标要求。

4. 试验验证总结

开展了 LIPS-100 离子推力器原理样机 1~20 mN 连续变推力技术攻关,产品性能满足技术指标要求,推力宽范围连续可调得到有效验证,空心阴极设计可行性及工作可靠性得到最大程度优化与验证,形成工程样机产品研制技术基线。

在确定工程样机产品研制技术基线的同时,确定了 LIPS-100 离子推力器电气参数。其中推进剂流率指标为主阴极流率 0.11 mg/s;中和器流率 0.054 4 mg/s;阳极流率为 0.00~0.45 mg/s。电源处理单元各路供电模块的输出范围及特性要求如表 7-1 所示。LIPS-100 离子推力器与各路供电模块的连接关系如图 7-9 所示。

表 7-1　各路电源模块输出范围及特性要求

序号	名　称	电源输出特性要求
1	屏栅电源	稳压输出 1 000~1 300 V 可调,调节步长 100 V
2	加速电源	稳压输出 160~280 V 可调,调节步长 20 V 3 mA(额定状态),380 mA(启动束流)
3	阳极电源	电流连续可调(稳流),开路电压 50~70 V,电流调节步长 2 mA
4	阴极触持电源	输出电压 60~70 V(开路);稳流输出 0.4~1.0 A 可调,调节步长 0.2 A
5	中和器触持电源	输出电压 60~70 V(开路);稳流输出 0.6~1.6 A 可调,调节步长 0.2 A
6	阴极点火电源	600~800 V,单次脉冲
7	中和器点火电源	同上
8	阴极加热电源	开路输出电压 6~15 V;稳流输出 5~8 A(可调设置)
9	中和器加热电源	同上
10	励磁电源	电流连续可调(稳流),调节步长 1 mA;输出电压 10~25 V(开路)
11	烧蚀电源	限流 7.8 A

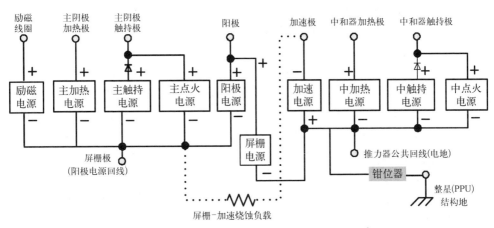

图 7-9　各路供电模块与推力器电极连接关系示意图

同时,在原理样机研制过程中推力器工作的可靠性、稳定性得到了初步验证,在完成所有原理样机阶段研制试验后,对 LIPS－100 离子推力器抗力学性能开展了摸底,为工程样机研制奠定了基础。

7.4　LIPS－100 工程样机研制

7.4.1　工程样机设计与优化

LIPS－100 离子推力器工程样机以原理样机技术状态为基础,主要进行 LIPS－100 离子推力器环境适应性关键技术攻关。所以 LIPS－100 离子推力器工程样机设计与优化主要包括可靠性和寿命设计。

1. 可靠性设计

1）抗力学设计

LIPS－100 离子推力器抗力学设计从结构和材料两方面入手。所有结构围绕主支撑环布置，支撑环与外部安装法兰连接，使得整个推力器的质量分布较均匀，且质心靠近安装平面。支撑板与安装法兰的连接处采用具有一定减震作用的凸耳结构，屏栅极靴采用 L 型结构，从而降低冲击载荷对薄壁栅极的破坏作用。

整体结构尽量采用薄壁和加强筋结合的设计方法，既减轻质量又不降低结构刚度；除磁路结构外，其他零件尽量采用铝合金和钛合金，铝合金的减震性好，钛合金的比强度高，从而有利于减重和减震。

2）热设计

LIPS－100 离子推力器中热敏感零件为电连接器和电磁线圈，热稳定性要求较高的为栅极组件。采取的热设计措施包括：① 外壳和阳极筒表面进行阳极化处理，使表面发射率>0.75；② 电连接器安装于推力器尾部端面温度最低处；③ 励磁线圈采用 350℃ 工作温度的导线，内部导线采用耐高温导线，工作温度 260℃；④ 栅极组件热定型和适当拱高设计，降低工作过程中由热变形造成的结构不稳定；⑤ 励磁线圈与高温阳极筒之间物理隔离。

3）相邻电极间防放电设计

LIPS－100 离子推力器电极间防电击穿间距设计，主要考虑电极间气压足够低和防止电极间存在电荷源，设计中采用了防止推力器工作时产生的等离子体进入电极间的防护措施；非放电区电极间气压按推力器在地面真空舱中工作设计，电极间气压设计需小于 5×10^{-2} Pa，电极间最小距离设计为 1~10 mm。

4）元器件的选用分析及降额设计

LIPS－100 离子推力器元器件包括内引线和电连接器，主要从电压和温度降额两方面选用和设计。

根据 I 级降额要求，LIPS－100 离子推力器所用的 10 芯电连接器 J599 额定工作电压要求为 2 400 V_{DC}。前期对 J599 系列Ⅲ宇航级高压圆形电连接器开展的耐压性能验证，证明该电连接器通过了 2 400 V_{DC} 的耐压测试，漏电流<1 mA，符合对 LIPS－100 离子推力器 I 级降额 2 400 V 的要求。

LIPS－100 离子推力器所使用的 J599 允许的最高工作温度为 210℃，通过地面温度实测，电连接器内部温度最高的阳极插针为 100℃，仿真分析得到在轨最高温度为 110℃。考虑航天 I 级降额 50℃ 的余量，仍然没有超过电连接器 210℃ 的工作温度。电连接器温度降额设计满足 I 级降额使用要求。

2. 寿命设计

LIPS－100 离子推力器长寿命工程化实现方案包括：① 对空心阴极进行优化

设计,减小放电室功耗,从而降低放电室工作温度,提高放电室和阴极的可靠性和寿命;② 选择耐高温、低出气电磁线圈导线材料,提高电磁线圈寿命和可靠性;③ 空心阴极和挡板采用耐腐蚀的石墨材料;④ 栅极采用 C－C 复合材料,提高栅极抗溅射能力,从而大幅提高栅极寿命。图 7－10 为 LIPS－100 离子推力器工程样机栅极组件实物图。

图 7－10　LIPS－100 离子推力器工程样机栅极组件实物图

7.4.2　试验验证及总结

1. 推力调节控制算法验证及优化试验

在 LIPS－100 离子电推进系统层面,推力连续调节的实现首先需要利用在离子推力器上获得的推力宽范围调节关系建立控制算法;其次需要有高精度参数可调供电单元和推进剂比例调节单元的支持;最后在基于推力控制算法的控制单元协调控制下,通过对供电电源相关输出电参数和推进剂比例调节单元输出流率的连续调节,实现离子推力器推力的连续调节。

该控制方案的控制系统包括两个开环控制系统以及一个闭环控制系统。采用开环模式进行推力的粗调节;采用闭环模式快速调节,提供一个高精度、快速响应的微小推力调节。

推力调节试验是建立数学模型的基础,而控制数学模型是确定控制算法的必要条件。各个阶段相互独立,却又相互联系。图 7－11 为 LIPS－100 离子推力器工程样机控制算法设计流程图。

以图 7－11 为基础,开展了多轮次推力调节控制算法验证及优化试验,如图 7－12 所示为首次开展推力调节控制算法验证试验结果。

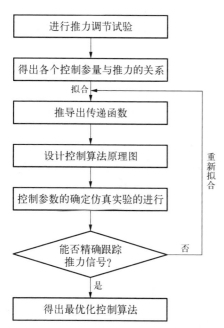

图 7－11　LIPS－100 离子推力器工程样机控制算法设计流程图

2. C－C 复合材料栅极工作性能验证

以 C－C 复合材料栅极组件为基础开展了 LIPS－100 离子推力器工程样机工

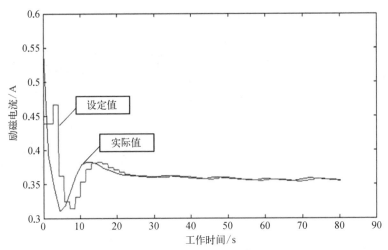

图 7 - 12　LIPS - 100 离子推力器工程样机首次推力调节控制算法摸底试验结果

作性能验证,主要对该栅极组件的耐电压能力、束流引出能力及其稳定性进行了测试与优化。图 7 - 13~图 7 - 15 为相关测试结果。

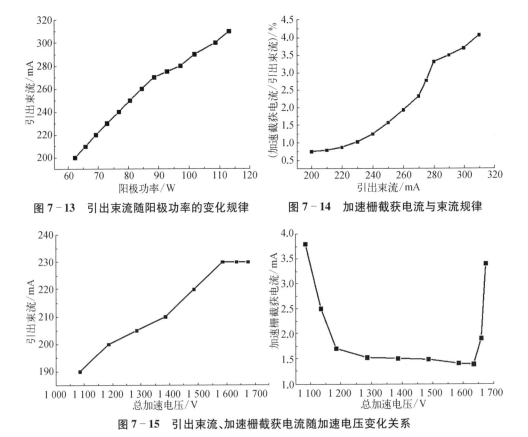

图 7 - 13　引出束流随阳极功率的变化规律　　图 7 - 14　加速栅截获电流与束流规律

图 7 - 15　引出束流、加速栅截获电流随加速电压变化关系

3. 抗力学性能验证及优化试验

以提高整机抗力学性能为目标，对栅极组件开展了三轮次改进优化，改进优化通过数值分析与试验验证相结合的方式开展，主要通过调整栅片厚度、拱高等栅极结构参数，在不影响整机工作性能的情况下提高栅极组件抗力学性能。图 7－16 和图 7－17 分别为 LIPS－100 离子推力器工程样机整机模态分析结果及屏栅、加速栅冲击响应分析结果。

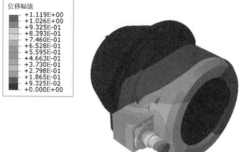

图 7－16　LIPS－100 离子推力器工程样机模态分析结果

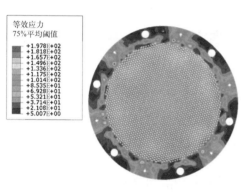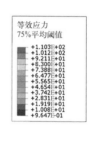

(a) 屏栅

(b) 加速栅

图 7－17　屏栅和加速栅冲击响应分析结果

4. 热真空性能测试及优化试验

LIPS－100 离子推力器工程样机热真空条件：① 试验温度区间为 −80~100℃；② 循环次数为 6.5 次。按照整机热设计方案，对供电导线、电连接器及栅极组件等热敏感元器件采取必要的热防护措施后，对 LIPS－100 离子推力器工程样机的高、低温启动性能和连续稳定工作性能进行了测试，测试结果显示，在额定供电、供气条件下，推力器引出束流满足设计要求，工作性能正常。

5. 空心阴极寿命短期考核试验

鉴于 LIPS－100 离子推力器工程样机所选空心阴极的设计充分继承了 LIPS－200 离子推力器空心阴极相关技术，而 LIPS－200 离子推力器空心阴极在小子样地面长寿命考核试验中已累计工作达 20 042 h，工作状态正常。因此，LIPS－100 离子推力器工程样机空心阴极短期寿命考核试验主要以考核加热丝在大加热电流下多次反复开关机性能为目标。参试的空心阴极分别采用主阴极模式、中和器模式，两种模式下开关机试验均采用点火成功后持续放电 1 min、冷却 20 min 为一次试验循环的方式,每1000次点火为一个试验周期。图7-18为试验阴极在第四周期内的加热电压随点火次数的变化情况。

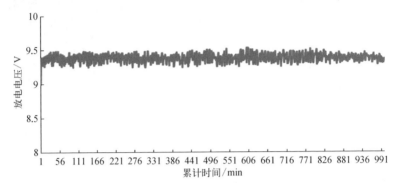

图7-18　试验阴极在第四周期内的加热电压随点火次数的变化情况

试验结果显示:试验过程中空心阴极性能整体保持稳定,点火时间、阳极电压等关键性能参数基本不变,产品性能符合工程应用需求。

6. 试验总结

LIPS-100离子推力器工程样机研制结果表明,产品工作性能全面满足技术指标要求,推力宽范围连续可调控制算法得到了有效验证,整机抗力学性能及热特性满足工程应用需求,整机接口尺寸全面满足总体需求。

7.5　LGA-100C组件产品研制

7.5.1　LGA-100C组件产品研制要求与设计

1. 研制要求

LGA-100C为碳材料、双栅极组件产品,其研制要求见表7-2。

表7-2　LGA-100C组件产品研制要求

序　号	名　　称	单　　位	研制要求
1	束流直径	mm	$\phi110$
2	束电压	V	1100(1±5%)
3	束流	mA	300
4	束流发散角	(°)	≤30(包含90%束流条件下)
5	束流平直度	—	≥0.4

2. 产品设计

LGA-100C碳栅极组件主要由屏栅、加速栅、屏栅安装环、加速栅安装环、绝缘支撑组装而成,如图7-19所示,其中栅极组件采用平面栅片设计。

(a) 屏栅

(b) 加速栅

(c) 栅极组件

图 7－19　LGA－100C 碳栅极组件

LGA－100C 碳栅极组件采用了 C－C 复合材料研制方案,其中栅极结构为平面双栅,屏栅和加速栅厚度为 0.6 mm,开孔形式选为均匀孔径,屏栅透明度为 67%,加速栅透明度为 23%,双栅间距为 0.9 mm。栅孔为六角阵列排布,因此碳纤维丝束呈[0°/+60°/-60°]方位角交叉编织,每个交叉点上下有两层碳纤维束,如图 7－20 所示。双栅碳纤维丝束截面均可近似为规则多边形,用碳纤维丝束截面积除以碳纤维单丝横截面积获得碳纤维的选型,经计算取整可得:屏栅碳纤维丝束中的纤维根数为 1 000 根,即 1K 碳纤维;加速栅碳纤维丝束中的纤维根数为 3 000 根,即 3K 碳纤维。激光成孔作为无接触加工技术,用高能量聚焦光点熔化或气化材料形成微孔,具有成孔速度快、效率高、无工具损耗、加工表面质量高等特点,特别适合在硬、脆、软材料上进行多数量、高密度的群孔加工。因此,为避免毛刺与撕裂、分层缺陷和孔壁表面损伤等缺陷问题,LCA－100C 碳栅极组件采用激光高精度密集阵列成孔工艺加工。

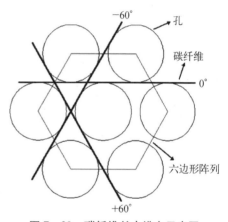

图 7－20　碳纤维丝束排布示意图

7.5.2　LGA－100C 组件产品验证

1. 组件级验证

采用三维轮廓仪测量 LGA－100C 碳栅极组件的几何参数和栅孔轮廓。图 7－21 为栅极表面和栅孔测量结果(放大倍数均超过 60 倍),从栅面可以看出碳纤维编织痕迹,表明在非开孔区域碳纤维布局基本均匀,从而可以保证带电均匀和较好的力学性能;从栅孔来看,大部分栅孔外形轮廓呈平滑圆形,质量较好。由于 CVD 沉积不均匀会导致激光产热很快传递到小孔侧面和表面而形成缺陷,测量过程中发现少数栅孔出现这一现象。另外还有极少量碳纤维丝伸出,可形成尖端放电,导致双栅击穿,但通过试验证明栅极击穿过程中能量极高,可以将该少数碳纤维气化。总体来看,激光是在碳/碳复合材料上成孔的有效手段,为了减少击穿现象,后续建议在装配前对栅极进行高能离子轰击预处理。

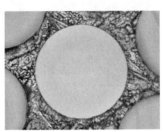
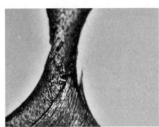

(a) 栅面突出纤维丝   (b) 纤维编织痕迹   (c) 孔壁开裂纤维丝

图 7 - 21   栅极表面和栅孔检测结果

在以上测量的基础上,随机选择栅孔进行孔径、孔间距测量,统计偏差绝对值均在±0.017 mm 范围内,其中孔径测量值与设计值最大偏差为 0.017 mm,测量孔间距与设计值最大偏差为 0.015 mm。考虑三维轮廓仪精度,孔径、孔间距加工偏差在±0.02 mm 范围内,达到几何参数设计要求。组件级验证结果如表 7 - 3 所示。

表 7 - 3   LGA - 100C 碳栅极组件级验证结果

序　号	验 证 项 目	验 证 情 况
1	栅孔孔径精度测量	栅孔孔径精度±0.05 mm
2	栅极平面度测量	平面度≤0.3 mm
3	栅间距测量	屏栅与加速栅间距 0.9±0.05 mm
4	栅孔对中性测量	中心孔偏移距离:l_X≤0.10 mm, l_Y≤0.10 mm X 方向上边缘孔偏移距离:l_Y≤0.10 mm Y 方向上边缘孔偏移距离:l_X≤0.10 mm
5	栅极绝缘性能测试	大气下绝缘测试仪 500 V 档,阻值≥50 MΩ 真空下绝缘测试仪 2 500 V 档,阻值≥50 MΩ

2. 性能试验验证

配合 LIPS - 100 离子推力器对 LGA - 100C 碳栅极组件进行了离子引出性能试验。图 7 - 22 为引出束流随阳极功率的变化规律,试验证明束流随输入阳极功率增大呈上升趋势,并具备一定线性特征。这是由于阳极功率直接关系到放电室内氙离子密度,随着功率持续增大,等离子体密度相应增加,引出束流随之上升,图中峰值束流为 310 mA。图 7 - 23 为加速栅截获电流与束流的比值随束流的变化关系,可以看出,当离子推力器总加速电压为 1.3 kV 时,随着引出束流在 200 ~ 310 mA 范围内变化,束流聚焦关系向欠聚焦转变,并且和加速栅碰撞产生的截获电流仍然较小。随着引出束流的增加,电离室内等离子体密度相应增加,引起鞘层厚度变小且平坦,栅极导流系数降低,部分栅孔引出束流处于欠聚焦状态,加速栅截获电流同步增大。加速栅截获电流与引出束流之比应选取在 1%~2%,该栅间距下合适的引出束流应在 225~265 mA。

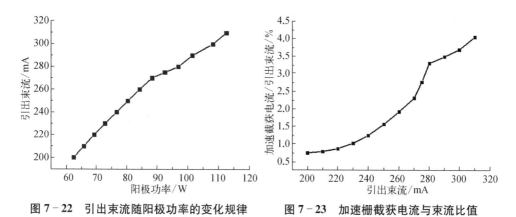

图 7‑22　引出束流随阳极功率的变化规律　　　图 7‑23　加速栅截获电流与束流比值随束流变化关系

金属钼的安全电场为 40~50 kV/cm,碳/碳复合材料的安全电场为 23~35 kV/cm。显然,碳/碳复合材料耐电压性能略差,因此,在试验中保证束流引出的条件下,进行双栅耐电压研究:每 100 V 为一个步长,每个步长维持 10 min,从 1 100 V 至 1 500 V 逐步增加屏栅电压,观察束流引出情况。试验结果表明:当屏栅电压增加至 1 500 V 时,双栅首次出现击穿现象,重复数次依然出现击穿。在 1 450~1 500 V 之间每 10 V 为一个步长,当屏栅电压至 1 490 V 时没有出现击穿,具备可重复性。因此认为 LGA‑100C 碳栅极组件双栅之间安全电场为 18.6 kV/cm,这与栅极表面质量存在直接关系,在后续研制工作中将对栅极表面质量控制做专项研究。

图 7‑24 为引出束流、加速栅截获电流随总加速电压变化关系。试验中加速

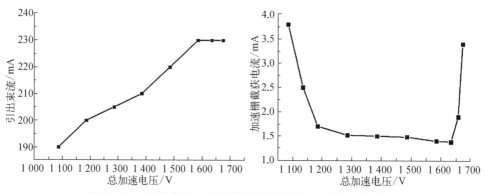

图 7‑24　引出束流、加速栅截获电流随总加速电压变化关系

栅电压维持-185 V不变,屏栅电压在1 100~1 490 V范围内调节。试验结果表明:随着加速电压增加,束流呈上升趋势,当屏栅电压加至1 400 V时,束流基本保持不变;加速栅截获电流呈"马蹄形"。两者结合来看,屏栅电压在900~1 100 V时,加速栅截获电流较大,在该范围内存在欠聚焦现象;屏栅电压在1 100~1 450 V时,加速栅截获电流很小,处于理想聚焦状态;屏栅电压在1 450~1 490 V时,加速栅截获电流迅速增大,出现过聚焦现象。

图7-25为束流密度分布测试结果,300 mA工况下的峰值束流为4.70 mA/cm²;平均束流密度为2.25 mA/cm²;束流平直度为0.48。此外,用发散角测量装置测量了LGA-100C碳栅极组件束流发散角,测量发散角为24.1°。

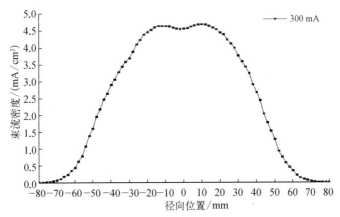

图7-25   LGA-100C碳栅极组件束流密度分布

目前完成了小尺寸碳/碳复合材料栅极原理样机的研制,各项参数基本达到预期。后续工程化研制及应用还有大量工作要做。

参考文献

郭德洲,顾左,张天平,等.2017.碳/碳复合材料长寿命栅极组件最新研究进展[C].北京:第十三届中国电推进学术会.

郭德洲,顾左,郑茂繁,等.2016.离子推力器碳基材料栅极研究进展[J].真空与低温,22(3):125-131.

胡竟,杨福全,代鹏,等.2018.0.5 kW连续变推力离子推力器设计与力学特性研究[C].长沙:第十四届中国电推进学术会.

鲁晓进,杨福全.2018.离子推力器挡板通道等离子体模型研究进展[J].真空与低温,24(3):157-161.

席竹君,杨福全,高俊,等.2017.励磁电流对离子推力器推力变化影响研究[J].真空与低温,23(2):98-101.

杨福全,王蒙,郑茂繁,等.2017.10 cm离子推力器放电室性能优化研究[J].推进技术,38(1):235-240.

杨福全,郑茂繁,杨威,等.2015.用于无拖曳飞行航天器的 LIPS‐100 离子推力器研制[C].北京:小卫星技术交流会.

张天平,杨福全,李娟,等.2020.离子电推进技术[M].北京:科学出版社.

张天平.2015.兰州空间技术物理研究所电推进新进展[J].火箭推进,41(2):7‐12.

第8章
离子电推进电源处理单元产品研制

8.1　电源处理单元产品概述

电源处理单元(PPU)是离子电推进系统的主要组成部分,电源处理单元是一个相对复杂的二次电源变换设备,它将航天器的太阳能电池母线电压转换为电推进系统的推力器需要的各种电压和电流,是电推进系统稳定、可靠工作的基础。

根据离子电推进系统的不同型号推力器的供电要求,电源处理单元的内部功能电源配置一般包括 10 个功能电源:① 阴极加热电源;② 阴极触持极电源;③ 阴极点火电源;④ 阳极电源(也称放电室电源);⑤ 中和器阴极加热电源(简称中加热电源);⑥ 中和器触持极电源(简称中触持极电源);⑦ 中和器阴极点火电源(简称中点火电源);⑧ 加速电源;⑨ 屏栅电源(又称束电源);⑩ 烧蚀电源(通常与阴极加热电源共用)。

对于不同的推力器,电源处理单元的各功能电源配置也有差异,例如,对于工作寿命要求长的推力器,要求电源处理单元提供消除栅极间短路故障的烧蚀电源,因此电源处理单元的功能电源配置需要根据具体的推力器确定。典型离子推力器配套的电源处理单元一般具有加热电源、阳极电源、中和器触持极电源、加速电源和屏栅电源。电源处理单元各功能电源组成示意图见图 8 – 1。

8.2　EP – Ⅰ1000 产品技术要求

8.2.1　功能和性能要求

1. 功能要求

EP – Ⅰ1000 PPU 功能要求包括:

(1) 具备供电输入及各路供电输出控制功能。通过控制信号,实现对一次母线供电输入及部分供电输出的开关控制;

(2) 在检测到中和器灭弧后,具备自动关断加速电源和屏栅电源的内部互锁功能;

(3) 具备输出保护及恢复功能。在供电负载异常后,对输出进行保护,在负载

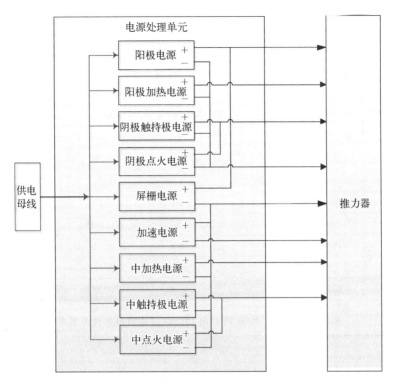

图 8‑1　电源处理单元各功能电源组成示意图

正常后自动恢复供电；

（4）具备各电源输出参数遥测功能。除点火电源外,需提供各电源输出的遥测信号；

（5）可根据用户要求具备 1553 总线通信功能；

（6）可根据用户要求具备 PPU 自主运行和控制功能；

（7）提供 PPU 在星上安装的机电热接口。

2. 性能指标要求

EP‑Ⅰ1000 PPU 主要技术指标要求见表 8‑1,各功能电源输出参数性能要求见表 8‑2,各功能电源带载能力要求见表 8‑3 和表 8‑4。

表 8‑1　EP‑Ⅰ1000 PPU 主要技术指标要求

序　号	名　　称	单　位	额　定　值
1	输入(母线)电压范围	V	100±5
2	输入拉偏范围	V	100±10
3	额定输入最大功率	W	1 250
4	拉偏输入最大功率	W	1 360

序　号	名　　称	单　位	额　定　值
5	效率	%	≥85
6	额定单台 PPU 热耗	W	≤183
7	最大单台 PPU 热耗	W	≤200
8	单台质量	kg	10.5(−0.4，+0.1)
9	工作温度范围	℃	−15~50
10	单台 PPU 在轨 15 年可靠性	—	≥0.98
11	工作时间	kh	≥22
12	开关机次数	次	≥12 000
13	本体尺寸	mm	300×158×252
14	最大外轮廓	mm	340×162×276
15	电路对壳体绝缘电压	VDC	≥2 500 V/1 min，漏电流小于 1 mA

表 8-2　EP-I 1000 PPU 各功能电源输出参数性能要求

序号	名　　称	输出特性	额定输出	稳定度	备　　注
1	屏栅电源	稳压	1 000 V/800 mA，额载阻性电压纹波≤5%	1 000V±5%	过流保护值 1.3~1.8 A，互锁关断互锁时间不大于 5 ms
2	加速电源	稳压	−185 V/8 mA（额定状态）额载阻性电压纹波≤5%，不高于−150 V/500 mA（启动束流时）	−185 V±7%	过冲下限电压不高于−150 V
3	阳极电源	稳流	开路电压≥50 V，Ⅰ档稳流：2.6 A/23 V~32 V；Ⅱ档稳流 4.4 A/35 V~46 V	Ⅰ档 2.6 A±5%；Ⅱ档 4.4 A±5%	—
4	阴极触持电源	稳流	开路电压≥50 V，输出稳流 0.6 A/16 V~20 V	0.6 A±5%	—
5	中和器触持电源	稳流	开路电压 60~70 V，输出稳流 1.6 A/24~30 V	1.6 A±5%	—
6	阴极点火电源	脉冲	开路电压 900~1 100 V/脉宽不小于 5 μs	—	两个点火脉冲时间间隔为 10~20 s
7	中和器点火电源	同上	同上	—	—
8	阴极加热电源	稳流	稳流 7.5 A/11~21 V	1%~1.5%	输出电流可通过指令调整在 3.5~4.5 A
9	中和器加热电源	同上	同上	同上	同上
10	烧蚀电源	同阴加	同阴加	同阴加	通过烧蚀切换开关实现

表 8 - 3　EP‐I 1000 PPU 各恒流源带载能力要求

电源名称	额定电流/A	额定阻值（取整）/Ω	额定负载变化范围/Ω		拉偏（取整）/Ω		额定输出/V	输出拉偏电压/V	
			−10%	+10%	拉偏下限	拉偏上限		下限	上限
阳极	4.4	9.5	8.55	10.45	8	11	41.8	35.2	48.4
阴触	0.6	33	29.7	36.3	27	37	19.8	16.2	22.2
中触	1.6	17	15.3	18.7	15	19	27.2	24.0	30.4
电源	额定电流/A	额定阻值（取整）/Ω	额定负载变化范围/Ω		拉偏（取整）/Ω		额定输出/V	输出拉偏电压/V	
			−30%	+30%	拉偏下限	拉偏上限		下限	上限
加热	7.5	2.15	1.5	2.8	1.5	2.8	16.1	11.3	21.0

表 8 - 4　EP‐I 1000 PPU 各恒压源带载能力要求

电源名称	额定电压/V	负载变化范围/A		额定输出/V	输出拉偏电压/V	
		下限	上限		下限	上限
屏栅	1 000	0.72	0.88	1 000	950	1 050
加速	185	0.002	0.012	185	172	198

母线电压、负载等拉偏条件下，屏栅电源各模块过流保护阈值位于 1.3~1.8 A 之间，各稳流源实际最大输出电流不得超过以下值：中和器加热电源、阴极加热电源不超过 8.0 A；中和器触持电源不超过 2.3 A；阴极触持电源不超过 0.9 A；阳极电源 1 不超过 3.1 A；阳极电源 2 不超过 2.9 A。

屏栅电源和加速电源的输出电压的精度控制在稳定度范围内，精度指标由单机承制方依据稳定度范围进行分配。阴极加热电源、阴极触持电源、中和器加热电源、中和器触持电源、阳极电源的输出电流为可调电流，但其额定输出电流应与基准设定数字量（不超过 2 位）对应。

8.2.2　接口要求

1. 安装接口

安装孔：8×Φ4.5 mm；屏栅电源模块 4 个安装孔，其他两个模块各 2 个安装孔，安装点间距不小于 30 mm，侧面不设置安装孔。安装面平面度 0.1 mm/100 mm×100 mm，粗糙度不大于 3.2 μm。

2. 接地关系

PPU 须使用接地桩与卫星结构实现电搭接，接地桩应按图 8 - 2 所示的方式设计，接地桩应易于操作，并应留有足够的操作空间（接地桩轴线离安装面距离为 10~50 mm），以便总装操作的实施。接地桩与产品外壳的连接应采用粘固的防松措施，不能在总装过程中出现松动。螺杆应可靠固定在机壳上，提

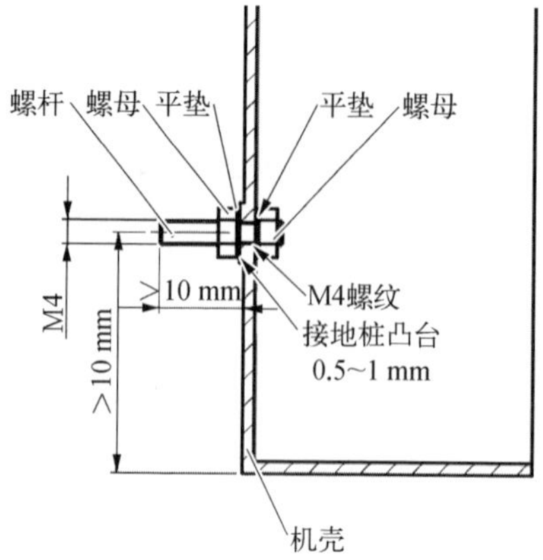

图 8 - 2　接地桩典型设计示意图

供 1 个标准螺母和平垫,螺杆、螺母、平垫均镀金。

设备接地桩和电连接器、设备壳体之间搭接电阻不超过 10 mΩ。与电推进分系统相关的共有四个地:100 V 母线地、离子推力器公共地、分系统控制信号地和机壳地。这些地的连接关系分别为:① 一次电源(100 V 母线)地直接接一次电源回线;② 电源处理单元输出地接离子推力器公共地;③ 控制与检测信号地与分系统控制信号地相接;④ 机壳地以搭接方式与整星结构地相连接。

3. 电接口

一次母线供电输入电压 100 V,母线供电接通和断开由电推进控制单元驱动。

PPU 输出到推力器的各路电源应采用耐压不低于 2 500 V_{DC} 且满足对应功率需求以及相关标准的电缆、电连接器或接线端子。

4. 遥控接口

卫星控制系统可通过 1553 总线对 PPU 进行各功能的时序控制,也可通过矩阵指令对 PPU 各功能电源实施加断电的时序控制,表 8 - 5 给出了以矩阵指令为列的遥控指令列表。PPU 的控制指令接口可使用矩阵指令以减少实际连线数量,在矩阵指令的行列安排上需进行优化以保证可靠性(采用 4 行×16 列的矩阵指令)。

表 8 - 5　PPU 矩阵指令遥控指令表

序号	接口名称	指令路数	接口指令类型	备　注
母线输入通断				
1	100 V 母线控制开关接通	1	矩阵指令	28 V,128 ms,磁保持型
2	100 V 母线控制开关断开	1	矩阵指令	28 V,128 ms,磁保持型
3	100 V 母线安全开关接通	1	矩阵指令	28 V,128 ms,磁保持型
4	100 V 母线安全开关断开(直接指令)	1	直接离散指令	28 V,256 ms,磁保持型
模块电源开关				
5	阴极加热电源开通控制	1	矩阵指令	28 V,128 ms,磁保持型
6	阴极加热电源关断控制	1	矩阵指令	28 V,128 ms,磁保持型
7	中和器加热电源开通控制	1	矩阵指令	28 V,128 ms,磁保持型
8	中和器加热电源关断控制	1	矩阵指令	28 V,128 ms,磁保持型
9	阳极电源 I/阴极触持开通控制	1	矩阵指令	28 V,128 ms,磁保持型

续　表

序号	接口名称	指令路数	接口指令类型	备注
10	阳极电源 I/阴极触持关断控制	1	矩阵指令	28 V,128 ms,磁保持型
11	阳极电源 II 开通控制	1	矩阵指令	28 V,128 ms,磁保持型
12	阳极电源 II 关断控制	1	矩阵指令	28 V,128 ms,磁保持型
13	屏栅 A 电源开通控制	1	矩阵指令	28 V,128 ms,磁保持型
14	屏栅 A 电源关断控制	1	矩阵指令	28 V,128 ms,磁保持型
15	屏栅 B 电源开通控制	1	矩阵指令	28 V,128 ms,磁保持型
16	屏栅 B 电源关断控制	1	矩阵指令	28 V,128 ms,磁保持型
17	屏栅 C 电源开通控制	1	矩阵指令	28 V,128 ms,磁保持型
18	屏栅 C 电源关断控制	1	矩阵指令	28 V,128 ms,磁保持型
19	阴极点火电源开通控制	1	矩阵指令	28 V,128 ms,磁保持型
20	阴极点火电源关断控制	1	矩阵指令	28 V,128 ms,磁保持型
21	中和器点火电源开通控制	1	矩阵指令	28 V,128 ms,磁保持型
22	中和器点火电源关断控制	1	矩阵指令	28 V,128 ms,磁保持型
DC/AC 输出调节数字控制指令				
23	6 路数据继电器(J0a~J5a)接通指令	6	矩阵指令	28 V,128 ms,磁保持型
24	6 路数据继电器(J0a~J5a)关断指令	6	矩阵指令	28 V,128 ms,磁保持型
25	1 路数据使能继电器(J6a)接通指令	1	矩阵指令	28 V,128 ms,磁保持型
26	1 路数据使能继电器(J6a)关断指令	1	矩阵指令	28 V,128 ms,磁保持型

5. 遥测接口

除阴极点火电源和中和器点火电源外,其他电源需有输出电压遥测信号或输出电流遥测信号,遥测信号电压范围 0~5 V,对于有精度要求的模拟量输出阻抗不大于 5 kΩ,对于无精度要求的状态量输出阻抗不大于 20 kΩ,遥测信号如表 8-6 所列。遥测信号由 PPU 内部进行测量采集、整流滤波处理并通过接口电路转换为 0~5 V 的模拟电压信号从 PPU 输出。屏栅电源的电压和电流等 7 路遥测有精度要求,其他电源的电压和电流遥测值均为工作状态的表征量,即遥测值大于 1 V 为有输出,小于 0.5 V 为无输出。

表 8-6　遥测信号及精度要求

序号	参数名称	信号类别	路数	精度要求
1	屏栅电源输出电压	模拟量	1	2%
2	屏栅电源输出电流	模拟量	1	1%

续　表

序号	参　数　名　称	信　号　类　别	路　数	精度要求
3	加速电源输出电流	模拟量	1	1%
4	阳极电源输出电压	模拟量	1	2%
5	阳极电源输出电流	模拟量	1	1%
6	中和器加热电源输出电流	模拟量	1	1%
7	阴极加热/烧蚀电源输出电流	模拟量	1	1%
8	阴极触持电源输出电流	模拟量	1	5%
9	中和器触持电源输出电流	模拟量	1	5%
10	DC/AC 输出电压	模拟量	1	5%
11	100 V 母线控制开关状态	状态量	1	—
12	100 V 母线安全开关状态	状态量	1	—
13	100 V 母线电压状态	状态量	1	—
14	屏栅 A、B、C 电源/加速电源开关机状态	状态量(电阻网络)	1	—
15	阴极和中和器点火电源开关开关机状态	状态量(电阻网络)	1	—
16	DC/AC 输入开关状态	状态量	1	—
17	DC/AC 输出通断状态	状态量	1	—
18	阴极加热/烧蚀电源开关机状态	状态量	1	—
19	中和器加热电源开关机状态	状态量	1	—
20	阳极电源 1 档/阴极触持电源开关机状态	状态量	1	—
21	阳极电源 2 开关机状态	状态量	1	—
22	第一组数据继电器状态(J1~J3)	状态量(电阻网络)	1	—
23	第二组数据继电器状态(J4~J6)	状态量(电阻网络)	1	—
24	数据使能继电器状态(J7)	状态量	1	—

PPU 遥测信号的回线配置数量至少达到: 6 路遥测信号不少于 1 条回线,PPU 内部遥测信号地和一次及二次电源地隔离。

6. 热接口

除安装面外,产品表面应作黑色阳极化处理,$\varepsilon_H \geqslant 0.85$;工作时发热量≤180 W(工作温度范围内),气/电拉偏工况下,工作时发热量≤200 W(输入功率为 1 330 W)。

热控措施需要由卫星总体实施的部件,设计时应预留加热片和温度测量探头的安装位置。

工作温度为-15~50℃;验收温度为-25~60℃;贮存温度为-25~60℃;启动温度为-25~60℃。

8.2.3　环境适应性要求

1. 力学环境

主要包括加速度试验、正弦振动试验、随机振动试验、冲击试验等,具体试验条件与 LIPS‑200 离子推力器类似(见 5.1.5 小节)。

2. 热真空试验条件要求

热真空试验条件如表 8‑7 所列。

表 8‑7　热真空试验条件

参　数	鉴定试验条件	验收试验条件
环境压力	$\leqslant 6.65\times10^{-3}$ Pa	$\leqslant 6.65\times10^{-3}$ Pa
低温	$-35℃$	$-25℃$
高温	$+70℃$	$+60℃$
平均温度变化率	平均$\geqslant1℃/min$,至少应$>0.5℃/min$	平均$\geqslant1℃/min$,至少应$>0.5℃/min$
保温时间	$\geqslant4$ h	$\geqslant4$ h
循环次数	100 次,工作时间不小于 1 500 h	12.5 次

3. 热循环试验条件要求

热循环试验条件如表 8‑8 所列。

表 8‑8　热循环试验条件

参　数	鉴定试验条件	验收试验条件
低温	$-35℃$	$-25℃$
高温	$+70℃$	$+60℃$
变温速率	$3\sim5℃/min$	$3\sim5℃/min$
保温时间	$\geqslant4$ h	$\geqslant4$ h
循环次数	6.5 次	3.5 次

4. 老炼试验条件要求

老炼试验条件如表 8‑9 所列。

表 8‑9　老炼试验条件

高温浸泡老炼	高温	$+70℃$
	试验时间	180 h
	环境压力	$\leqslant 6.65\times10^{-3}$ Pa
温度循环老炼	低温	$-25℃$
	高温	$+60℃$

续　表

温度循环老炼	平均温度变化率	3~5℃/min
	保温时间	4~12 h
	循环次数	不少于18.5次
	试验时间	300(包含升降温和温度保持时间)
	环境压力	≤6.65×10^{-3} Pa

5. 抗辐照要求

PPU 抗辐照总剂量(TID)要求需按卫星总体提供的辐照剂量深度表和产品安装位置进行计算,在进行抗辐射分析和计算时,对电源处理单元内部辐照敏感元器件进行逐个分析,产品内部辐照剂量一般采用半空间方向进行估算,将元器件作为中心点,将不同材料的厚度等效为铝厚度。按照电源处理单元的辐照环境计算每个元器件在全寿命周期内的辐照剂量,由元器件实际的辐照能力计算辐照裕度,要求每个元器件的抗辐射能力与实际到达元器件表面的辐照剂量比值不小于2。

6. EMC 要求

PPU 各输出电源均应采取适当的屏蔽措施,减少对离子电推进系统自身以及周围星上其他仪器设备带来的电磁干扰,PPU 应按照卫星总体提供的 EMC 测试条件完成并通过相应项目测试。

8.3　EP - I 1000 产品设计

8.3.1　总体电路设计

PPU 各路电源输出供电功率大小不一,输出电压高低不同,并且差异较大,如果将各路电源均使用独立的 DC/DC 变换器来实现,会使产品的体积和质量较大。所以通过对各路电源输出特性的分析,在 PPU 设计中对不同电源进行了分解或整合,实现以最小的电路组合完成产品整体功能和性能要求,总体电路设计如下:

(1) 将屏栅电源分解为三个电源模块(每个输出电压为 500 V,正常工作时其中一个为冷备份状态),每个屏栅电源模块附带一个加速电源;

(2) 阴极加热电源、中和器加热电源、阴极触持电源、阴极点火电源、中和器触持电源、中和器点火电源以及阳极电源由同一个 DC/AC 电源模块统一供给,烧蚀电源与加热电源共用,通过继电器进行选择切换。

最终设计的 PPU 总体电路由屏栅、加速电源和 DC/AC 多路稳流电源组成,考虑到电源模块的有效备份,三个屏栅电源为输出串联形式,即采用 3 取 2 的备份方式,而三个加速电源为输出并联形式,采用 3 取 1 的备份方式,PPU 电路组成结构示意图见图 8 - 3。PPU 中对屏栅电源进行了冗余设计,以提高关键电路的可靠性。为保证整个产品的 EMC 性能满足要求,PPU 在一次母线输入端配置总输入滤波电路。采用高耐压变压器,实现功率变换和采样电路的磁隔离,以保证高压输出端与一次母线的耐压隔离要求。对大功率发热器件采用直接安装在机壳底面的方式,确保最短和最有效的散热途径,保证产品的可靠性和寿命。

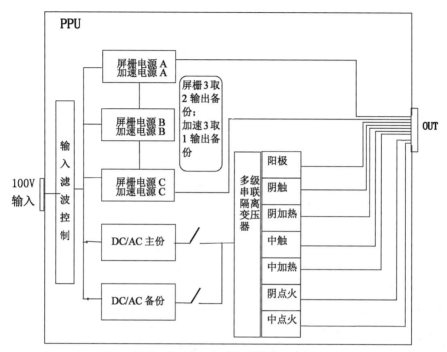

图 8-3　PPU 电路组成结构示意图

8.3.2　屏栅电源/加速电源设计

PPU 的屏栅电源输出电压高达 1 000 V,额定输出功率为 800 W,为降低单个电源的输出电压和输出功率,将屏栅电源分解为 2 个独立的电源,将其输出端串联组成屏栅电源,每个电源的输出电压降为 500 V,在设计中采用 3 取 2 的方式输出供电,其中一个作为备份,这样将单个模块的额定输出功率降低为 400 W,有利于单个电源的设计和实现,增加产品的可靠性。

由于加速电源的额定功率很小,因此将加速电源整合在屏栅电源内部,利用屏栅电源主变压器的辅助绕组实现加速电源的输出,三个屏栅电源包含三个加速电源,各加速输出为并联状态,设计为 3 取 1 的备份方式。

屏栅/加速电源整体包含屏栅模块 A、B、C 三部分,单个屏栅/加速电源模块采用全桥功率变换方式,为了满足屏栅电源大功率输出要求,屏栅电源的输出采用桥式整流,而加速电源的输出使用全波整流形式。

屏栅电源模块 A、B、C 输出连接关系为串联形式,串联后共用一个共模电感和电压、电流遥测电路,加速电源输出通过在各输出端串联一个隔离二极管将加速 A、B、C 输出并联。

屏栅电源/加速电源为稳压输出,根据屏栅电源和加速电源负载变化范围较小的特点,设计了电压前馈的稳压方式。稳压信号从输入电压端取电压信号,经过分压后送入 PWM 的误差放大器比较端,再通过反馈电阻补偿实现对输入电压变化的调整,保证了在输入电压变化时,将输出电压的变化控制在要求的范围内。

考虑到长期工作过程中屏栅电压输出会受到热影响,通过进行分析识别温度系数影响关键点,确保全寿命全温度范围下单机性能。反馈稳压电路中的分压电阻,选择具有温度系数小的电阻器,减小其温度漂移特性对分压后的取样电压的影响。

由于加速电源输出电流很小,为了保证 7% 的稳定度,设计中采用输出端并联电阻作为固定负载的方式,提高加速电源的输出功率,使加速电源在整个工作温度范围内满足稳定度要求。

屏栅/加速电源设计中,为了充分利用变压器,当输入母线在最低的 95 V 时,PWM 驱动脉冲接近 50% 的全宽输出,此时单个屏栅电源输出电压约 500 V,当输入电压为 100~105 V 时,由于前馈稳压电路的作用,将驱动脉冲宽度变窄,使输出电压控制在 500 V 左右。如果单个屏栅电源控制电路由于单个器件失效,导致前馈稳压电路失效,最坏情况下母线为 105 V 时,单个屏栅电源 PWM 控制全宽输出,按照比例关系,此时输出电压最高为 550 V,因此,即使两个屏栅电源控制电路失效,屏栅电源总输出最高不超过 1 100 V,是额定输出电压的 110%。对于稳压电源一般要求过压保护为额定输出电压的 1.2 倍即 120%,因此 PPU 屏栅电源设计具有过压保护作用,过压保护特性满足要求。

8.3.3   多路稳流电源 DC/AC 设计

目前对于多路大功率电源的设计,普遍采用一路输出用一个 DC/DC 模块的模块化设计供电结构。图 8-4 给出了传统的大功率多路输出电源所采用的模块化

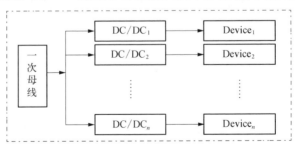

图 8-4   模块化设计供电结构示意图

设计供电结构,并联母线 n 路 DC/DC,每路输出对应一个载荷装置(Device)。显而易见,这种结构包含的模块数量较多,采用这种结构后体积和质量很难实现小型化和轻量化,而且其所使用的元器件数量较多,产品生产制造成本高,而且产品的可靠性是与所使用的元器件数量息息相关。

在一般 DC/DC 电源模块中,实现 DC/AC 部分所占用的元器件数量大约为整个电源所使用元器件数量的90%,而后级 AC/DC 部分的元器件数量只占到10%左右。对离子电推进系统中的 9 路供电电源进行特性分析发现,除屏栅、加速与点火电源外,其余各路均为稳流电源,因此,这几路电源不再按照传统方案进行分模块设计,而是将其 DC/AC 部分合并共用,实现交流功率信号输出,再利用变压器与整流滤波电路实现后级各路输出。其供电结构示意图见图 8-5。

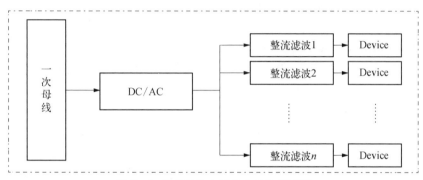

图 8-5　DC/AC 方案供电结构示意图

如上所述,针对多路稳流电源的设计主要分为两部分,首先是实现了交流稳流源的输出,然后通过变压器串联实现后级各路稳流电源的输出。

PPU 设计采用的技术方案是 BUCK 电流反馈电全桥拓扑,这种电路在全桥逆变器前串接了 BUCK 变换器,这在多路输出场合应用中最明显的优点是:可以用一个输入电感取代多个输出电感,这样既降低成本又可节省空间,并且由于输出级都没有输出电感,所以不会出现由于电感电流不连续而造成输出电压剧烈变化的情况,在输出电流大范围变化的情况下,其电压变化最大也只有±5%。

若忽略输出整流管的导通压降和全桥功率管的导通压降,则各路输出电流与 BUCK 调整器输出电流只是简单的变匝比关系。将一个电流互感器接入输出电流回路进行反馈,控制调整 BUCK 晶体管的脉宽,从而调整 BUCK 输出端的电流大小,实现稳流输出。而全桥拓扑中的功率开关管的驱动为固定脉宽占空比,实现对 BUCK 输出电压电流的斩波,从而实现 DC/AC 的转换。

另外,这种拓扑还有一个显著优势,就是无须 BUCK 电路输出滤波电容,因为此处可以认为仍有一个由次级输出电容根据变压器变匝比平方关系折射的当量电容,其滤波功能与同容量实际电容相同。对电路中全桥晶体管不进行脉宽调制,两对斜对角的晶体管以半个周期同时导通,使即将关断的开关对管和即将导通的开关对管短时间重叠导通,两者之间无须保留死区时间,这是由于 L_1 呈现高阻抗,桥路所有的输出、输入接点电压降为零。正是这个高阻抗使桥路的供电源成为恒流源,使全桥拓扑两臂不存在共同导通的问题。同时,该电路也具有较好的输出交叉调节性能和暂态品质,在 20% 以上负载时,其交叉调整率在 ±3% 以内,所有输出端共用一个原边续流电感,使得各输出电感归一化,同时也减少了电感的铜耗。各输出电容并联可提供必要的暂态能量,这种拥有同一电感及并联电容的方式能够使电路具有很好的交叉调整率和暂态响应性能。另外,全桥变压器工作在 I、III 象限,磁芯利用效率高,尺寸可以减小到单极性拓扑结构的一半。

交流稳流源多路输出是通过将各路输出功率变压器初级全部串联接入 DC/AC 输出回路,在交流回路中使用隔离取样方式进行采样,采样信号经整流滤波后送到 PWM 的误差放大器,进行脉冲宽度调整,从而实现稳流作用的。因此,功率变压器的初级电流不随其次级负载端变化,在变压器变匝比一定的情况下,次级电流也就实现了稳流。另外,该电路还有一个特点就是输出电流可以由外部控制信号在一定范围内进行连续可调。而且各路输出电源在额载工作状态下,由变压器初级提供能量,但在空载状态下,空载电压由母线钳位绕组提供,与 AC 端输出电流无关。

PWM 的脉宽调制信号被驱动变压器 T1 和 T2 隔离后驱动两个 MOSFET 管的栅极,控制 MOSFET 的导通和截止,将一次母线(100 V)的电功率通过储能电感和续流二极管变换为电流幅值为 6~8 A 的脉冲功率,提供给变压器隔离电路进行二次功率分配。

全桥拓扑中功率开关管的驱动为固定占空比信号,不需要对其进行调宽,可以使用双 D 触发器为核心器件的分频电路将来自 PWM 的时钟信号等分为两路幅值相等、相位差 180°、占空比 50% 的驱动信号传送给高速功率驱动芯片,最后经驱动变压器隔离电路驱动全桥。

DC/AC 设计中,BUCK 电感输出电压变化范围很大(18~88 V),电感电流保持不变,这对 BUCK 输出电感的设计提出了新的要求,主要技术指标包括:电感量为 170 μH、直流电流为 8 A、交流电流为 0.8 A、最大输出功率为 600 W、工作频率为 100 kHz、工作磁通密度为 0.5T、磁芯材料为高磁通粉末材料、窗口利用系数为 0.3、温升目标为 30℃、电流密度为 800 A/cm³。

多路稳流电源采用 DC/AC 方式设计,实现了 PPU 中五路稳流电源的有效整合,五路电源共用一个 AC 功率源,但这对单路电源的输出调节带来了困难。因此,为了最大限度地减小各路输出相互之间的调节影响,必须对 PPU 与离子推力器的各种工况进行分析。首先确定各个稳流源的输出边界值(加热电源 7.8 A、阳极电源 5.2 A、阴极触持电源 0.7 A、中和器触持电源 1.9 A),再通过对推力器的各种实际工作模式(正常点火模式、大电流加热点火模式、正常电流加热寿命末期模式和大电流加热寿命末期模式)进行分析。

通过数据分析,在 PPU 与推力器工作时,各路电源输出调节分为以下步骤:
① 先注入指令,使阴极加热输出维持在 7.5 A,同时点火成功后阳极 1 档启动电流维
持在 2.6 A,阴极触持维持在 0.67 A(额定 0.6 A),中和器触持维持在 1.83 A(额定
1.6 A);② 成功引束流后,为了使阴极触持和中和器触持电源输出回到额定状态,再
次注入指令,调节 AC 输出电流,同时也将阳极 1 档调至 2.27 A;③ 再开启阳极 2 档
(2.11 A),与阳极 1 档并联输出 4.38 A,这也是正常模式下推力器的额载工作状态。

8.3.4　点火电源设计

根据 PPU 与推力器的连接需求,可知阴极触持电源与阴极点火电源的输出端
连接的是同一负载,同时中和器触持电源与中和器点火电源也连接同一负载。正
常工作时,先由点火电源输出 900~1 000 V 的高压脉冲,将推力器气体工质击穿电
离后产生等离子体,电流源以等离子体为负载继续工作。因此,考虑将两路电流源
及点火电源加以整合,在一个拓扑中实现"点火"和"电流源"的双重功能,以避免
相互切换的过程。具体实现方式为在触持电源输出差模电感上增加一组副绕组,
利用一个 MOSFET 和内部 12 V 电源,通过控制 MOSFET 的短时导通,给副绕组储
能,在 MOSFET 关断的瞬间,在触持输出端产生高压点火脉冲。

通过电路仿真得到,当负载端的等离子体未被击穿时,电流源的输出端开路,
此时触持输出电压稳定在开路电压上。当接收到点火的指令时,中点火电路的开
关管闭合,此时的副绕组电感充电,将能量存储在磁芯中;此后点火电路的开关管
断开,触持电源输出滤波电感续流,使输出端产生高压脉冲信号。电压脉冲信号使
负载端的等离子体击穿后,电流源便可实现闭环稳流输出。这种结构不仅省略两
电源的切换过程,还简化了电源结构。

点火电源仿真结果表明,在开关管导通的 4 ms 时间内,流过副绕组电感的电
流为 6.2 A 左右,当开关管断开的瞬间,触持输出差模电感上产生 950 V 左右的高
压脉冲,点火脉冲在 500 V 水平线上,脉冲宽度达到 5 μs(接 3 kΩ 负载),满足设计
需求。在多次与推力器的点火联试中,该点火方式性能稳定,脉冲一致性极好,性
能指标满足点火设计需求,与仿真结果基本吻合,而且该电路目前已通过 5 万次的
地面点火试验。

考虑到电源需满足整个寿命周期内的可靠工作,对点火电源的控制方式进行
了优化设计,控制器发出点火开机指令后继电器动作一次,点火电源自主进行周期
性脉冲点火动作(周期为 30 s),直至点火成功后执行点火电源关机指令。该动作
由集成电路输出脉冲驱动执行,消除了原设计使用继电器作为开关的反复动作引
起的寿命问题。点火开关机指令由小型磁保持继电器完成,每次工作只需开关 1
次,继电器的寿命为 10 万次,满足 I 级降额要求。

另外,考虑到在点火成功后,可能由于指令问题而造成点火电源未及时关闭,而对推力器产生影响,对此分析认为:在点火成功后触持电源为额载状态,而点火脉冲能量很小,会很大程度地拉低点火脉冲幅度,通过测试,在触持电源额载情况下发送点火脉冲,发现点火脉冲电压被拉低至 25 V,对 PPU 和推力器性能没有影响。

8.3.5　互锁电路设计

根据技术要求规定,当中和器或离子电推进系统发生异常故障时,在中和器触持极电源电流小于 400 mA 时,要求屏栅电源、加速极电源锁定无输出,当故障消除,中和器触持极电源恢复额定工作时,屏栅电源、加速极电源解锁,恢复正常工作。由于一旦中和器灭弧,而屏栅电源和加速极电源均正常工作时,将导致卫星整体带电并且使卫星电位迅速抬高的危险,将严重威胁整星的安全。所以中和器互锁电路非常重要和关键。

中和器互锁电路原理图见图 8-6,由互感器采样中和器触持极电源的输出电流转变为电压信号来控制屏栅电源/加速电源输出。

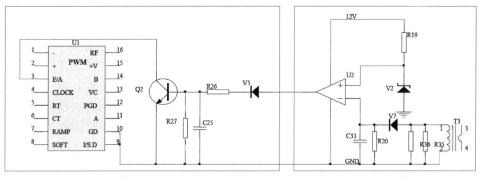

屏栅电源/加速电源　　　　　　　　　　　中和器触持电源互锁电路部分

图 8-6　中和器互锁电路原理图

正常情况下输出额定电流 1.6 A,采样电路输出高电平,运算放大器 U2 输出低电平,屏栅电源/加速极电源的三极管 Q2 处于断开状态,屏栅电源/加速极电源正常输出。当中和器电源异常,输出电流减小至 400 mA 时,电流采样电路输出低电平,屏栅电源/加速极电源三极管 Q2 导通,从而使得 PWM 无输出,最终使屏栅极电源/加速极电源锁定无输出。互锁电路的测试结果表明,当中和器触持电源发生息弧时,该电路可以在 5 ms 的时间内关闭屏栅和加速电源的输出,中断束流引出。

8.3.6　结构设计

由于 PPU 功率大、体积大,通常采用多机框拼接结构,相邻机框通过凸耳连接,组装为一个完整的机箱。结构材料均采用 2A12 铝合金,这种材料强度高、易于加工、质量轻、不易变形,满足使用要求。紧固件选用钛合金材料。考虑到产品的辐射散热,产品除安装平面外,整体进行黑色阳极化处理。

　　产品的单机结构设计采用了高低压电路分离,高压电路采用局部灌封方式保证高压绝缘性能,整体结构由三个单机组成,分别为 DC/AC 控制单机、DC/AC 输出单机和屏栅加速单机。PPU 结构外形示意图见图 8-7。高压电路组件示意图见图 8-8,对功率变压器、整流二极管、滤波电容器和电感器等高压器件进行集中布局,为后续的局部灌封提供独立的区域。

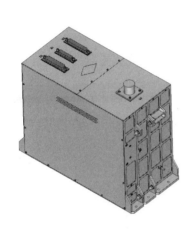 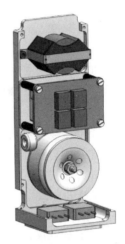

图 8-7　EP-Ⅰ1000 PPU 结构外形示意图　　图 8-8　高压电路组件示意图

　　PPU 机框内部安装了大量的印制板组件、磁性器件、MOSFET 管等功率器件,功率器件安装在机框底部,保证器件的有效散热,达到最好的散热效果。

　　PPU 结构设计中,综合考虑了抗力学性能、散热性能、电磁屏蔽、抗辐照能力以及产品电装工艺等各方面,具体包括以下内容。

　　(1) 为降低产品的质量和增强壳体的强度,产品外壳采用硬铝整体掏铣的方式加工,每个单机两侧有单独的固定耳片,机框内部的承重部分采用加强筋增加刚度,非承重部分采用镂空设计减轻质量。

　　(2) 从电磁屏蔽方面考虑,在各单机间连接处加入止口设计,使单机屏蔽更紧密,既避免了 PPU 内部不同功率及种类的电源之间相互产生电磁干扰,也防止了底部多余物的进入。

　　(3) 从热设计考虑,将电源中使用的功率 MOSFET、变压器、输出整流二极管等发热量大的器件直接安装在机壳底面,为其提供一个最佳的散热途径。由于底部安装面积有限,对于一些功率较小,或短期工作的 MOSFET,则安装在机壳侧壁,通过机壳本体对其进行热传导。

（4）PPU 内部空间的布局应利于工艺走线、捆扎及装配和调试。输入引线和输出引线沿机框两侧分别引出，并在沿途设置的绑扎孔处进行绑扎。

（5）PPU 机箱设计考虑到产品具有高压输出特性，而产品机箱为非密封设计，所以为了机箱内部在真空环境下具有良好的出气性能，在产品机箱上专门设计了出气孔，借鉴 NASA 高压电源设计规范，推荐每 $1\,000\,cm^3$ 空腔体积应有 $2\,cm^2$ 的出气窗口。通过多个型号产品的试验验证，出气孔设计在真空环境中能有效达到排出机箱内气体的目的，保证机箱内部在短时间内达到与环境相同的压强，避免产品内部存在低气压环境。

8.3.7　可靠性设计

1. 元器件降额设计

电源处理单元元器件降额设计依据 GJB/Z35－93《元器件降额准则》的要求，电路设计中所有元器件实行 I 级降额。

电源处理单元元器件降额以负载正常工作时的额定输出状态为依据。电源处理单元共包括两类电源模块和总输入滤波电路（包括 100 V 母线切换控制电路）及输入转接电路。在降额分析中，主要对屏栅/加速电路和 DC/AC 电路类型进行元器件降额分析。此外，对连接器和导线进行单独的降额分析。元器件均满足 GJB/Z35－93 中 I 级降额的要求。

2. 热设计与分析

产品中每一个元器件的可靠性和寿命都是保障整个产品高可靠性和长寿命的基础，而元器件的可靠性和寿命又与它的热设计密切相关，所以电子产品的热设计对产品的可靠性和寿命起到至关重要的作用。而电源处理单元又是一个发热量很大的电子产品，所以它的热设计，或者说主要功率器件的热设计是保证产品高可靠的关键，也是电源处理单元设计中的技术难点。

在电源处理单元各电源内部，绝大部分贴片电阻、电容和部分半导体器件属于低功耗元器件，其功耗均不大于 0.1 W，对这部分器件不采取特殊的散热措施。对大于 0.1 W 的器件在设计中都采取了有针对性的散热方案。电源处理单元产品中，屏栅/加速电源的输出额定功率为 800 W，自身热耗约 68 W。DC/AC 电源单机的额定总功率为 280 W，电源自身总热耗约为 112 W，各路输出整流电路中，阴极加热电源输出最大电流达到了 7.8 A，但每次正常工作的时间不超过 10 min。所以在热分析中以 PPU 中发热量较大的元器件为对象进行了分析。

考虑到 PPU 内部各路电源具有多工作模式特性，PPU 热设计对推进工作模式和全空载模式作进行了热分析。其中推进模式下 PPU 选取最大热耗为 200 W 进行元器件结温分析。热分析利用 Solidworks 建立有限元实体模型，使用 Simulation 有限元分析软件对电源单机进行热分析，热仿真中主要材料的热参数见表 8－10。

根据热分析的结果,将主要发热元器件壳温、结温或热点温度的最高值与实际工作功耗下的 I 级降额温度进行比较,结果证明电源处理单元在热设计中所采取的各散热措施是有效的,各功率器件结温均满足 I 级温度降额设计要求。

表 8-10　主要材料热参数表

序　号	材　料　名　称	导热系数/W/(m·K)
1	铜 T3	385.1
2	铝合金 LY12CZ	121.4
3	铁氧体	4
4	环氧玻璃纤维(FR4)	0.3~0.4
5	导热硅脂	0.50
6	导热垫	3.5
7	硅橡胶	0.25
8	铝基板表面绝缘层	2.2
9	道康宁灌封胶	0.50

3. 抗力学设计与分析

PPU 抗力学分析定义底部安装孔为固定约束,对分析对象的加载均按照鉴定级试验的试验要求进行模拟。建立计算模型时,电路板采用实体单元,并将其上安装的元器件的质量按照均匀分布的载荷加到印制板上,等效密度为 8 000 kg/m³;采用实体网格划分,对分析对象的加载均按照鉴定级试验的试验要求进行模拟。

电源处理单元的结构设计确定后,进行了模态分析和各单机的动态响应分析,通过有限元分析软件进行仿真分析,包括模态分析、动态响应分析,还完成了随机振动响应分析和正弦振动响应分析,得到整机在各种振动工况下的响应应力及响应变形。

通过结构设计和有限元分析模型的详细力学分析验证,设备一阶振型为控制板组件的弯曲振动,基频为 163 Hz。满足总体对电源设备固有频率的要求(大于 140 Hz)。在振动载荷和加速度作用下,结构件和电路板组件的安全裕度 MS≥0,满足材料强度要求。

8.4　EP-I 1000 产品验证

8.4.1　输出伏安特性

对表征电源输出能力的伏安特性曲线进行了专项测试,按照通用电源的测试要求,对每一路输出进行了全负载及拉偏负载条件的测试,通过测试完全掌握了 PPU 每一路输出的负载特性和输出能力,同时为卫星总体更好地了解产品特性和使用好 PPU 提供了详细的实测数据。下面给出 PPU 各电源的输出伏安特性曲线。

1. 阴极加热电源伏安特性

阴极加热电源额定负载 2.2 Ω,阴极加热电源伏安特性曲线如图 8-9 所示,输出负载从短路状态(0 Ω)递增测试到了 4.3 Ω 的 200% 负载。在额定控制状态时,加热电源输出标称 7.5 A,从测试曲线得到,负载从 30%~150%(3.2 Ω)的范围内均能满足电流标称值 ±1% 的要求(7.425~7.575 A),而技术要求在 70%~130%(2.8 Ω)的负载范围内,加热电源输出稳定度要求为 ±1.5%。因此 PPU 的加热电源完全满足技术要求的负载能力,设计裕度达到 1.5 倍。

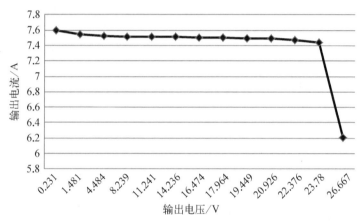

图 8-9   阴极加热电源伏安特性曲线

2. 阳极电源伏安特性

阳极电源额定负载 9.5 Ω,阳极电源输出伏安特性曲线如图 8-10 所示,输出负载从短路状态(0 Ω)递增测试到了 19 Ω 的 200% 负载。在额定控制状态时,阳极电源输出标称 4.4 A,从测试曲线得到,负载从 50%~150%(14.3 Ω)的范围内均能满足电流标称值 ±1% 的要求(4.356~4.444 A),而技术要求在 90%~110%(10.5 Ω)的负载范围内,加热电源输出稳定度要求为 ±1%。因此阳极电源完全满足技术要求的负载能力,设计裕度达到 3.6 倍。

同时可以看到,阳极电源即使在短路状态下,其电流依然稳定,与额定输出相比没有超出 ±3% 的稳定度。

3. 阴极触持电源伏安特性

阴极触持电源额定负载 33 Ω,阴极触持电源输出伏安特性曲线如图 8-11 所示,输出负载从短路状态(0 Ω)递增测试到了 66 Ω 的 200% 负载。在额定控制状态时,阴极触持电源输出标称 0.6 A,从测试曲线得到,负载从 0%~200%(66 Ω)的范

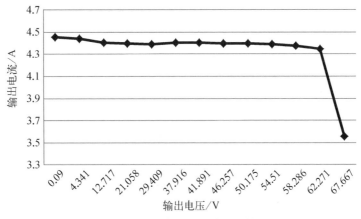

图 8-10　阳极电源输出伏安特性曲线

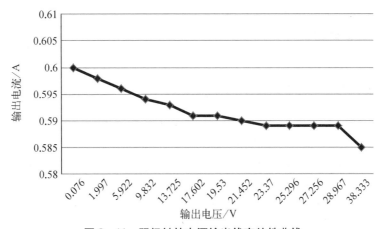

图 8-11　阴极触持电源输出伏安特性曲线

围内均能满足电流标称值±5%的要求(0.57~0.63 A),而技术要求在 90%~110%的负载范围内,阴极触持电源输出稳定度要求为±5%。因此阴极触持电源完全满足技术要求的负载能力,设计裕度达到 8 倍。

由此看出,阴极触持电源具有较强的带载能力,同时即使在短路状态下,其电流依然稳定,与额定输出相比没有超出±5%的稳定度。

4. 屏栅电源伏安特性

屏栅电源额定负载为 0.8 A,屏栅电源输出伏安特性曲线如图 8-12 所示,输出负载从 0.1 A 递增测试到了 2.4 A 的 240%负载。在额定控制状态时,屏栅电源输出电压标称 1 000 V,从测试曲线得到,负载从 40%(0.32 A)到 160%(1.28 A)的范围内均能满足±5%的要求(950~1 050 V),屏栅电源完全满足技术要求的负载能力,由于屏栅电源有过流保护功能要求,并且过流保护点要求在 1.3~1.8 A,通过负载特性曲线得到,当电流为 160%后,达到过流保护状态。

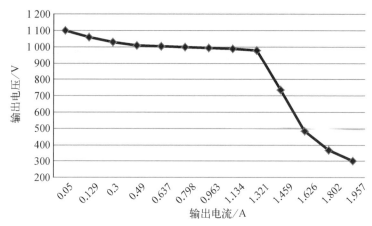

图 8‑12　屏栅电源输出伏安特性曲线

8.4.2　性能验证

1. PPU 效率特性

效率是电源产品的重要指标,尤其在负载变化及温度变化条件下,电源的效率特性能反映产品的重要性能特征。因此在产品环境试验中针对 PPU 效率特性,不仅在常温状态系下,还在产品的热试验中完成了高温下的效率曲线测试,通过测试完全掌握了 PPU 的效率变化和热耗特性。

PPU 效率曲线测试是在推进模式下测量,阴极触持电源、中和器阴极触持电源、阳极电源和加速电源保持额定负载状态,通过改变屏栅电源负载,从 80% 到 150%,共 15 个数据点,得到 PPU 整机效率曲线。由不同母线电压和温度下 PPU 整机效率曲线得到:

(1) 输入电源从 95 V 到 105 V 的变化范围内,在室温条件和 95 V、100 V 和 105 V 三个母线电压下 PPU 效率曲线基本一致,说明母线电压变化对 PPU 的效率无影响;

(2) PPU 效率随着输出功率的增加而提高。当额定输出功率为 1 050 W 时,效率为 87%;当屏栅电流达到 1.0 A,输出功率为 1 250 W 时,效率为 88%;当屏栅电流达到 1.2 A,输出功率达到 1 450 W,效率接近 89%,热耗也只有 182 W,相比额定状态,输出功率增加了 38%,而热耗只增加了 21%;

(3) 由 PPU 在热真空高温 60℃ 时测试数据得到的效率曲线与常温下效率曲线图趋势基本一致,而效率随着温度的升高缓慢下降,额载下 60℃ 相对常温时效率降低 2%,但仍满足不小于 85% 的要求。

2. EMC 试验验证

由于电源处理单元的输出功率为 1 kW 以上,具有较强的电磁发射干扰,设计过程中考虑了机壳电磁屏蔽、PCB 板合理布线、信号隔离、良好接地、输入/输出滤波、尖峰吸收电路等措施,提高了 PPU 产品自身的抗干扰能力,并有效抑制了产品辐射发射干扰。PPU 鉴定产品按照卫星 EMC 试验条件进行了 8 项 EMC 试验,电源处理单元 EMC 及表面放电效应模拟试验情况见表 8-11。

表 8-11　电源处理单元 EMC 及表面放电效应模拟试验情况列表

序号	试验项目	试 验 名 称	试验等级	试验结果
1	RE102	10 kHz~18 GHz 电场辐射发射	要求曲线	通过
2	CE102	10 kHz~10 MHz 电源线传导发射	要求曲线	通过
3	RS103	10 kHz~18 GHz 电场辐射敏感度	生存级	通过
4	CS101	30 Hz~150 kHz 电源线传导敏感度	生存级	通过
5	CS114	10 kHz~200 MHz 电缆束注入传导敏感度	生存级	通过
6	CS115	电缆束注入脉冲激励传导敏感度	生存级	通过
7	CS116	10 kHz~100 MHz 电缆和电源线阻尼正弦瞬变传导敏感度	生存级	通过
8	ESD	静电放电敏感度±10 kV,30 A,1 次/s,各面 30 次	—	通过

PPU 通过了全部试验项目,PPU 在传导干扰和辐射干扰的抑制方面均取得了较好的结果,CE102 项目和 RE102 项目通过测试,并通过了 RS103、CS101、CS114、CS115、CS116 和 ESD 各项辐射和传导敏感度测试,说明 PPU 的自身抗干扰能力完全满足设计要求。

3. 电推进分系统点火试验

离子电推进分系统鉴定件真实点火试验,完成了试验大纲规定的健康检查、开舱模拟测试、额定状态点火、拉偏状态点火、扩展工况等五大部分的测试。PPU 参与了全部测试项目,产品各项功能正常,性能良好。也是 PPU 首次在分系统联试中放置在 TS-6A 真空设备的副舱内,在真空条件下工作,为后续分系统正样产品真实点火完成了充分的试验验证。

除了试验大纲规定的测试项目外,还完成了 8 项补充测试,其中包括电推进系统 9 h 连续点火工作,产品工作稳定,产品上的测温点数据表明,在超长连续工作中产品的散热设计良好,产品达到了自身的热平衡状态,没有因为长时间工作发生异常发热情况。通过该试验,验证了 PPU 产品整体电路设计和热设计,完全能满足规定的连续 4 h 点火工作要求,并且产品性能稳定,表明了 PPU 的整体设计具有较大的安全裕度。

4. 整星电推进系统点火试验

电性星在真空舱内进行了整星真空状态电推进点火试验。按照试验大纲要求完成了平台功能测试、电推进点火功能测试、通信载荷等效受扰测试、电推进热辐射特性测试、跟踪子系统无线链路受扰测试等试验项目。成功验证了电推进分系统及其他分系统在轨正常运行能力,试验点火累计 30 h。点火期间,整星功能、性能正常,该试验充分验证了电推进系统自兼容性良好以及与各分系统兼容性良好。

电推进分系统在整星真空状态下点火试验中共进行了 18 次正常点火和 4 次拉偏工况测试。PPU 参与了全部电推进点火测试项目,完成了所有功能和性能测试。整星真空状态电推进点火过程中还进行了 9 项补充测试,主要目的为进一步验证电推进分系统在拉偏状态下的真实点火情况,其中涉及 PPU 的包括小气量供气等极端条件下的系统点火性能、加热电源在小电流条件下的启动性能和模拟异常情况下 PPU 紧急拉闸断电等试验,考核了 PPU 在极端条件及异常情况下的性能和功能能否完全满足设计和使用要求。

8.4.3　寿命验证

根据航天标准《模块电源可靠性评估方法》,PPU 加速寿命试验中采用阿伦尼斯方程推算试验加速因子。阿伦尼斯模型是描述产品寿命与试验温度关系的一种失效物理模型,主要基于热激发失效机理。方案选用阿伦尼斯模型作为加速模型,其表达式如下:

$$L(V) = Ce^{\frac{B}{V}} \qquad (8-1)$$

式中,L 为产品的平均寿命(特征寿命);V 为加速应力(绝对温度);B、C 为待估参数,其中,

$$B = \frac{E_a}{K} \qquad (8-2)$$

式中,E_a 为激活能,单位 eV;K 为玻尔兹曼常数,取值 $8.617\ 1 \times 10^{-5}$ eV/K。利用以下两式:

$$L_0(T_0) = Ce^{\frac{E_a}{KT_0}} \qquad (8-3)$$

$$L_i(T_i) = Ce^{\frac{E_a}{KT_i}} \qquad (8-4)$$

可以得出温度为 T_i 相对于温度为 T_0 的加速因子表达为

$$k_{T_i} = e^{\frac{E_a}{K}\left(\frac{1}{T_0} - \frac{1}{T_i}\right)} \qquad (8-5)$$

式中,k_{T_i} 为加速因子;T_i、T_0 分别为加速温度、基准温度,单位为 K。

PPU 中使用的绝大部分元器件为半导体器件、电阻器和电容器,将 PPU 中工作失效率大且失效后危害度大的元器件定义为薄弱环节,因此整机产品的失效往往由其内部中薄弱环节或可靠性最低的元器件导致。脉宽调制器是产品中的核心控制器件,并且失效率大,失效后危害度最大,是 PPU 的薄弱环节。结合电源处理单元内部元器件选用并依据航天标准《模块电源可靠性评估方法》中提供的数据,电源处理单元的元器件激活能 $E_a = 0.43 \sim 1.67$ eV。对于脉宽调制器取 $E_a = 0.7$ eV(该值也是推荐数值,属于 E_a 中的偏下值,相应获得的加速因子偏小,试验时间更长,试验结果的评定也更保守)。

PPU 在轨的最高工作温度为 50℃,因此加速寿命试验的基准温度应力取 $T_0 =$ 50℃。根据 PPU 热分析和热平衡试验结果,关键器件的结温与控温点的温差最高不超过 30℃,因此按照器件的最高结温 120℃计算,在加速寿命试验中施加的温度应力不损坏器件的前提下,加速寿命试验的环境温度最高不超过 90℃,实际选择最高加速应力为 80℃。

加速寿命试验采用步进温度应力进行,考虑到电源处理单元所用元器件自身温升以及对环境温度的限制,取步阶温度 $\Delta T = 5$℃,在试验温度 65℃、70℃、75℃、80℃下,进行基本均等时间的试验,共计 4 008 h,总试验时间等效产品在轨 50℃下累计工作 22 kh,采用阿伦尼斯模型进行加速寿命试验,试验参数见表 8 - 12。

表 8 - 12　试验参数(50℃为基准点,采用阿伦尼斯模型 $E_a = 0.7$ eV)

环境温度 $T_i/℃$	试验时间 t_i/h	加速因子 K_i	等效试验时间 A_it_i/h	总等效试验时间 $\sum_{i=1}^{4}A_it_i/h$	总试验时间 $\sum_{i=1}^{4}t_i/h$
65	1 000	3.05	3 050		
70	1 000	4.33	4 330	220 007.7	4 008
75	1 000	6.09	6 090		
80	1 008	8.47	8 537.7		

由于受 PPU 产品特殊性和数量限制,PPU 加速寿命试验利用已完成全部鉴定级环境试验的一台鉴定件作为试验样件,进行定时截尾无替换方式的加速寿命试验。由于 PPU 整机的部分关键电路设计了备份电路,包括屏栅/加速电源由 A、B、C 组成,采用 3 取 2 的备份方式,稳流源控制电路设计为主备份方式。加速寿命试验中 PPU 的工作状态选择上星后的主工作模式,即屏栅/加速电源选择模块 A 和模块 B 工作,PPU 整机输入电压和输出负载均为卫星要求的额定条件。

PPU 在轨为间隔工作模式,一个工作周期基本为开机、加热模式 4 min、点火(约 1 min)、推进模式 2 h、关机,在轨期间一天工作一次。为了尽量减少试验周期,又能覆盖产品在轨工作状态,确定了加速寿命试验中 PPU 的工作模式为:开机、加热模式(在最后的 1 min 同步进行点火)8 min、推进模式 4 h、关机 2 min,一个工作周期共计 4 h10 min,由于在轨工作要求的 22 kh 为推进模式累计工作时间,因此加速寿命试验的时间仅累计每个工作周期的推进模式时间。

加速寿命试验于 2016 年 4 月至 10 月顺利完成了四个温度应力下,累计4 008 h/1 000 次开关机循环试验。整个加速试验中使用控制程序完成 PPU 工作模式的周期循环控制,并进行推进模式的工作时间累计计算。

温度循环箱为恒温控制,由此在每个循环关机的 2 min 中,产品温度会降低约3℃,待下一周期产品开机工作后,产品温度又将很快升温,约 10 min 后回升到要求温度。加速寿命试验中产品控制点温度采样率为 1 min/次,由此记录了大量的数据,通过数据得到整个试验全周期内控制温度曲线,如图 8-13 所示,可以看到整个试验为四个温度阶段,各阶段均达到了温度控制要求。

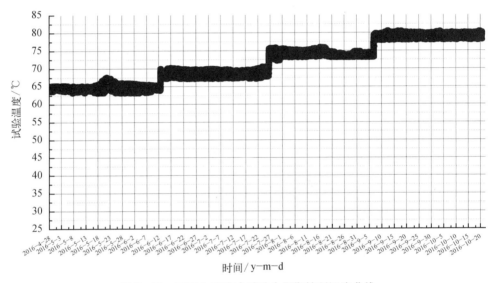

图 8-13   PPU 加速寿命试验全周期控制温度曲线

加速寿命试验的整个过程 PPU 一直工作在主份状态,产品各电源电压和电流,以及各遥测参数正常。对整个试验周期内 PPU 的关键参数数据整理和分析如下。

PPU 中的屏栅电源和加速电源是稳压电源,因此其输出电压的稳定性是寿命试验考核的关键。整个加速寿命试验周期内,屏栅电源输出电压曲线如图 8-14所示,从 65℃到 80℃的加速寿命试验全过程中,屏栅电源电压均保持在 1 012.5～1 013.5 V,电压变化量不大于 1 V。同常温测试数据相比,屏栅电源电压最大变化了 1.7 V,由此得到屏栅电源电压的温度稳定性为 0.168%,同样得到屏栅电源电压每 10℃只变化 0.3 V。

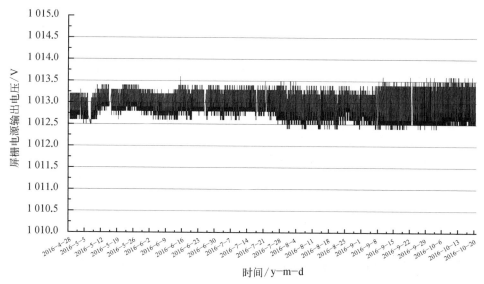

图 8 - 14　PPU 加速寿命试验全周期屏栅电源电压曲线

　　加速电源电压同常温测试数据对比,最大变化了 0.55 V,温度稳定性为 1.17%,同样得到加速电源电压每 10℃只变化 0.1 V。由此得到在 PPU 加速寿命的整个过程中,产品在高温度应力下屏栅电源和加速电源电压表现了很好的温度稳定性,电压变化量仍满足性能指标要求,没有出现电性能的退化。也表明了屏栅电源、加速电源良好的电路设计和裕度设计。

　　阳极、阴极触持和中和器阴极触持电源电流曲线表明,从 65℃到 80℃的加速寿命试验全过程中,三个稳流源的输出电流保持了很高的稳定性。同常温测试数据相比,电流变化量分别只有 0.4 mA、3 mA 和 1.5 mA,温度稳定性分别为 0.359%、2.872% 和 1.88%。由此得到在 PPU 加速寿命的整个过程中,所有的稳流源也表现了很好的温度稳定性,电流变化量完全满足性能指标要求,没有出现电性能的退化趋势。

参考文献

李林凌,刘伟,赵烁. 2014. 电推进系统空间试验技术研究[J]. 航天器工程,23(3): 126 - 132.

王少宁,王卫国,黄歆昌,等. 2010. 航天器数字电源应用概述[J]. 航天器工程,19(3): 87 - 90.

王少宁,王卫国,张保平,等. 2014. 离子推力器栅极放电分析和保护设计[J]. 航天器工程,23(6): 135 - 141.

王少宁,王卫国. 2013. 适用于 30 cm 离子推力器的 5 kW 电源处理单元设计[J]. 航天器工程,22(5): 74 - 79.

张天平,唐福俊,田华兵,等. 2007. 电推进航天器的特殊环境及其影响[J]. 航天器环境工程,24(2): 88 - 92.

Bourguignon Eric. 2015. Power processing unit activities at Thales Alenia Space Belgium (ETCA)

[C]. Hyogo-Kobe: The 34th International Electric Propulsion Conference.

Charles E. 2011. The dawn of Vesta science [C]. Wiesbaden: The 32nd International Electric Propulsion Conference.

Gollor M, Boss M. 2007. Electric propulsion electronics activities in Astrium Germany[C]. Florence: The 30th International Electric Propulsion Conference.

Gollor M. 2006. Generic high voltage power supply — Next generation[C]. Cincinatti: The 43rd AIAA/ASME/SAE/ASEE Joint Propulsion Conference & Exhibit.

Hu S, Deng J J, Mi C, et al. 2014. Optimal design of line level control resonant converters in plug-in hybrid electric vehicle battery chargers[J]. Electrical Systems in Transportation, 4(1): 21~28.

Piñero L R. 2007. Design of a modular 5 – kW generic high voltage power supplies (HVPS) with optimum efficiency and multi-range[C]. Florence: The 30th International Electric Propulsion Conference.

Piñero L R. 2006. Performance of the NEXT engineering model power processing unit [C]. Cincinnati: The 43rd AIAA/ASME/SAE/ASEE Joint Propulsion Conference & Exhibit.

Pintó F, Palencia J. 2017. Airbus defence and spacepower processing units: New HET and GIT PPU developments qualification Status [C]. Atlanta: The 35th International Electric Propulsion Conference.

Wallace N, Jameson P, Saunders C. 2011. The GOCE ion propulsion assembly — Lessons learnt from the first 22 months of flight operations [C]. Wiesbaden: The 32nd International Electric Propulsion Conference.

第9章

离子电推进贮供单元产品研制

9.1 推进剂贮供单元产品概述

推进剂贮供单元是推进剂贮存与供给单元的简称,其主要功能是贮存并向离子推力器提供符合工作要求的推进剂(通常为高纯氙气),一般由推进剂贮存、压力调节和流量控制三个功能模块组成。在产品结构上,推进剂贮供单元通常包括推进剂贮存模块、压力调节模块和流量控制模块三部分,其中压力调节模块和流量控制模块也可合称为推进剂供给单元。图9-1为离子电推进推进剂贮供单元的一般组成框图。

图9-1 离子电推进推进剂贮供单元组成框图

1. 推进剂贮存模块

推进剂贮存模块的主要功能是贮存航天器离子电推进系统全寿命周期所需要的推进剂工质,模块主体为推进剂高压贮存容器——氙气瓶;同时,还需要提供氙气瓶在航天器上的机械安装接口和与压力调节模块之间的供气接口;另外,为了对氙气瓶在轨工作温度进行实时监测以及满足必要的热控需求,通常在氙气瓶外表面还需要配置一定数量的温度传感器。

2. 压力调节模块

压力调节模块(简称"调压模块")包括两个主要功能:一是提供航天器发射阶段和在轨非工作期间电推进系统中高、低压推进剂间的可靠隔离(简称"压力隔离");二是对贮存在气瓶中的高压推进剂进行减压和稳压,以保证流量控制模块的入口压力符合要求。

为了完成规定的压力隔离以及降压、稳压等压力调节功能,压力调节模块的基本组成至少应当包括:过滤器、加排阀、调压组件、低压传感器、供气开关阀等组件,压力调节模块组成如图9-2所示。其中,高压过滤器用于阻隔进入调压模块

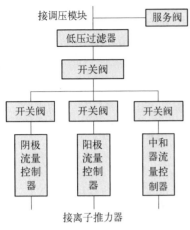

图 9-2　压力调节模块组成

内部推进剂中的颗粒物,加排阀用于地面试验和测试,高压传感器用于检测氙气瓶内部的推进剂贮存压力,低压传感器主要测量压力调节模块的输出压力,并将该压力数据作为压力闭环控制的反馈参量提供给电推进控制单元;调压组件是压力调节模块的核心,用于实现将推进剂从氙气瓶贮存压力调节至流量控制模块的入口工作压力,并稳定在要求的稳定度水平,供气开关主要用于模块入口推进剂的开启和关断控制。

3. 流量控制模块

流量控制模块的主要功能是:按照下游离子推力器的工作需求,进行推进剂分配,并且对各路推进剂流量进行准确控制,保证输入离子推力器中的各路推进剂流量满足推力器工作要求。

流量控制模块一般由过滤器、供气开关阀和流量控制器等组成,供气开关阀通常选用自锁阀,也可以选用电磁阀,负责推力器工作流量的通、断控制,离子推力器阳极、主阴极和中和器采用独立的供气支路,图 9-3 是流量控制模块的原理框图。

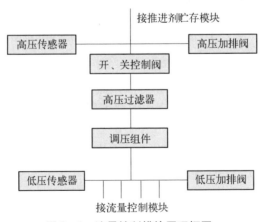

图 9-3　流量控制模块原理框图

一般来说,单纯飞行试验性质的离子电推进系统组成简单(单弦系统)、推进剂携带量小,贮供单元通常采用各功能模块一体化设计与制造的技术方案,在不影响飞行试验目的的前提下最大限度地降低对航天器质量与空间等资源的需求;但针对航天工程应用或飞行试验与工程应用相结合的离子电推进系统均为多推力器的复杂配置,推进剂贮供单元则采用各模块独立的研制技术方案。根据航天工程产品的一般研制模式,推进剂贮供单元产品研制内容主要包括产品技术要求的论证与确定、产品设计、产品制造和产品验证四个方面,图 9 - 4 为离子电推进剂贮供单元产品的基本工程研制流程。

图 9 - 4　离子电推进剂贮供单元基本工程研制流程

　　本章后面各节将以航天工程应用或飞行试验与工程应用相结合离子电推进系统为例,讨论离子电推进系统推进剂贮供单元产品工程研制的主要内容。

9.2　推进剂贮供单元产品技术要求

9.2.1　推进剂贮存模块技术要求

　　推进剂贮存模块的主体为氙气瓶,其研制技术要求主要针对氙气瓶,包括功能要求、性能要求和其他要求三个方面。

　　1. 功能要求

　　推进剂贮存模块功能要求通常包括三个方面:

　　(1) 以高压超临界状态贮存氙气推进剂;

　　(2) 提供与航天器之间的机械及热接口;

　　(3) 提供与调压模块之间管路的机械(供气)接口。

　　2. 性能要求

　　推进剂贮存模块性能要求主要有推进剂种类、试验介质,气瓶形状、气瓶数量、单个氙气瓶内部净容积、单个氙气瓶质量、氙气携带量、外形尺寸、工作压力、验证压力、爆破压力、外漏率、工作温度、压力循环次数、外压稳定性、在轨工作寿命、可靠性等。必要时还包括试验介质、材料要求、气瓶内径、干燥度等。

　　不同应用领域和工程任务的离子电推进系统,其性能各不相同,相应地对推进剂贮供单元各组成模块的技术要求也不同,我国中等容量通信卫星公用平台采用 LIPS - 200 离子电推进系统承担卫星全寿命周期内的南北位保任务,该电推进系统对推进剂贮供单元贮存模块主体——氙气瓶提出的主要性能指标如下所示。

　　(1) 推进剂:高纯氙气,纯度 ≥99.99%,H_2O、O_2 含量 ≤2 ppm。

　　(2) 试验介质:氙气、氦气、氮气、氩气、无水乙醇、蒸馏水等。

　　(3) 形状:柱形。

　　(4) 气瓶数量:2 个。

　　(5) 内部净容积:47±1 L。

　　(6) 氙气携带量:≥78 kg。

（7）柱段内径：$\varPhi$330 mm。

（8）外形尺寸：$\varPhi$(338±2)mm×(748±4)mm。

（9）工作压力：0~15 MPa。

（10）验证压力：22.5 MPa。

（11）爆破压力：≥30 MPa。

（12）工作温度：20~45℃。

（13）外漏率：≤1×10⁻⁵(Pa·L)/s(15 MPa 压力下，室温，氦质谱方法检漏)。

（14）压力循环次数：≥100 次(压力从 0 MPa 到 15 MPa 再降到 0 MPa 为一次循环，试验环境温度为 18~25℃)。

（15）单个气瓶质量：9.4[−4%，+1%]kg。

（16）外压稳定性：应能承受压差为 0.1 MPa 的外压。

（17）在轨工作寿命：≥15 年。

（18）可靠性：可靠度不低于 0.999。

3. 其他要求

其他要求包括洁净度、干燥度、机电热等接口、试验条件、安全性要求、多余物控制要求、强制检验点和关重件要求等。技术要求论证阶段还应明确产品的地面试验条件，氙气瓶试验条件一般包括压力试验条件及正弦振动、随机振动、热循环、热真空等环境试验条件和无损探伤要求等。

9.2.2　压力调节模块技术要求

1. 功能要求

压力调节模块功能要求通常包括如下几个方面：

（1）氙气瓶与压力调节模块之间的压力隔离与导通；

（2）对氙气瓶内的推进剂压力进行调节，以满足流量控制模块入口工作压力要求；

（3）提供调压模块入口和出口压力监测；

（4）提供调压模块入口和出口气路的开关控制；

（5）提供调压模块在星上安装的机、电、热接口；

（6）提供与氙气瓶之间管路的机械接口；

（7）提供与流量控制模块之间管路的机械(供气)接口；

（8）提供与电推进控制单元之间电缆的电接口；

（9）提供与加排口之间管路的机械接口。

2. 性能要求

压力调节模块主要性能要求包括模块数量、工作压力、输出压力与控制精度、质量、外形尺寸、外漏率、工作温度、启动次数、累计工作时间、在轨工作寿命、可靠性等。以下为我国中等容量通信卫星公用平台 LIPS‐200 离子电推进系统推进剂贮供单元压力调节模块主要性能指标要求。

（1）模块数量：1 台。

（2）工作压力：高压部分 15 MPa，低压部分 0.25 MPa。

（3）输出压力：0.2~0.4 MPa，精度±5%。

（4）质量：5.48±0.2 kg。

（5）外形尺寸：≤893 mm×654 mm×211 mm。

（6）外漏率：≤1×10^{-5}（Pa·L）/s（高压部分 15 MPa/低压部分 0.25 MPa，室温，氦质谱检漏）。

（7）工作温度：20~45℃。

（8）启动次数：≥6 000 次。

（9）累计工作时间：≥11 kh。

（10）在轨工作寿命：≥15 年。

（11）可靠性：≥0.995。

3．其他要求

其他要求包括洁净度、干燥度、机电热等接口、试验条件、安全性要求、多余物控制要求、强制检验点和关重件要求等。试验条件一般包括压力试验条件及加速度、冲击、正弦振动、随机振动、热循环、热真空等环境试验条件和无损探伤要求等。

9.2.3　流量控制模块技术要求

1．功能要求

流量控制模块功能要求通常如下：

（1）给离子推力器提供三路满足额定流率要求的氙气推进剂；

（2）提供流量控制模块在星上安装的机、电、热接口；

（3）提供与推力器之间管路的机械接口；

（4）提供与调压模块之间管路的机械接口；

（5）提供与控制单元之间电缆的电接口。

2．性能要求

流量控制模块主要性能要求包括模块数量、工作压力、输出压力、输出流量与精度、质量、外形尺寸、外漏率、工作温度、在轨工作寿命、可靠性等。以下为我国中等容量通信卫星公用平台 LIPS‐200 离子电推进系统推进剂贮供单元流量控制模块主要性能指标要求。

（1）模块数量：4 台。

（2）工作压力：0.25 MPa。

（3）输出压力：不超过 1 000 Pa。

（4）输出流量：① 阳极 1.094 mg/s±5%，② 阴极 0.136 mg/s±5%，③ 中和器 0.136 mg/s±5%。

（5）单台模块质量：2.13±0.2 kg。

（6）外形尺寸：≤487 mm×312 mm×105 mm。

（7）外漏率：≤1×10^{-5}(Pa·L)/s(0.25 MPa 压力下，室温，氦质谱方法检漏)。

（8）工作温度：20~45℃。

（9）启动次数：≥6 000 次。

（10）累计工作时间：≥11 kh。

（11）在轨工作寿命：≥15 年。

（12）可靠性：≥0.993。

3. 其他要求

其他要求包括洁净度、干燥度、机电热等接口、试验条件、安全性要求、多余物控制要求、强制检验点和关重件要求等。试验条件一般包括压力试验条件及加速度、冲击、正弦振动、随机振动、热循环、热真空等环境试验条件和无损探伤要求等。

9.3 推进剂贮供单元产品设计

9.3.1 推进剂贮存模块设计

推进剂贮存模块研制的核心内容是氙气瓶研制，为了提高推进剂在轨贮存效率，离子电推进系统推进剂贮存通常采用超临界高压贮存方式，即将推进剂以高于其临界压力(5.84 MPa)的高压状态贮存在一定容积的高压气瓶中。电推进工程应用早期，用于贮存推进剂的氙气瓶主要以金属气瓶为主，目前在工程应用航天器电推进系统中，用于贮存推进剂的氙气瓶基本上都采用金属内衬-纤维缠绕复合材料压力容器技术方案，初始贮存压力为 10~15 MPa，最高也可为 20 MPa 甚至 20 MPa 以上。复合材料氙气瓶主要由金属内衬和复合层两部分组成，金属内衬位于气瓶最里层，主要作用是密封推进剂，并提供纤维缠绕芯模以及气瓶对外机械接口(包括机械安装接口和供气出口)，复合层位于气瓶最外层，主要功能是承载气瓶内的推进剂高压。

氙气瓶设计主要包括内衬设计和复合层设计两个方面。内衬设计主要包括内衬材料选择、内衬结构设计、内衬性能设计等，设计不仅要考虑材料与介质、复合材料间的相容性、气瓶的容积、质量、承压能力、外形尺寸和漏率等技术指标工程实现以及产品的制造可行性，还必须要关注内衬的外压稳定性，以确保复合层缠绕时能够承受纤维缠绕张力对其产生的外压力，不发生结构失稳；另外，为了保证气瓶封头各点应力的均匀分布，最大限度地发挥纤维强度，气瓶封头通常采用等张(应)

力封头,并通过变壁厚设计,改善内衬与复合层间的应变协调性;复合层设计内容主要包括三个方面:复合层强度设计、铺层设计以及内衬与复合层应变相容性设计,强度设计通常采用成熟的网络理论,铺层设计则更多基于工程经验,需要通过铺层顺序的合理匹配确保复合层与内衬的紧密贴合以及各方向缠绕层纤维的结构稳定,内衬与复合层应变相容性设计重点在确保气瓶封头上曲率变化较大部位内衬与复合层在各种承载应力水平下的应变协调性,即通过内衬结构参数的优化以及复合层缠绕线形的匹配设计,避免内衬发生过大的局部塑性变形;气瓶接口设计包括与卫星结构之间的机械安装接口设计、与星上推进剂供给管路之间的供气接口设计以及热接口(含热控)设计,机械安装接口一般有底部法兰安装形式、中部安装环安装形式及包带安装三种设计方案,可根据航天器总体约束条件和要求适当选择,推进剂供气接口通常采用长度为 30 mm 左右的 Φ4 mm×1 mm 或 Φ6 mm×1 mm 钛管焊接结构,热接口设计主要为气瓶热控方案设计,通过适当的热控设计,确保氙气瓶在轨工作期间始终处于规定的工作温度范围。气瓶热控方案一般可分为多层包覆的被动式热控、电加热片粘贴的主动式热控以及两者相结合的混合热控方案,具体设计时可根据产品特点和工作需求合理选择;另外,为了能够实时监测气瓶在轨工作温度并满足主动热控需求,需要在气瓶外表面适当位置设置一定数量的温度传感器。

我国中等容量通信卫星公用平台 LIPS - 200 离子电推进系统中的氙气瓶采用的是钛金属内衬、碳纤维缠绕复合材料高压气瓶设计方案,气瓶形状为圆柱形,由内衬和复合层两部分组成,图 9 - 5 为氙气瓶的结构示意图。气瓶内衬分柱段、封头、端接头和安装法兰四部分。材料方面,柱段和封头在设计上不承担压力载荷,其材料选择延展性较好的工业纯钛 TA1;端接头因纤维缠绕不到,既需要承担气瓶内压载荷,又需要具备与封头间的良好应变协调性,其材料为具有一定塑性和较高强度的 TA3、安装法兰选择了具有高比强度的钛合金 TC4。结构与性能设计方面,柱段采用等壁厚设计,厚度 1.0 mm,内径 Φ330 mm,长度 400 mm;两端封头均采用等张力、变厚度设计,与柱段相连的赤道部位与柱段同厚度,从赤道开始,向着端接头方向厚度逐渐增加,到端接头根部时达到 6 mm 左右,赤道处内径与柱段保持一致,封头高度约 130 mm;为了纤维缠绕时的挂丝稳定性,端接头上设计了一个直径 65 mm,高度为 10 mm 的挂丝台。气瓶复合层增强材料选择目前强度性能最好的日本东丽公司生产的高强度碳纤维 T1000GB,其单丝拉伸强度超过 6 000 MPa;基体材料选择与碳纤维具有良好相容性的环氧基树脂,纤维缠绕采取螺旋缠绕加环向缠绕的组合线型设计方案,气瓶复合层的纵向强度由螺旋向纤维提供,环向强度由螺旋向纤维和环向纤维共同提供,考虑到缠绕后纤维的线型稳定性,封头部位只进行螺旋向纤维缠绕,不进行环向缠绕,其纵向和环向强度均由螺旋向纤维提供。根据缠绕线型设计结果,利用网络理论对复合层进行强度设计并考虑工艺因素后,最终确定的纤维铺层设计数目为螺旋缠绕 10 层,环向缠绕 10 层,所对应的复合层爆破压力 34.9 MPa,大于 30 MPa 的氙气瓶爆破压力设计指标。

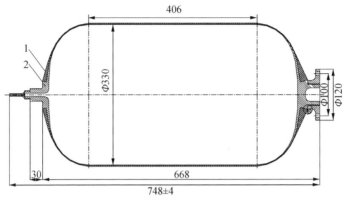

图 9-5   氙气瓶结构示意图(单位:mm)

1—内衬;2—复合层

9.3.2   压力调节模块产品设计

国外已实现飞行应用的电推进系统中,压力调节模块的压力隔离功能主要通过常闭电爆阀或常闭电爆阀与电动阀(电磁阀或自锁阀)串联技术方案实现,常闭电爆阀闭锁可靠性高,可实现航天器发射段压力可靠隔离,但常闭电爆阀体积大、质量大,不利于模块的小型化和轻量化,该设计方案在电推进工程应用早期应用较多,随着电磁阀和自锁阀研制技术的发展和产品工作可靠性的不断提高,采用常闭电爆阀实现电推进压力隔离功能的设计方案基本被淘汰,近二十年来国外电推进系统普遍都采用基于电磁阀和自锁阀的压力隔离技术方案。

压力调节包括降压与稳压两个方面,传统的压力调节主要有机械调压、电子调压(Bang-Bang 调压)以及机械与电子组合调压三种方案:① 美国波音公司 BBS-702 平台的 XIPS-25 离子电推进系统、英国 GOCE 卫星 T-5 离子电推进系统均采用机械调压方案,由机械调压器(阀)承担降压和稳压功能;② 美国 DAWN 航天器 NSTAR-30 离子电推进系统、日本隼鸟号(Hayabusa)航天器 μ-10 微波离子电推进系统都采用电子调压技术方案,调压模块由多个(通常 2~3 级)串联电磁阀、下游串联的一个配置有压力传感器的低压缓冲罐或专门设计的小容腔组成,共同形成 Bang-Bang 调压组件,完成推进剂降压与稳压功能;③ 近年来,在传统电子调压技术基础上发展起来的比例压力/流量调节技术也得到了快速发展,目前已进入工程应用阶段,基于比例压力调节技术研制的比例流量调节阀(PFCV)集推进剂压力隔离、压力调节和流量控制功能于一体,并具有压力或流量的宽范围、高精度、快速调节与高稳定控制能力,压力调节模块采用 PFCV 可显著提高模块的综合性能。

　　对于单模式离子电推进系统,选用传统的机械调压或电磁阀与缓冲罐相组合的 Bang‐Bang 电子调压设计就完全能够满足压力输出要求,但机械调压因阀门质量大、调压精度低等原因,近十几年里已经很少被采用。对于工作模式不是很多的多模式离子电推进系统,采用电磁阀与缓冲罐相组合的 Bang‐Bang 电子调压设计也能够满足要求,只不过可能需要系统在不同的工作模式下选择不同的模块输出压力闭环控制目标值,这一要求在电推进控制单元中比较容易实现。而对于双工作模式或三工作模式离子电推进系统,采用 Bang‐Bang 电子调压设计一般情况下也能满足压力输出要求,但无疑增加了控制系统的复杂性和设计难度;如果采用先进的基于比例流量控制阀的比例调节技术,不仅可以很容易保证其输出特性,而且还可以简化系统配置,有利于模块的小型化和轻量化。对于连续调节模式离子电推进系统,基于电磁阀与缓冲罐的电子调压方案很难满足输出压力宽范围(准)连续可调的工作要求,但采用比例调压技术就可以很容易地保证其输出性能具备宽范围(准)连续可调的特性,因此,对于连续调节模式的离子电推进系统,其压力调节模块应尽可能采用比例调节的设计方案。当然,由于多模式离子电推进系统的在轨工作寿命较单模式系统大幅提升,相应地对压力调节阀门的开、关工作寿命也提出了更高的要求,通常需要达到数百万次以上。

　　图 9‐6 为我国 DFH‐3B 通信卫星平台 LIP‐200 离子电推进系统推进剂贮供单元压力调节模块设计方案,整个模块由高压压力传感器(HPT)、高压加排阀(MV1、MV2)、高压自锁阀(HLV1、HLV2、HLV3、HLV4)、压力控制电磁阀(BSV1、BSV2)、低压压力传感器(LPT1、LPT2、LPT3)、缓冲气瓶(LPV)和低压加排阀

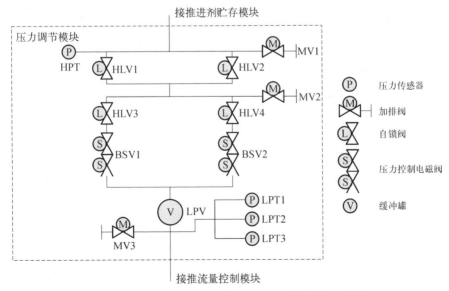

图 9‐6　DFH‐3B 平台贮供单元压力调节模块设计方案

（MV3）组成。高压压力传感器监测氙气瓶和模块入口的压力，对氙气剩余量进行估算；加排阀是贮供单元地面试验和加注的对外接口；高压自锁阀起安全隔离作用，在发射阶段将高压气体与下游分开，即在氙气贮供单元处于非工作状态时将高压区与低压区分开，每次离子推力器工作前发指令打开，工作结束后发指令关闭；压力控制电磁阀、缓冲气瓶和低压压力传感器在控制器的控制下共同构成 Bang－Bang 电子减压器，将上游高压气体调节并控制在要求范围内。

图 9－7 为美国 NEXT－40 多模式离子电推进系统推进剂贮供单元的系统组成框图，该模块采用双级 PFCV（Moog 公司 PFCV 产品）的推进剂压力调节方案，第一级 2 台 PFCV 并联作为压力隔离与初级调压，第二级针对每台离子推力器配置 1 台独立的 PFCV，实现压力的精细调节，PFCV 出口压力为 35~70kPa，比例压力调节技术的采用极大地简化了压力调节模块的配置，提高了工作可靠性，并显著减小了模块质量。

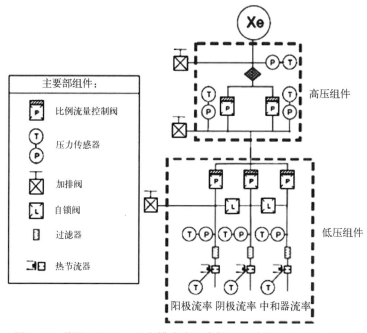

图 9－7   美国 NEXT－40 多模式离子电推进系统贮供单元组成框图

9.3.3   流量控制模块产品设计

国外电推进系统流量控制模块普遍采用输入压力反馈控制的流量控制器流量控制方法，流量控制器主要有流阻器、热节流器、标准孔板、文丘里管等类型。美、欧、日主要采用热节流器流量控制方案，通过对节流器输入压力和工作温度进行双参数闭环控制实现要求的高精度流量输出，这种技术具有很强的调节灵活性，非常适合多模式电推进系统。根据制造技术的不同，热节流器又可细分为多孔材料热节流器、阀式热节流器和迷宫结构热节流器等,多孔材料热节流器的主体是多孔金属材料流阻器,它利用粉末冶金方法高温压制成型,该材料是金属颗粒与孔隙的复合体,因为孔隙的存在,具有优良的透过性,非常适宜进行流体的流态控制。金属多孔材料主要有青铜、铜-镍、铝、普通钢以及不锈钢等,这种流阻器机械强度好、使用温度高(可达500℃)、热交换能力强,制造工艺优良,能够通过焊接等手段很好地与结构组合,美国DS-1和DAWN航天器上的NSTAR-30离子电推进系统、今后拟用于太阳系探测的NEXT-40离子电推进系统均采用多孔金属材料热节流器作为推进剂流量控制器,控制精度在±3%左右;我国的电推进系统推进剂贮供单元中,金属多孔材料热节流器、迷宫结构热节流器和阀式热节流器三种类型都在使用。国内外各种离子电推进系统中,每台离子推力器均配置独立的流量控制模块,以确保对系统任务的适应性。

　　不同工作模式特性的离子电推进系统对流量控制模块的流量输出要求不同,相应的模块的核心组件也完全不同。单模式离子电推进系统在全寿命周期内向离子推力器阴极、中和器和阳极(放电室)提供的流量始终保持不变,为单点输出,因此,对流量控制器设计要求不是很高,采用基于输入压力和工作温度双参数闭环反馈控制的热节流器设计方案就能满足要求,我国中等容量通信卫星公用平台LIPS-200离子电推进系统推进剂贮供单元流量控制模块采用的就是这种设计方案,图9-8为推进剂贮供单元流量控制模块设计框图,整个模块由2个相互串联的自锁阀(FLVA1、LFVA2)和3个金属多孔材料热节流器(FCAC、FCAA、FCAN)组成,自锁阀设置于模块入口的推进剂供给干路上,负责离子推力器三路工作流量的通、断控制,三个热节流器分属于三条不同支路,分别用于离子推力器阳极、阴极和中和器三路推进剂流量的稳定控制;另外,在该设计方案中,考虑到寿命后期阴极

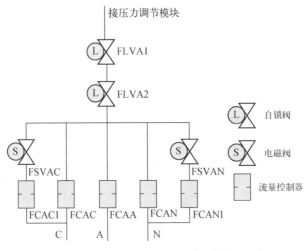

图9-8　推进剂贮供单元流量控制模块设计框图

与中和器点火性能可能会降低,为了提高推力器寿命末期的阴极与中和器的点火可靠性,在模块中的阴极和中和器流量控制支路上分别并联了一路大流量供气支路,每条支路由 1 个电磁阀(FSVAC、FSVAN)和一个固定接口的流阻器(FCAC1、FCAN1)组成,电磁阀负责大流量支路的开启和关断,流阻器负责大流量控制。正常情况下,大流量支路处于关断状态,当寿命后期阴极和中和器点火困难时,通过电推进控制单元启动大流量推进剂供给功能。

对于多模式离子电推进系统,系统在不同工作模式下的推进剂供给各不相同,这就需要流量控制模块具有多点输出特性,并且在每一个输出点上都能满足规定的控制精度要求。一般来说,多模式离子电推进系统采用传统的热节流器设计方案基本也能够满足要求,但这需要通过电推进控制单元从设计上保证在每一个流量输出点上,向模块提供不同的入口压力,且各路热节流器工作于不同的温度点上。美国 DS-1、DAWN 航天器 NSTAR-30 多模式离子电推进系统流量控制模块就采用了基于输入压力多点调节的热节流器流量控制方案,但对于连续调节模式离子电推进系统,基本上要求流量控制模块具备三路输出流量,至少阳极流量控制支路具有输出流量宽范围连续、快速可调的能力,很显然,基于输入压力和工作温度双参数闭环的热节流器流量控制方案无法满足这一要求,必须采用先进的比例调压技术以实现其特殊的输出性能要求。连续调节模式离子电推进系统流量控制模块的核心组件就是比例流量控制阀(PFCV),PFCV 设计是整个模块产品设计的重点,当然与PFCV 配套使用的高精度小型质量流量计的研制也是流量模块研制的重要内容。

国外研制的比例流量控制阀已达到工程应用水平,其中美国 Moog 公司和法国阿尔卡特-阿列尼亚空间公司研制的比例流量控制阀最具代表性,其性能完全能够满足连续调节模式离子电推进系统应用要求。采用比例流量控制阀不仅可以极大地简化推进剂供给单元的结构设计,而且还能够有效克服电子调压精度低、响应慢以及对 Bang-Bang 电磁阀开关工作寿命要求高的缺点,比例阀工作时也不需要其他阀门和增压容器配合,不存在附加质量;采用比例阀进行推进剂流量控制,可以很容易地实现推进剂供给流量的宽范围连续、快速调节与高精度控制。ESA 于2009 年 3 月 17 日发射的重力梯度与海洋环境监测卫星——GOCE 卫星 T-5 离子电推进系统采用 PFCV 技术进行阳极流量的控制与调节,有效保证了阳极流量的宽范围、快速调节与高精度控制,实现了卫星的无阻尼飞行。

9.4　推进剂贮供单元产品验证与应用

9.4.1　推进剂贮供单元产品验证

1. 推进剂贮存模块产品验证

推进剂贮存模块的地面验证主要针对氙气瓶容积、工作介质密封性能、压力承载性能以及空间环境适应性和机械接口、产品综合质量等方面是否能够满足设计要求和工程应用需求开展相关测试与试验。表 9 - 1 列出了我国中等容量通信卫星公用平台 LIPS - 200 离子电推进系统氙气瓶应完成的产品验证项目及验证次序。

表 9 - 1　我国中等容量通信卫星公用平台 LIPS - 200 离子电推进系统氙气瓶验证矩阵

序　号	试 验 项 目	鉴定级	验收级	备　注
1	内衬焊缝 X 射线探伤	√	√	
2	内衬外漏率检测	√	√	
3	外形尺寸检测与外观检查	√	√	
4	复合层超声波探伤	√	√	
5	工业 CT 检测	√	√	
6	压力验证	√	√	含声发射检查及变形测量
7	工业 CT 检测	√	√	
8	加速度试验	√	/	
9	冲击试验	√	√	力学环境试验
10	正弦振动试验	√	√	
11	随机振动试验	√	√	
12	热真空试验	√	√	空间环境试验
13	热循环试验	√	√	
14	压力循环试验	√	/	
15	外压稳定性试验	√	/	
16	漏率检测	√	√	
17	工业 CT 检测	√	√	
18	容积测量	√	√	
19	洁净度检查及干燥	/	√	
20	外形与接口尺寸检测	√	√	出厂测试内容
21	外观检查	√	√	
21	质量测量	√	√	
22	爆破压力试验	√	/	
23	可靠性	√	√	通常采用分析手段验证
24	在轨工作寿命	√	√	

注：√——必做项目，/——不做项目。

2. 压力调节模块产品验证

由于压力调节模块中不同段的工作压力不同,压力调节模块的验证通常分级进行,压力验证、压力爆破等压力试验通常在零部组件产品上完成,启动次数和累计工作时间也仅在具有寿命特性的阀门、传感器等部组件产品上完成,模块层面只开展压力调节功能和性能测试、质量测试、接口测试和环境试验等。表9-2列出了我国中等容量通信卫星公用平台LIPS-200离子电推进系统压力调节模块应完成的产品验证项目及验证次序。

表9-2　我国LIPS-200离子电推进系统压力调节模块验证矩阵

序　号	试 验 项 目	鉴定级	验收级	备　　注
1	压力验证试验	√	√	一般在管路、阀门缓、冲气瓶等零部部件级产品上开展
2	压力爆破试验	√	/	
3	压力循环验证	√	/	视需要在缓冲气瓶上开展
4	功能性能测试	√	√	主要测试压力调节功能与性能
5	加速度试验	√	/	力学环境试验
6	冲击试验	√	√	
7	正弦振动试验	√	√	
8	随机振动试验	√	√	
9	热循环试验	√	√	属空间环境试验,辐照试验往往在材料或压力传感器等器件产品上开展
10	热真空试验	√	√	
11	带电粒子辐照试验	√	/	
12	功能性能测试	√	√	主要测试压力调节功能与性能
13	EMC试验	√	/	
14	ESD试验	√	/	
15	漏率检测	√	√	
16	洁净度检查及干燥	√	√	
17	外形与接口尺寸检测	√	√	出厂测试项目
18	外观检查	√	√	
19	质量测量	√	√	
20	启动次数	√	/	一般在阀门类产品上开展
21	累计工作时间	√	/	一般在压力传感器上开展
22	可靠性	√	√	通常采用分析手段验证
23	在轨工作寿命	√	/	

注:1. √——必做项目,/——不做项目;2. 带电粒子辐照试验可在压力传感器组件级产品上开展;3. 阀门、压力传感器验证试验不限于上述项目,通常按专用技术规范执行。

3. 流量控制模块产品验证

与压力调节模块一样,流量控制模块的产品验证通常也是分级开展,压力验证、压力爆破等压力试验通常在管路、接头、阀门等零部组件产品上完成,启动次数和累计工作时间在阀门、流量控制器等部组件产品上完成,模块层面只开展功能性能测试、质量测试、接口测试和环境试验等。表 9 - 3 列出了我国中等容量通信卫星公用平台 LIPS - 200 离子电推进系统流量控制模块应完成的产品验证项目及验证次序。

表 9 - 3　我国 LIPS - 200 离子电推进系统流量控制模块验证矩阵

序　号	试 验 项 目	鉴定级	验收级	备　　注
1	压力验证试验	√	√	在管路、阀门等部组件级产品上开展
2	压力爆破试验	√	/	
3	流量测试与标定	√	√	在流量控制器或(和)模块上开展
4	功能性能测试	√	√	主要测试流量控制功能与性能
5	加速度试验	√	√	力学环境试验
6	冲击试验	√	√	
7	正弦振动试验	√	√	
8	随机振动试验	√	√	
9	热循环试验	√	√	空间环境试验
10	热真空试验	√	√	
11	功能性能测试	√	√	主要测试流量控制功能与性能
12	EMC 试验	√	√	
13	ESD 试验	√	/	视需要开展
14	漏率检测	√	√	
15	洁净度检查及干燥	√	√	出厂测试项目
16	外形与接口尺寸检测	√	√	
17	外观检查	√	√	
18	质量测量	√	√	
19	启动次数	√	/	一般在阀门类产品上开展
20	累计工作时间	√	/	一般在流量控制器上开展
21	可靠性	√	√	通常采用分析手段验证
22	在轨工作寿命	√	/	

注:1. √——必做项目,/——不做项目;2. 阀门验证试验不限于上述项目,通常按专用技术规范执行。

除上述模块产品的验证外,压力调节与流量控制模块还需要开展或参加各级产品间的联试,包括两个模块间联试、各模块与电推进控制单元及离子推力器间的联试等,以验证两个模块之间以及各模块与离子电推进系统内部相关单机之间的接口匹配性和性能协调性;必要时,压力调节与流量控制模块还应参加离子电推进全系统模拟点火、真实点火联试,充分考核与验证离子电推进系统的整体性能稳定性与工作兼容性。

9.4.2　推进剂贮供单元产品应用

1. 应用概述

纵观离子电推进产品工程研制和空间飞行应用历史,在不同的技术发展阶段,针对不同的空间飞行使命和航天器推进任务需求,离子电推进系统选用了各种不同的推进剂贮存与供给(压力隔离、压力调节和流量控制)技术方案,并分别成功研制出了相应的推进剂贮供单元飞行产品。国外针对单模式、多模式和连续可调模式离子电推进系统,成功研制出了多款推进剂贮供单元产品,其中比较典型的产品主要有基于 Bang – Bang 电磁阀压力调节和热节流器流量控制的美国 XIPS – 13 单模式离子电推进贮供单元、XIPS – 25 双模式离子电推进贮供单元、NSTAR – 30 多模式离子电推进贮供单元、日本 IES – 12 单模式离子电推进贮供单元、中国 LIPS – 200 单模式离子电推进贮供单元、基于 PFCV 压力调节和热节流器流量控制的美国 NEXT – 40 多模式离子电推进贮供单元、英国 T – 5 连续可调模式离子电推进贮供单元、中国 LIPS – 300 多模式离子电推进贮供单元等,这些贮供单元产品中配置的氙气瓶基本上都为采用高强度碳纤维缠绕的金属内衬复合材料高压容器,形状有球形,也有圆柱形,容积和外形尺寸等设计参数各不相同。从 20 世纪 80 年代离子电推进实现空间飞行应用以来,国外针对离子电推进所研制的绝大部分推进剂贮供单元产品先后在美国 BBS – 601、BBS – 702HP、BBS – 702SP 等公用卫星平台 GEO 卫星和 DS – 1、DAWN 深空航天器,日本 ETS – 6、ETS – 8 工程试验卫星和 COMETS 通信卫星,欧洲 Artemis 卫星、GOCE 卫星等各类航天器上开展和完成了大量的空间工程应用,有效验证了推进剂贮供单元技术方案的可行性以及产品在轨工作性能和对空间环境的良好适应性,部分产品已进入成熟应用阶段。

中国自主开发研制的离子推进推进剂贮供单元产品也已实现了空间应用,其中针对 1 kW 级单模式离子电推进系统开发研制的基于 Bang – Bang 电磁阀压力调节和热节流器流量控制技术方案的 LIPS – 200 离子电推进贮供单元产品于 2012 年 10 月~2014 年 4 月在 SJ – 9A 新技术验证卫星上随离子电推进系统完成了首次空间飞行试验,2017 年 4 月,基于迷宫式结构流量控制器的 LIPS – 200 离子推进推进剂贮供单元升级型产品在我国首颗高通量通信卫星——SJ – 13 卫星上正式实现了工程应用;针对 5 kW 级多模式离子电推进系统研制的可满足三种工作模式工作需求的 LIPS – 300 离子电推进贮供单元产品计划于 2019 年年底在 DFH – 5 平台新技术验证卫星——SJ – 20 卫星上开展在轨飞行验证与空间应用。

2. 典型实例

NATAR – 30 离子电推进贮供单元是世界上首套具备多点输出功能的离子电

推进推进剂贮供单元产品,图9-9为DWAN航天器NSTAR-30推进剂供给组件产品照片。采用Bang-Bang压力调节和热节流器流率控制方案,向离子推力器提供3路独立的推进剂供给,系统共设计有16个工作点、112个细分"档位",对应的阳极、主阴极和中和器流率输出范围分别为5.98~23.43 sccm、2.47~3.70 sccm和2.39~3.59 sccm,系统输出推力21~92 mN,该产品的首次空间飞行试验与工程应用是1998年10月24日发射升空的DS-1航天器;该贮供单元第二次飞行试验和空间应用是美国的DWAN航天器,航天器进自2007年9月27日发射升空,在空间飞行接近11个年头,离子电推进共计运行51 421 h,消耗推进剂约404 kg。通过DWAN探测任务,对包括3套贮供单元在内的NSTAR-30离子电推进系统所有产品的功能、性能及环境适应性完成了一次更远飞行距离和更长寿命的考核与再验证。

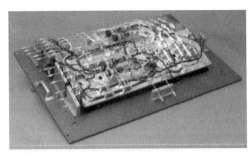

图9-9 DWAN航天器NSTAR-30推进剂供给组件产品照片

英国T-5离子电推进推进剂贮供单元是世界上采用比例流量控制技术对离子推力器供给流量进行控制的供气设备,主阴极和中和器流率控制采用传统的热节流器方案,阳极流率则通过一台美国Moog公司研制的比例流量控制阀(PFCV)进行闭环控制,有效保证了阳极流量宽范围、快速与高精度调节,从而实现了卫星的无阻尼飞行。T-5离子电推进推进剂供给组件产品作为欧洲首颗重力梯度与海洋环境监测卫星——GOCE卫星T-5离子电推进系统的推进剂供给设备,于2009年3月~2013年11月完成了首次全寿命周期的在轨飞行验证,该系统设计寿命为2年,实际在轨运行时间超过4年,通过支持T-5离子电推进系统执行大气阻尼动态补偿、卫星轨道高精度维持等任务,对产品性能与可靠性完成了充分、全面、有效且直接的验证。

参考文献

王晓洁,梁国正,李辅安,等.2005.T-1000碳纤维/环氧树脂基复合材料性能研究[J].材料科学与工艺,13(5):540-543.

王耀先.2001.复合材料结构设计[M].北京:化学工业出版社.

张天平.2002.空间应用复合材料压力容器研制技术[J].上海航天,19(1):54-62.

Barbarits J K, King P T. 2006. Xenon feed system progress[C]. Sacramento:The 42nd AIAA/ASME/SAE/ASEE Joint Propulsion Conference and Exhibit.

Bushway E D, Perini R. 2000. Proportinal Flow Control Valve(PFCV) for electric propulsion systems[R]. Las vegas:the 36th AIAA/ASME/SAE/ASEE Joint Propulsion Conference and Exhibit.

Cho H K, Rhee J. 2012. Development of hall thruster propulsion system or STSAT-3 application[J]. Acta Astronautica, 72: 90-97.

Dunning J W. 2004. An overview of electric propulsion activities at NASA[C]. Florida: the 40th Joint Propulsion Conference and Exhibit.

Ganapathi G B, Engelbrecht C S. 1999. Post-launch performance characterization of the xenon feed-system on Deep Space One[C]. Los Angeles: The 35th AIAA/ASME/SAE/ASEE Joint Propulsion Conference and Exhibit.

Ganapathi G B. 2000. Performance of the xenon feed system on Deep Space One[J]. Journal of Spacecraft and Rockets, 37(3): 392-396.

Lichtin D A. 2005. An overview of electric propulsion activities in US industry 2005[C]. Tucson: The 41 st AIAA/ASME/SAE/ASEE Joint Propulsion Conference and Exhibit.

Manzella D, Jacobson D. 2003. Investigation of low-voltage/high-thrust hall thruster operation[C]. Huntsville: The 39th AIAA/ASME/SAE/ASEE Joint Propulsion Conference and Exhibit.

Matticari G, Noci G E, Siciliano P. 2005. New generation flow control components for electric propulsion systems status of achievements at Alcatel Alenia Space Italia/Laben-Proel[C]. Princeton University: The 29th International Electric Propulsion Conference.

Pehrson D M. 2007. Continuing development of the proportional flow control valve(PFCV) for electric propulsion systems[C]. Florence: The 30th International Electric Propulsion Conference.

Saccoccia G, Gonzalez J. 2004. Electric propulsion in ESA[C]. Fort Lauderdale: The 40th AIAA/ASME/SAE/ASEE Joint Propulsion Conference and Exhibit.

Tverdokhlebov S O. 2004. Overview of electric propulsion activities in Russian[R]. Fort Lauderdale: the 40th AIAA/ASME/SAE/ASEE Joint Propulsion Conference and Exhibit.

van der List M. 2006. Next generation electrical propulsion feed systems and spin-off micro-propulsion components[C]. Sacramento: The 42nd AIAA/ASME/SAE/ASEE Joint Propulsion Conference and Exhibit.

Wallace N, Jameson P, Saunders C. 2011. The GOCE ion propulsion assembly — Lessons learnt from the first 22 months of flight operations[C]. Wiesbaden: The 32nd International Electric Propulsion Conference.

验证篇

第 10 章

离子电推进可靠性验证

10.1　空心阴极组件可靠性验证

10.1.1　常规可靠性项目验证

1．通用要求

离子推力器上空心阴极分别为放电阴极和中和器阴极。虽然这两类空心阴极组件的工作条件有差别,但是其工作原理相同,均是在规定的时间能点火成功且能发射所需的原初电子。这两类空心阴极组件的工作条件差异主要为工质气体流率、工作电参数、电磁场环境等。空心阴极组件的可靠性试验在真空环境下进行,试验要求如下：① 试验设备为无油真空系统；② 设备工作真空度优于 1.0×10^{-2} Pa (产品额定供气)；③ 试验中的氙气纯度不低于 99.995%,且 O_2 含量低于 1 ppm、H_2O 含量低于 1 ppm、CO_2 含量低于 2 ppm。

空心阴极组件可靠性试验的供电关系如图 10 - 1 所示。

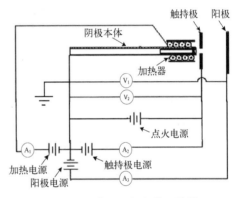

图 10 - 1　空心阴极组件可靠性试验供电关系

V_1—阳极电压；V_2—触持电压；A_1—加热电流；A_2—触持电流；A_3—阳极电流

2．验证项目及目的

空心阴极常规可靠性试验项目包括：① 性能一致性试验验证；② 点火可靠性试验验证；③ 性能裕度试验验证。

1) 性能一致性试验验证

对于同一种结构空心阴极组件,其工作性能由加热丝热阻情况、发射体表面状态、热屏组件的保温效率等多方面因素决定。空心阴极组件的性能一致性试验就是通过试验的方式,测试产品的性能。通过对比多次工作时产品的工作电参数一致性等进行评价。该项试验的目的是测试不同工况下空心阴极组件阳极电压、触持电压的一致性情况。

2）点火可靠性试验验证

空心阴极组件的点火时间定义为该组件从开始加热到稳定引出规定大小的电子电流所需的时间。作为电推力器工作时的电子源,空心阴极组件需具备在规定时间内成功点火并对外稳定发射电子电流的能力。这是保证电推力器可靠工作所必须具备的能力。因此,空心阴极组件的点火可靠性试验非常必要。该项试验的目的包括:① 测试空心阴极组件在规定时间内的点火成功率;② 测试空心阴极组件的点火时间指标是否满足电推力器工作要求;③ 老炼空心阴极组件加热丝,剔除早期失效产品。

3）性能裕度试验验证

空心阴极组件产品在离子推力器上工作时,供电、供气参数不可避免地会随着离子推力器、卫星状态、在轨环境等波动。此外,该试验还有助于摸清空心阴极组件产品工作在供电供气设备故障时的工作状态和可靠性。因此在对空心阴极组件的可靠性进行评价时,需对其供电、供气工作输入参数进行拉偏,从而对其性能裕度进行测试试验。该项试验的目的包括:① 测试空心阴极组件在供电参数拉偏的情况下的工作稳定性;② 测试空心阴极组件在供气参数拉偏的情况下的工作稳定性。

3. 空心阴极工作性能一致性筛选

空心阴极组件性能一致性试验的方法是:以产品确定的电气参数作为输入,采取持续放电的方式,获取稳定工作时产品的特征工作参数。该步骤试验一般采用多次重复试验的方式,以获取更真实的产品工作性能参数,从而更准确地进行工作性能一致性的评价。

空心阴极组件性能一致性试验的流程如图 10-2 所示。在“开启电源”步骤

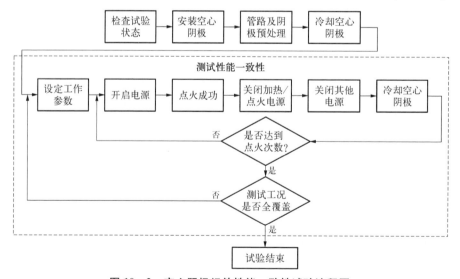

图 10-2 空心阴极组件性能一致性试验流程图

中,可先开启加热电源,待加热一段时间后,再开启触持电源、阳极电源等。

　　LHC‐5L 型空心阴极组件装配在 LIPS‐200 离子推力器上之前,需单独开展组件级的性能一致性试验。试验通过在相同工况下,对空心阴极组件进行多次点火,获取每次点火后的阳极电压、触持电压等。通过对比每次点火时的电参数波动情况来评价产品的一致性。LHC‐5L 型空心阴极组件的性能一致性试验工况和判据如表 10‐1 所列。

表 10‐1　LHC‐5L 性能一致性试验工况和判据要求

用途	试 验 工 况			判 据 要 求
	触持电流/A	阳极电流/A	工作流率/sccm	
主阴极	0.6	4.6	1.0	阳极电压在 18~26 V 范围内
中和器	1.6	0.8	1.0	(1) 三极管模式下,触持电压在 17~27 范围内 (2) 二极管模式下,触持电压在 21~35 V 范围内

　　主阴极工况参数下,开启加热电源,3 min 后开启触持电源、阳极电源和点火电源;监测阳极点火状态,点火成功后关闭加热电源和点火电源;持续放电 15 min 后关闭所有电源,开始冷却。如此循环 10 次后,开展下一个工况的试验。

　　中和器工况参数下,开启加热电源,3 min 后开启触持电源和点火电源;监测阴极点火状态,点火成功后关闭加热电源和点火电源;持续放电 10 min 后打开阳极电源;再次持续放电 10 min 后,关闭所有电源开始冷却。如此循环 10 次,试验完成。

　　试验完成后,分析试验中获取的各工况下的试验数据,对照性能一致性合格判据,给出空心阴极是否合格的结论。图 10‐3 给出了 LHC‐5L 型空心阴极的性能一致性试验结果。

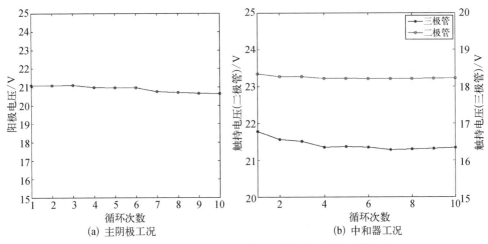

(a) 主阴极工况　　　　　　　　　　(b) 中和器工况

图 10‐3　LHC‐5L 型空心阴极组件性能一致性试验结果

4. 空心阴极点火可靠性验证

空心阴极组件点火可靠性试验的方法是：以实际工作电气参数作为输入参数,采取多次从冷态下启动空心阴极组件的方式,获取大量的产品点火时长数据,从而在统计学意义上对产品的点火可靠性进行评价。试验时的供电关系如图10-1所示。在每次启动前,需保证空心阴极组件已冷却一段时间,即保证空心阴极组件在进行下次点火试验测试时,产品温度已降至可接受程度,对点火时间的影响可接受。

空心阴极组件点火可靠性试验的流程如图10-4所示。在"开启电源"步骤中,可先开启加热电源,待加热一段时间后,再开启触持电源、阳极电源等。

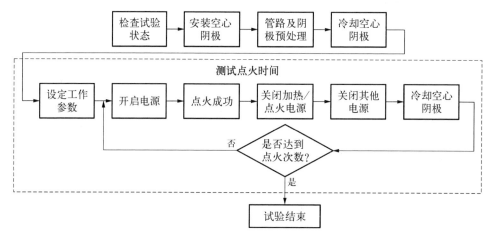

图 10-4   空心阴极组件点火可靠性试验流程图

兰州空间技术物理研究所研制的5 A钽触持空心阴极组件(LHC-5L型)用于LIPS-200等电推力器产品。电推力器对该产品的点火可靠性合格判据为：① 连续50次点火成功率为100%；② 点火时间不大于6 min；③ 点火可靠性试验前后的加热丝冷阻变化不大于5%。

完成相关步骤后,按照表10-2设定空心阴极组件点火可靠性试验参数；开启加热电源,3 min后开启触持电源、阳极电源和点火电源；监测阴极点火状态,点火成功后关闭加热电源和点火电源；持续放电10 min后关闭所有电源开始冷却。达到点火时间测试次数后,试验完成,阴极通气冷却。

表 10-2   LHC-5L 型阴极点火可靠性试验电源设定参数

序 号	名 称	设 定 值
1	加热电源	恒压恒流,7.3 A,30 V
2	触持电源	恒压恒流,0.6 A,60 V

续　表

序　号	名　　称	设　定　值
3	阳极电源	恒压恒流,4.6 A,60 V
4	氙气流率	1 sccm
5	关机冷却时间	40 min
6	最大点火时间	10 min
7	点火时间测试次数	50 次

试验完成后,分析试验中获取的点火时间、点火成功率、加热功率、阴极加热丝冷阻变化情况等数据,给出空心阴极点火可靠性是否满足要求的结论,剔除早期失效产品。图 10 - 5 给出了某 LHC - 5L 型空心阴极点火可靠性试验中获取的点火时间分布。

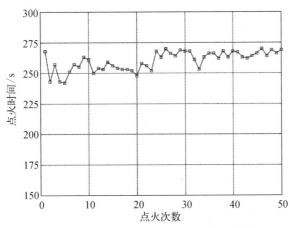

图 10 - 5　LHC - 5L 型阴极点火可靠性测试结果

5. 空心阴极点工作模式流率裕度验证

空心阴极组件性能裕度试验一般在产品性能一致性试验后进行。试验方法是:以产品额定工况时的电气参数作为输入,在空心阴极组件点火成功后,调节空心阴极组件的供电、供气参数,获取各工作参数拉偏时的产品阳极电压、触持电压情况。

空心阴极组件性能裕度试验分为参数拉偏试验和流率裕度试验。两类试验的试验流程分别如图 10 - 6、图 10 - 7 所示。在"开启电源"步骤中,可先开启加热电源,待加热一段时间后,再开启触持电源、阳极电源等。

该试验流程中的各步骤操作方法与"空心阴极组件点火可靠性试验"中的对应项目相同。

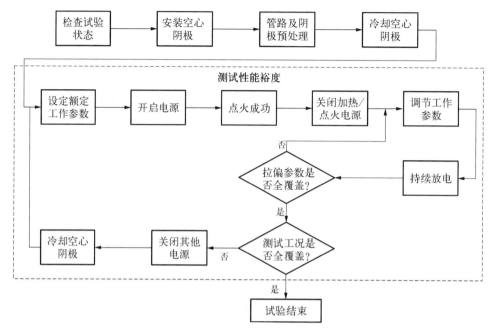

图 10-6 空心阴极组件性能裕度试验流程图(参数拉偏)

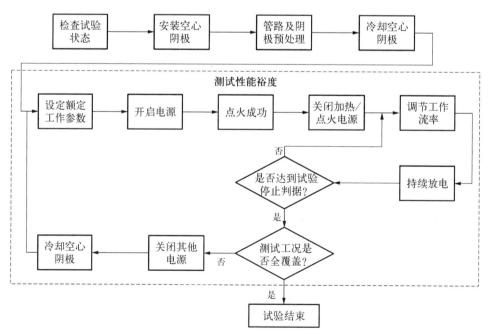

图 10-7 空心阴极组件性能裕度试验流程图(流率裕度)

在参数拉偏试验中,需要对 LHC‒5L 型空心阴极组件在各工况下的阳极电流、工作流率等工作参数进行拉偏,测试产品在超差工作参数下的稳定性。参数拉偏试验条件如表 10‒3 所列。

表 10‒3　LHC‒5L 型空心阴极组件参数拉偏试验参数条件

主 阴 极 工 况			
工　况	触持电流/A	阳极电流/A	工作流率/sccm
拉偏 I	0.6	4.8	1.0
拉偏 II	0.6	4.4	1.0
拉偏 III	0.6	4.6	0.95
拉偏 IV	0.6	4.6	1.05
中 和 器 工 况			
工　况	触持电流/A	阳极电流/A	工作流率/sccm
拉偏 I	1.6	0.84	1.0
拉偏 II	1.6	0.76	1.0
拉偏 III	1.6	0.8	0.95
拉偏 IV	1.6	0.8	1.05

工作流率是空心阴极组件工作的核心参数。在流率裕度试验中,需要工作在小流率下空心阴极组件参数状态。该项试验的流率停止调节判据条件如表 10‒4 所列。

表 10‒4　LHC‒5L 型空心阴极组件流率裕度试验的判据条件

序　号	试验工况	判据条件
1	主阴极工况	(1) 触持电压≥25 V 或触持电压振荡峰峰值≥5 V; (2) 阳极电压≥35 V 或阳极电压振荡峰峰值≥10 V
2	中和器工况	(1) 触持电压≥35 V 或触持电压振荡峰峰值≥10 V; (2) 阳极电压≥35 V 或阳极电压振荡峰峰值≥10 V

10.1.2　长期工作可靠性验证及评价

1. 基本流程

对于空心阴极工作可靠性评估,通过试验获得失效数据并开展评估一般较为困难,因此采用退化评估的方法开展可靠性分析。对于离子推力器空心阴极产品,即使在很高的加速应力下,也难以在可接受的时间内观察到失效数据,这时可以定时检测空心阴极的关键性能参数,通过对不同应力下产品的性能退化趋势进行统计分析,结合适当的退化模型,做出正常应力下的寿命与可靠性估计。通过退化评估的方法,不必得到空心阴极的失效信息,就能评估其寿命与可靠性,可大大缩短试验时间和经费。基于外推失效的退化/加速退化数据评估方法流程如图 10‒8 所示。

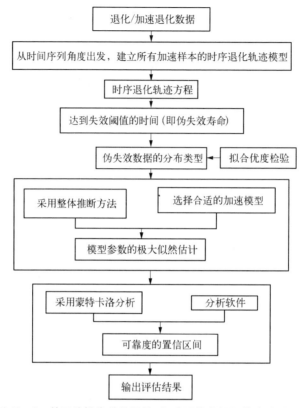

图 10-8　基于外推失效的退化/加速退化数据评估方法流程图

对于离子推力器空心阴极,退化模型有以下两条基本假设: ① 产品退化过程不可逆; ② 一种退化模型对应一种退化过程、失效模式或机理。

2. 模型及方法

1) 评估模型

假定各时刻空心阴极的性能参数服从正态分布,性能参数均值 $E(\rho, t)$ 与时间呈线性关系,如式(10-1)所示:

$$E(\rho, t) = at + b \tag{10-1}$$

式中, $E(\rho, t)$ 为空心阴极性能参数的期望值; a 为漂移系数,刻画性能退化量的退化速率; b 为待定参数。

2) 数据

n 个子样,每个子样检测 m_i 次性能数据,性能数据和检测时间为 (ρ_{ij}, t_{ij}),性能数据阈值为 ρ_0。

3) 可靠度计算方法

极大似然函数公式为

$$\Lambda = \sum_{i=1}^{n} \sum_{j=1}^{m_i} \ln\left(\frac{1}{\sqrt{2\pi}\,\sigma} e^{-\frac{1}{2}\left(\frac{\rho_{ij}-(at_i+b)}{\sigma}\right)^2}\right) \qquad (10-2)$$

式中，a、b、σ 为待定参数。

解此公式求得 $\hat{a}$、$\hat{b}$、$\hat{\sigma}$ 分别为

$$\begin{cases} \dfrac{\partial \Lambda}{\partial a} = 0 \\[2mm] \dfrac{\partial \Lambda}{\partial b} = 0 \\[2mm] \dfrac{\partial \Lambda}{\partial \sigma} = 0 \end{cases} \qquad (10-3)$$

若 ρ_0 为性能参数上限，可靠度点估计计算公式为

$$\hat{z} = \frac{\rho_0 - (\hat{a}t + \hat{b})}{\hat{\sigma}} \qquad (10-4)$$

$$\hat{R}(t) = \Phi(\hat{z}) \qquad (10-5)$$

可靠度下限计算公式为

$$z_U = \hat{z} + K_{1-\gamma}\sqrt{Var(\hat{z})} \qquad (10-6)$$

$$R_L = \int_{z_U}^{\infty} \frac{1}{\sqrt{2\pi}} e^{-\frac{1}{2}z^2}\,\mathrm{d}z \qquad (10-7)$$

若 ρ_0 为性能参数下限，令 $\hat{z}' = -\hat{z}$，可靠度点估计计算公式为

$$z'_U = \hat{z}' + K_{1-\gamma}\sqrt{Var(\hat{z}')} \qquad (10-8)$$

$$\hat{R}(t) = \Phi(\hat{z}') \qquad (10-9)$$

可靠度下限计算公式如式（10-10）所示：

$$R_L = \int_{z'_U}^{\infty} \frac{1}{\sqrt{2\pi}} e^{-\frac{1}{2}z'^2}\,\mathrm{d}z' \qquad (10-10)$$

3. Weibull 分布模型

在每一应力水平下，空心阴极产品的退化轨迹可以使用相同形式的曲线方程进行描述，但由于样本间随机波动的影响，不同产品样本的退化轨迹方程具有不同的参数，由此产品的性能退化量到达失效阈值所需要的时间（即失效寿命）也具有某种程度的随机性，基于外推失效得到的寿命可以用某种特定分布来描述，对于空

心阴极,其失效寿命可以用 Weibull 分布模型来描述。

1) Weibull 分布

评估模型见式(10 - 11):

$$R(t) = \exp\left[-\left(\frac{t}{\eta}\right)^m\right] \qquad (10-11)$$

式中,t 为时间参数; η 为特征时间参数; m 为形状参数。

2) 数据

空心阴极试验产品数为 n; 相应的退化时间为 t_1, t_2, $\cdots$, t_n; 外推得到的失效时间为 t_1^*, t_2^*, $\cdots$, t_n^*。

3) 可靠度计算方法

(1) 确定形状参数 m。 试验产品数 $n \geqslant 3$ 的情况下,计算 m 的公式为

$$\frac{1}{m} + \frac{\sum_{i=1}^{n} \ln t_i}{n} - \frac{\sum_{i=1}^{n} t_i^m \ln t_i}{\sum_{i=1}^{n} t_i^m} = 0 \qquad (10-12)$$

试验产品数 $n < 3$ 的情况下,根据工程经验确定形状参数 m。

(2) 特征寿命点估计计算公式见式(10 - 13)和式(10 - 14):

$$t^* = \sum_{i=1}^{n} t_i^m \qquad (10-13)$$

$$\eta_{空心阴极} = \left(\frac{t^*}{r}\right)^{\frac{1}{m}} \qquad (10-14)$$

(3) 可靠度点估计 $\hat{R}$ 和可靠度下限 R_L 计算公式如下:

$$\hat{R}(t) = \exp\left[-\left(\frac{t}{\eta}\right)^m\right] \qquad (10-15)$$

$$R_{L空心阴极} = \exp\left[-\frac{t^m}{2t^*}\chi_\gamma^2(2r+2)\right] \qquad (10-16)$$

4. 实例

以兰州空间技术物理研究所研制的应用于 LIPS - 200 离子推力器的放电阴极 LHC - 5 为例,其设计寿命为 11 kh、开关次数大于 6 000 次。空心阴极采用的发射体为 LaB$_6$,加热器开关点火可靠性最为关键。为此针对加热器开关点火可靠性评价开展了专项研究。

空心阴极点火可靠性试验共计 4 个批次 9 支样本,其中第一、二批次各 2 支,第

三批次 1 支,第四批次 4 只。空心阴极开关次数和点火可靠性试验按照以下两种试验工况开展:① 空心阴极加热电流 7.5 A,点火成功 1 min 后关闭,冷却 30 min 为 1次循环;② 空心阴极加热电流 7.5 A,点火成功后持续放电 120 min,冷却 30 min 为 1 次循环。空心阴极开关点火可靠性试验结果如表 10-5 所列,目前为止,无失效数据。

表 10-5　LHC-5 空心阴极开关点火可靠性试验结果

批次	编　号	试 验 流 程	循环次数	状　　态
1	LHC-5-1-01	点火成功 1 min 后关闭,冷却 30 min	12 669	满足 2 倍裕度后停止试验
	LHC-5-1-02		12 843	满足 2 倍裕度后停止试验
2	LHC-5-2-01	点火成功 1 min 后关闭,冷却 30 min	8 135	设备原因停止试验
	LHC-5-2-02		9 483	设备原因停止试验
3	LHC-5-3-01	点火成功 120 min 后关闭,冷却 30 min	3 818	试验正在开展
4	LHC-5-4-01		1 216	
	LHC-5-4-02		1 230	
	LHC-5-4-03		1 206	
	LHC-5-4-04		1 224	

加热丝材料的高温蒸发和冷热交变引起的热丝微观组织改变是影响空心阴极点火可靠性的主要因素,其失效服从威布尔分布,即

$$P(t) = \frac{m}{\eta}\left(\frac{t}{\eta}\right)^{(m-1)} \exp\left[-\left(\frac{t}{\eta}\right)^{m}\right] \qquad (10-17)$$

式中,$P(t)$ 为失效概率密度;t 为运行时间;m 为形状因子;η 为时间参数。对于 N 个零失效数据寿命试验,即在空心阴极失效之前试验终止,假设终止的时间为 t。在置信度 C 下确定位置因子:

$$\eta = t\left[-\frac{\ln(1-C)}{N}\right]^{(-1/m)} \qquad (10-18)$$

当产品寿命服从威布尔分布时,可以通过对数威布尔分布的位置因子和形状因子的最好线性无偏估计方法获得产品的寿命估计值。利用式(10-12)和式(10-14)确定了形状因子 m 和特征寿命时间 η 的值分别为 8.335 7 和 16 952。因此,预测的空心阴极点火可靠性相对概率分布曲线如图 10-9 所示。采用威布尔分布预测的 LHC-5 空心阴极在置信度分别为 90% 和 95% 下的开关点火次数可靠性分布曲线,如图 10-10 所示。

LHC-5 空心阴极预期开关点火 6 000 次时,可靠度预测结果为:90% 置信度下的可靠度为 0.999 8;95% 置信度下可靠度为 0.999 5。随着空心阴极可靠性考核

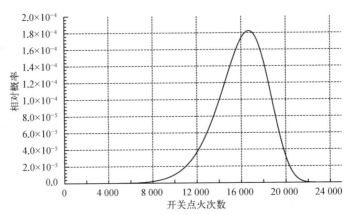

图 10 - 9   LHC - 5 空心阴极开关点火可靠性相对概率分布曲线

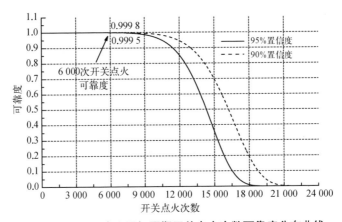

图 10 - 10   LHC - 5 空心阴极预期开关点火次数可靠度分布曲线

试验的不断积累,可靠性评价数据将会更加完善。另外,该结果也为推力器可靠性评价提供了数据支持。

10.2   离子推力器可靠性验证

10.2.1   环境适应性验证

离子推力器从卫星平台装配完成到在轨正常稳定工作期间,将会经历不同的环境。所以对于离子推力器可靠性验证来说环境适应性验证是十分重要和关键的环节。离子推力器所需进行的航天环境适应性验证通常为力和热两种,且力学环境适应性的顺序在热学之前。

1. 力学环境适应性验证

离子推力器力学环境适应性验证主要通过星载力学环境等效试验来实现。离子推力器力学环境适应性试验项目一般包括:冲击试验、加速度试验、正弦试验和随机振动试验。此外,开展离子推力器力学试验验证时需保证试验条件与推力器入轨和在轨环境匹配。力学试验条件通常包括:试验室环境、试验允许偏差、设备状态、频率、幅值、循环次数和持续时间等。

离子推力器力学适应性验证试验通常流程为:推力器工作性能测试、推力器状态检查、力学试验工装检查、力学试验设备检查、推力器安装、力学传感器粘贴、力学试验开展、推力器状态检查、推力器工作性能测试。

离子推力器完成力学试验后需要对推力器的力学环境试验结果进行分析,从而评估离子推力器力学环境适应性验证是否通过。对于 LIPS - 300 离子推力器,在力学环境试验完成后,通过以下几方面来评估力学适应性验证情况:① 离子推力器关重部组件完好程度(栅极、中和器、供气接口和供电接口);② 离子推力器特征阻值正常情况(栅极组件、阴极和阳极);③ 离子推力器工作及性能参数(供电、供气、点火时间、推力、比冲、功率和效率等)。

2. 热环境适应性验证

离子推力器在空间环境工作时,直接受到太阳辐照和阴影区的低温影响,并且恶劣的高低温环境对离子推力器的影响较大。所以需要在热环境下对离子推力器开展可靠性验证工作,从而评估和提升离子推力器环境适应性。离子推力器热环境试验为热真空试验,其试验条件一般包括:试验室环境、空间模拟室压力、温度、温度变化速率、循环次数、冷热浸时间和试验中允许偏差等。热真空试验设备构成示意图见图 10 - 11,较离子推力器常规性能试验设备增加了相应制冷、加热和温控装置。离子推力器热环境适应性验证流程通常如下:试验设备检查、离子推力器

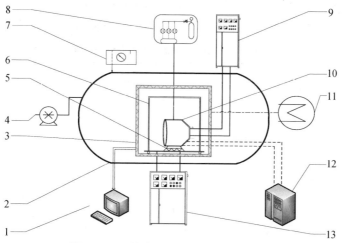

图 10 - 11　热真空试验设备构成示意图

1—控制与数据采集/处理系统;2—真空容器;3—热沉;4—真空抽气系统;5—试验件支架(平台);
6—热模拟器;7—复压系统;8—离子推力器供气系统;9—离子推力器供电系统;
10—试验件(离子推力器);11—测量与检测系统;12—低温制冷系统;13—热模拟器电源系统

状态检查、热控模拟器安装、测温传感器安装、常规性能测试、热真空高低温测试、常规性能测试、离子推力器产品状态检查、试验完成。

热真空实验完成后通过对热真空试验结果进行分析,得出相应的热环境适应性验证结果。例如,LIPS-300 离子推力器热环境试验完成后,通过几方面来评估热学适应性验证情况:① 试验过程中温度控制条件(升降温速率和保温时间);② 离子推力器特征阻值正常情况(栅极组件、阴极和阳极);③ 离子推力器工作及性能参数(供电、供气、点火时间、推力、比冲、功率和效率等)。

10.2.2　工作裕度验证

随着离子推力器使用服役年限的增加,推力器各部组件会造成磨损及退化。所以,离子推力器研制过程中开展离子推力器可靠性裕度验证,不仅为离子推力器工作可靠性评估和分析提供重要参考,同时也进一步提升离子推力器工作可靠性验证水平。离子推力器工作可靠性裕度验证,通常包括性能边界测试、电子反流测试和流率裕度测试三种测试。

1. 性能边界测试

边界测试,即性能拉偏测试,通常是表明推力器在给定设计供电、供气参数情况下,按照电源供电输出和供气系统工质供给能力的控制精度指标进行边界调节,从而得出相应的推力性能指标边界变化情况。LIPS-300 离子推力器的两种工作模式分别为高比冲和大推力,对推力器的额定供电供气参数进行裕度设计和组合(例如,供气裕度为±3%;加速器电压裕度为±5%;阴极电流裕度为±5%;束电流裕度为±1%),从而实现推力器性能参数的推力、功率最大拉偏,推力、功率最小拉偏,以及阳极电压振荡最大拉偏。LIPS-300 性能边界测试结果如表 10-6 所示。

表 10-6　LIPS-300 性能边界测试结果

项　目		单　位	大推力测试结果	高比冲测试结果
拉偏性能参数	推力、功率最大拉偏			
	推力	mN	205	103
	比冲	s	3 632	4 068
	功率	W	5 299	2 913
	推力、功率最小拉偏			
	推力	mN	193	96.40
	比冲	s	3 227	3 617
	功率	W	4 787	2 592
	阳极电压振荡最大拉偏			
	推力	mN	205	103
	比冲	s	3 641	4 088
	功率	W	5 302	2 910

获取 LIPS-300 离子推力器性能测试边界结果,进行分析和评价后提供给相关的离子电推进分系统,从而进一步为离子电推进分系统工作可靠性裕度分析和

验证提供有效支撑。

2. 电子反流测试

离子推力器由于加速栅腐蚀将会引起电子反流失效,这是一个不可避免的离子推力器失效模式,所以在离子推力器设计时必须考虑电子反流的裕度指标,同时离子推力器工作时也要通过有效合理的手段获取电子反流极限值。

推力器工作过程中,随着交换电荷离子对加速栅孔壁不断溅射腐蚀使得孔径变大,孔中心阻止电子反流的势垒将会变小。当电子向上游运动的动能超过孔中心势垒产生的电势能时就会出现电子反流。电子反流会导致放电室内部分器件温度过高、对放电室组件造成损害,增加电能损耗使推力器效率降低,最终使得推力器无法工作而寿命终结。通常当反流电子电流与束流的比例达到1%,或因电子反流导致的放电室放电损耗降低1%时,即认为离子推力器失效。所以,离子推力器电子反流测试时通常采用的最直接有效的方式就是降低离子推力器加速栅极电压,以达到电子反流判据。

LIPS-300 离子推力器工作过程中高比冲和大推力两种工作模式对应的加速电压分别为-220 V 和-400 V,试验过程中相关测试流程及步骤如下:离子推力器工作在额定工况;按照规定步长逐渐调节增加加速栅极电压;待离子束流较额定工况时增长1%后暂停试验;记录离子束流额定工况增长1%时的加速栅电压值为电子反流电压极限值。测试完成后,LIPS-300 离子推力器在高比冲和大推力两种工况下的电子反流加速电压分别为-100 V 和-220 V,从而为 LIPS-300 离子推力器工作性能裕度验证提供有效的数据支撑。

离子推力器的电子反流测试是离子推力器工作可靠性裕度验证的重要环节之一,其不仅通过直观的方法获取和证明相关裕度能力,同时也为离子推力器寿命及可靠性分析模型的建立和评估提供重要参考。

3. 流率裕度测试

离子推力器工作时,空心阴极一般工作在点模式下,当空心阴极下游出现明亮的等离子体羽流区时,就成为空心阴极的羽状工作模式。该工作模式时会造成离子推力器空心阴极发射体、阴极顶和触持极的损耗,从而导致空心阴极性能衰退、工作寿命缩短。空心阴极羽状工作模式通常是阴极供给气体小于工作额定值时导致的,所以流率裕度测试是通过调节阴极额定供气流量来表征离子推力器工作可靠性裕度的一种方式。

流率裕度测试的一般流程如下:阴极按照额定参数流率进行点火工作;按照规定要求步长逐渐微调降低阴极流率;当阴极触持电路振荡峰峰值超过规定判据时即认为发生羽状模式。

以 LIPS-300 离子推力器为例,推力器阴极主要有放电室主阴极和中和器,在试验过程中,主阴极和中和器流率均为 0.306 mg/s,采用微调法以 0.013 6 mg/s 为步长逐渐调节,当主阴极和中和器触持电压振荡值高于 25 V 以后,即认为阴极进入羽状模式。

流率裕度测试是离子推力器工作测试的重要环节,它可以有效评估离子推力器阴极的工作可靠性,同时也可以评估推力器在长时间工作过程中工作可靠性裕度的变化情况。

10.2.3　长期工作可靠性验证及评价

1. 工作可靠性验证

离子推力器长期工作可靠性验证最为有效和直接的方式即是寿命试验,通常的验证方式也分为两种:一是循环工作;另一种是持续累计工作。

1) 循环工作

循环工作采用工作、关闭、再工作、再关闭的开关机循环工作来对离子推力器的长期工作可靠性进行验证。通常在离子推力器开展循环工作前首先要进行一次初始性能测试,确定离子推力器产品初始性能基线,然后根据离子推力器在轨单次工作时长进行寿命累计试验,每个单次工作时长完成后,按照一定时间间隔停机一次(通常为 0.5~1 h),累计工作 300~1 000 h 作为寿命试验的一个基本周期。

2) 持续累计工作

持续累计工作采用持续点火工作作为验证方式,通常规定单次累计工作时间 300~1 000 h 为一个累计工作阶段,分阶段开展试验,并且只对离子推力器单机持续累计工作能力进行考核,在每个性能阶段完成后才对离子推力器性能进行分析和评价。

离子推力器长期工作可靠性验证所选择的试验方式和方法往往要根据离子推力器任务需求剖面进行分析,然后得出相应的试验方案。例如,对于 LIPS - 300 离子推力器,当用于通信卫星南北位保及轨道转移时可将循环工作作为主要验证方式来考核工作期间的可靠性;当用于深空探测时可将持续累计工作作为主要验证方式来考核产品工作期间的可靠性。对于离子推力器长期工作可靠性的评价与分析可参考本书寿命试验的相关技术与方法。

2. 工作可靠性评价

由于离子推力器推力比较小,必须累计工作上万小时时间才能达到总冲量的要求,这就要求离子推力器具备长的寿命及高的工作可靠性。在目前的情况下,验证和评估整机或者关键部组件的工作寿命后,开展可靠性验证评估方面的工作是较为可行的方法。

离子推力器结构复杂、失效模式多,对其工作可靠性做出科学评价需进行大量试验验证和理论分析工作。结合国内外文献调研和离子推力器部组件验证试验结果,得到影响离子推力器工作可靠性的关键部组件是栅极组件和空心阴极。栅极组件的主要失效模式有电子反流和加速栅结构失效;空心阴极的主要失效模式为发射体耗尽失效。在系统构成较为复杂、试验子样不够充足的情况下,可采用如图10-12所示的流程进行离子推力器可靠性评估工作。

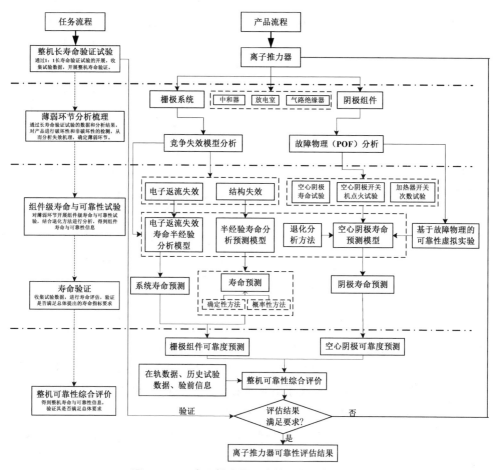

图 10-12 离子推力器可靠性评估流程示意图

在栅极组件可靠性评估中,通过大量的工程调研和文献查阅工作可知电子反流和加速栅结构失效两种失效模式之间存在竞争,在综合考虑栅极组件失效机理的基础上,利用竞争失效模型求解,从而对栅极组件进行工作可靠性的综合评估。

1)电子反流失效可靠性评估

电子反流失效是离子推力器栅极组件主要的失效模式之一。为了保持离子推力器电中性,在加速栅下游,带电的离子束流被中和器电子中和。在正常情况下,加速栅的负电位会在加速栅孔中心附近形成势垒,势垒的存在阻止了中和器电子反流到放电室中。电子反流不但会导致放电室内部分器件温度过高,还会增加电能损耗使推力器效率降低。

由工程经验和电子反流寿命模型可知,电子反流失效为耗损型失效,其寿命分布可用威布尔分布模型描述,根据试验数据可进行威布尔分布参数的无偏估计。以 LIPS - 200 推力器为例,结合电子反流失效机理和验证试验数据,可建立离子推力器电子反流失效寿命半经验分析模型。分别利用确定性和概率性分析方法对 LIPS - 200 出现电子反流失效的寿命达到预期寿命的可靠度进行了预测。

应用概率分析方法,考虑模型输入参数的不确定度,利用 FORTRAN 程序分别进行 10^3、10^4、10^5 和 10^6 次抽样计算,结果表明,当达到 10^5 次抽样时计算结果比较稳定。图 10 - 13 为计算的电子反流寿命可靠度分布曲线。

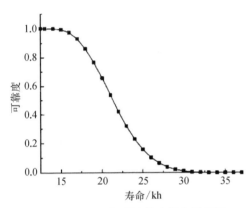

图 10 - 13 LIPS - 200 推力器电子反流
失效寿命可靠度分布曲线

计算结果显示,LIPS - 200 推力器在设计寿命 11 kh 时,出现电子反流失效的概率为零,满足 150% 寿命裕度的可靠度为 0.973。

2) 加速栅结构失效可靠性评估

目前发现的离子推力器失效模式有 20 余种,但普遍认为对离子推力器寿命影响最严重的是电荷交换离子对加速栅下游表面的溅射腐蚀导致的加速栅结构失效。一般可通过研究电荷交换离子对加速栅溅射腐蚀物理机理,建立加速栅概率性寿命模型,可对栅极组件结构失效进行可靠性评估。

由栅极组件结构失效寿命模型可知,其寿命分布可用正态分布模型描述,根据试验数据可进行正态分布参数的无偏估计。结构失效的正态分布可靠性评估模型如下:

$$R = \frac{1}{\sqrt{2\pi}\,\sigma} \int_L^U \exp\left[\frac{-(t-\mu)^2}{2\sigma^2} \right] \mathrm{d}t \qquad (10-19)$$

式中,L 为性能要求下限;U 为性能要求上限;t 为时间;μ 为均值;σ 为标准差。获取 n 个性能数据 $x_1, x_2, \cdots, x_n$,并确定下限 L 和上限 U,则样本性能均值和均方差计算公式为

$$\bar{x}_{结构失效} = \frac{1}{n} \sum_{i=1}^{n} x_i \qquad (10-20)$$

$$S_{结构失效} = \sqrt{\frac{1}{n-1}\sum_{i=1}^{n}(x_i - \bar{x})^2} \qquad (10-21)$$

对于单侧下限,可靠度点估计计算公式为

$$K = \frac{\bar{x} - L}{S} \qquad (10-22)$$

$$\hat{R}_{结构失效} = \varPhi(K) \qquad (10-23)$$

式中,$\varPhi(\cdot)$ 为标准正态分布分布函数。根据置信度 γ、n 和 K,查询 GB/T 4885 可以得到可靠度置信下限 R_L。 对于单侧上限,可靠度点估计计算公式为

$$K = \frac{U - \bar{x}}{S} \qquad (10-24)$$

$$\hat{R}_{结构失效} = \varPhi(K) \qquad (10-25)$$

根据置信度 γ、n 和 K 查询 GB/T 4885,可以得到可靠度置信上限 R_U。对于双侧上下限,可靠度点估计计算公式为

$$\hat{R}_{结构失效} = \varPhi\left(\frac{U - \bar{x}}{S}\right) - \varPhi\left(\frac{L - \bar{x}}{S}\right) \qquad (10-26)$$

可靠度下限计算公式为

$$K_1 = \frac{\bar{x} - L}{S}, \ K_2 = \frac{U - \bar{x}}{S} \qquad (10-27)$$

根据置信度 γ、n、K_1、K_2,查询 GB/T 4885 正态双侧容许限系数表,求出 K_1、K_2 对应的可靠度 P_1、P_2,则

$$R_{L结构失效} = 1 - (P_1 + P_2) \qquad (10-28)$$

以 LIPS - 200 离子推力器为例,在研究加速栅结构失效机理基础之上,可建立加速栅结构失效半经验寿命分析预测模型,利用概率方法对 LIPS - 200 推力器加速栅结构失效寿命的可靠性进行预测。考虑模型输入参数的不确定度,同样利用 FORTRAN 程序分别进行 10^3、10^4、10^5 和 10^6 次抽样计算,结果表明,当达到 10^5 次抽样时计算结果比较稳定。图 10 - 14 为栅极结构失效寿命的可靠度分布曲线,可见 LIPS - 200 加速

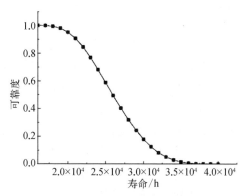

图 10 - 14　LIPS - 200 栅极结构失效
寿命可靠度分布曲线

栅结构失效的寿命大于 16 kh,即满足 16.5 kh 寿命的可靠度大于 0.999。

10.3　离子电推进系统 EMC 试验

10.3.1　EMC 试验要求

1. 一般要求

离子电推进作为卫星平台推进系统时,离子电推进与卫星平台会产生一定的电磁兼容(EMC)问题。例如,离子电推进工作时离子推力器产生的等离子体会形成空间电场辐射发射干扰;PPU 高电压、大电流工作会形成传导稳态和尖峰发射干扰,影响卫星通信、制导、导航、有效载荷和其他电子设备的正常工作,进而引起严重的电磁兼容问题。所以,为了确认离子电推进系统与卫星平台的电磁兼容性,需对离子电推进系统电磁兼容性进行验证和分析评价。开展离子电推进系统的电磁兼容性验证,不仅可以获得离子电推进在工作时的电磁兼容特性,为卫星平台电磁兼容性分析评价和可靠性提升提供重要参考,同时也有效地支撑了离子电推进系统可靠性的设计和验证。

离子电推进 EMC 验证采用试验法作为主要途径,电推进系统 EMC 试验相较于卫星平台其他系统的 EMC 验证工作有较大区别。试验时既要考虑离子电推进系统的正常工作,同时还要保证 EMC 获取试验结果的合理性和有效性,所以为了实现离子电推进系统 EMC 试验,需要从试验条件、试验方法和试验分析与评价等方面进行考虑和准备。

结合离子电推进系统的结构和工作特点,开展 EMC 试验的条件较一般 EMC 试验条件有很大的变化,可以将离子电推进 EMC 试验要求可归纳为试验标准裁剪和试验测试项目选取。

EMC 测试标准分类方式很多,从内容上分,有基础标准、通用标准、产品类标准和专用产品标准;从应用范围分,有军用标准和民用标准;从执行角度又可分为推荐执行标准和强制执行标准。

对于航天领域,目前选用 GJB 151B-2013《军用设备和分系统电磁发射和敏感度要求与测量》作为测量选用标准,该标准替换 GJB 151A-97《军用设备和分系统电磁发射和敏感度要求》、GJB 152A-97《军用设备和分系统电磁发射和敏感度测量》执行标准。GJB 151B-2013 明确规定适用于单独的军用设备和分系统。对于离子电推进系统或相关工作电磁环境,结合卫星平台 EMC 限值线,在有些使用频段进行裁剪,并且对测试项目也可进行裁剪,对于标准技术裁剪要求则一般在专业技术文件中详细规定和说明。

2. EMC 测试项目选择

试验标准确定后,需要依据标准内容选择相关产品的测试项目。一般情况下航天产品要求选 CE101、CE102、CE106、RE102、CS101、CS114、CS115、CS116 和 RS103 等作为标准测试项目。考虑离子电推进系统结构和工作特点,并根据实际工程需要、系统安装位置、发生电磁干扰的概率和可能出现的故障造成影响程度以及空间轨道环境等信息,结合航天器验证总体编制试验验证矩阵表,依照正式任务书中的矩阵表规定测试项目,选择和添加相关测试项目,并建立相关方法和测试系统进行相关测试。

综上所述,离子电推进系统 EMC 试验测试项目通常包括:CE102、CE107、RE102、瞬态电场辐射发射和羽流对通信微波影响等。其中 CE102、CE107 和 RE102 属于标准测试项目,而瞬态电场辐射发射和羽流对通信微波影响为离子推力器专用测试项目。

离子电推进系统 EMC 测试根据项目要求可分为传导发射类测试、辐射发射类测试和专项类测试三类。不同类别测试对设备配置、试验布局和测试方法都有不同要求。

1) 传导发射类测试

离子电推进系统工作时 PPU 会通过电源线或信号线向外发射干扰,结合离子电推进系统工作性质,传导发射会有连续干扰电流和尖峰干扰信号两种情况,所以将 CE102 和 CE107 作为离子电推进系统传导发射类测试的主要项目。

2) 辐射发射类测试

离子电推进系统工作时推力器会通过空间传播干扰辐射电场,结合离子电推进工作性质,辐射发射会有稳定工作和瞬间动作两种情况,所以 RE102 和瞬态电场辐射发射可作为离子电推进系统辐射发射类测试的主要项目。

3) 专项类测试

离子电推进系统工作时推力器产生的羽流会对通信微波产生影响,使通信信号的相位和幅值产生相应的变化,所以将该项测试作为离子电推进系统 EMC 测试的专项类测试项目。

10.3.2　EMC 试验设备及布局

通常 EMC 测试不仅对测试场地有一定的要求,同时对测试设备也有较高要求。对于离子电推进系统 EMC 试验来说,除了要满足所需测试场地和测试设备要求外,还需要设备配套相关系统保证离子推力器系统的正常工作。所以离子电推进系统 EMC 试验设备通常由真空系统、供电系统、供气系统、控制系统、屏蔽暗室和 EMC 测试系统构成。

离子电推进系统 EMC 测试按照辐射发射类、专项测试类和传导发射类的流程进行。辐射发射类测试的布局如图 10-15 所示,传导发射类测试布局如图 10-16

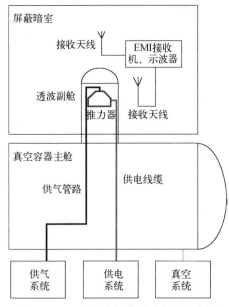

图 10 - 15　辐射发射类测试布局示意图

所示,专项类测试布局如图 10 - 17 所示。辐射发射类测试将推力器安装在玻璃纤维复合材料的透波舱内部,各测试波段接收天线布置在玻璃纤维舱外面,且接收天线位于以推力器出口平面中心为圆心、半径为 1 m,与推力器轴线在同一水平面上的 180°圆弧上,两个测量点分别与推力器出口平面夹角为 90°、180°(或 0°);传导发射类测试将 PPU 放置于屏蔽暗室测试桌上,PPU 和离子推力器间的距离尽量靠近,且 PPU 要通过 LISN 隔离供电,电流探头采用直接法。在专项类测试中,与矢量网络分析仪相连接的接收和发射天线尽量靠近透波真空舱两侧,且通信链路与束流方向呈 90°夹角。

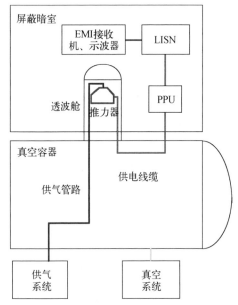

图 10 - 16　传导发射类测试布局示意图

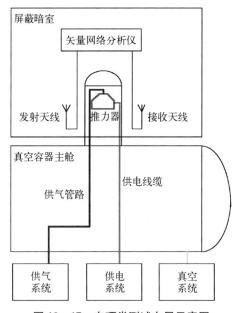

图 10 - 17　专项类测试布局示意图

10.3.3　EMC 试验结果分析与评价

按照标准要求完成测试后,即可开展离子电推进系统 EMC 分析与评价。离子电推进的 EMC 分析与评价通常可以分为两种:标准和非标准。

1. 标准分析与评价

电推进系统的 EMC 试验结果的处理与分析主要针对发射特性进行。发射特性主要包括：电场辐射发射(RE102)、电源线传导发射(CE102)、电源线尖峰信号传导发射(CE107)和瞬态电场辐射发射。RE102、CE102、CE107 和瞬态电场辐射发射的数据处理和分析以 GJB 151B - 2013 为依据。

例如,LIPS - 300 离子推力器按照以上方式及方法完成推力器 RE102 (30 MHz~18 GHz)测试,其测试结果如图 10 - 18 所示,从测试结果可以看出推力器电场辐射发射限值均在限值要求范围之内。

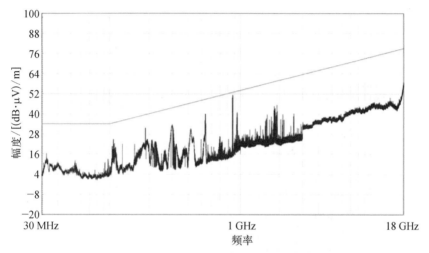

图 10 - 18　LIPS - 300 的 RE102 测试结果

LIPS - 300 离子推力器按照以上方式及方法完成 PPU 的 CE107 测试,其测试结果如图 10 - 19 所示。从测试结果中可以看出 PPU 的瞬态传导发射未出现明显增大峰值及过高的浪涌斜率电流。

2. 非标准分析与评价

通过瞬态辐射发射测试获取电推进分系统推力器开关通断瞬变过程中的辐射发射幅度。若辐射发射幅度满足极限值要求,则开关引起的瞬变辐射发射一般不会对其他设备造成危害;若不满足极限值要求,则开关工作过程中,会对系统内的敏感设备造成干扰,引起系统或部分设备的性能降级。

通过羽流对通信微波影响测试推力器羽流对电磁波信号传输时幅值和相位的影响。通过离子推力器工作前后通信电磁波信号穿过羽流区域后微波信号在幅值和相位上的衰减变化情况,评估对卫星平台通信系统的影响能力。LIPS - 300 离子推力器羽流对通信微波影响(18~40 GHz)测试现场照片如图 10 - 20 所示,其幅值变化测试结果如图 10 - 21 所示。

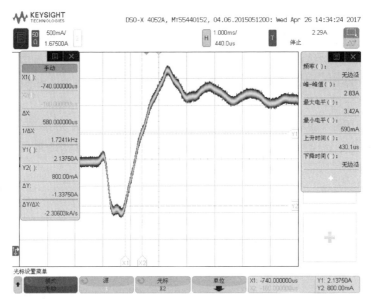

图 10-19   LIPS-300 的 CE107 瞬态传导发射测试结果

图 10-20   羽流对通信微波影响
测试现场照片

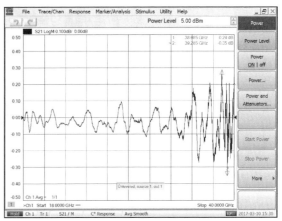

图 10-21   通信微波信号幅值变化结果

参考文献

郭宁,唐福俊,李文峰.2012.空间用空心阴极研究进展[J].推进技术,33(1):155-160.

李得天,张天平,张伟文,等.2018.空间电推进测试与评价技术[M].北京:北京理工大学出版社.

李进贤.2012.火箭发动机可靠性设计[M].西安:西北工业大学出版社.

宋保维.2008.系统可靠性设计与分析[M].西安:西北工业大学出版社.

唐福俊,张天平.2007.离子推力器羽流测量 E×B 探针设计及误差分析[J].真空与低温,13(2):77-80.

张天平,杨福全,李娟,等. 2020. 离子电推进技术[M]. 北京:科学出版社.

中国人民解放军总装备部. 1997. 军用设备和分系统电磁发射和敏感度测量: GJB 152A - 97[S].

中国人民解放军总装备部. 1997. 军用设备和分系统电磁发射和敏感度要求: GJB 151A - 97. [S].

中国人民解放军总装备部. 2013. 军用设备和分系统电磁发射和敏感度要求与测量: GJB 151B - 2013[S].

Friedly V J, Wilbur P J. 1992. High current hollow cathode phenomena[J]. Journal of Propulsion and Power, 8(3): 635 - 639.

Kazutaka N. 2001. Measurements of the electromagnetic emissions from the MUSES - C ion engine system[C]. Pasadena: The 27th International Electric Propulsion Conference.

Keefer D, Semak V V. 1996. Measurements of radial and axial distributions of ion thruster plasma parameters using a Langmuir Probe [C]. Lake Buena Vista: The 32nd Joint Propulsion Conference and Exhibit.

Kudo I. 1981. Electromagnetic noises from an ion engine system [C]. Las Vegas: The 15th International Electric Propulsion.

Mirtich M J. 1973. Investigation of hollow cathode performance for 30 - cm thrusters[C]. Lake Tahoe: The 10th Electric Propulsion Conference.

Pacros A. 2002. Instruments design and testing for a Hall Thruster plume experiment on the space shuttle[D]. MA, USA: Massachusetts Institute of Technology.

Philip C M. 1971. A study of hollow cathode discharge characteristics[J]. AIAA Journal, 9(11): 2191 - 2196.

Sarver-Verhey T R. 1998. Destructive evaluation of a xenon hollow cathode after a 28,000 hour life test[R]. Cleveland, OH: NASA.

Siegfried D S, Wilbur P J. 1984. A model for mercury orificed hollow cathodes: Theory and experiment[J]. AIAA Journal, 22(10): 1405 - 1410.

Soulas G C. 2001. Performance evaluation of titanium ion optics for the NASA 30 cm ion thruster[C]. Pasadena: The 27th International Electric Propulsion Conference.

Soulas G C. 2000. Performance of titanium optics on a NASA 30 cm ion thruster[C]. Las Vegas: The 36th AIAA/ASME/SAE/ASEE Joint Propulsion Conference and Exhibit.

Soulas G C. 1999. Titanium optics for ion thrusters[C]. Kitakyushu: The 26th International Electric Propulsion Conference.

Williams G J. 2001. Measurement of doubly charged ions in ion thruster plumes[C]. Pasadena: The 27th International Electric Propulsion Conference.

第 11 章

离子电推进寿命验证

11.1 离子推力器主要失效模式

11.1.1 空心阴极组件失效模式

1. 发射体失效

发射体是空心阴极产生原初电子的来源,发射体失效是指当空心阴极工作于高温环境下,发射体受高温烘烤或是离子的持续轰击,引起表面蒸发或是发射体有效发射表面被难挥发沉积物覆盖,当蒸发量或是覆盖物达到一定程度后,引起阴极发射体的失效。目前我国离子推力器空心阴极发射体的主要材料为 LaB_6,导致发射体失效的环节主要有阴极的制造、存储、激活和运行环节。通常,离子推力器在正式工作之前要经过验收测试,所以这里只考虑运行环节。运行过程中引起空心阴极失效的发射体失效主要有以下几类:① 发射体材料耗尽;② 发射体有效发射表面被难挥发沉积物覆盖;③ 材料中活性分子不能到达发射体表面。一般 LaB_6 空心阴极发射体是利用 LaB_6 压制烧结形成所需形状,多晶 LaB_6 阴极的功函为 2.6 eV。一般在相同发射电流下,适用 LaB_6 的气体纯度比储备式阴极低两个量级。由此影响 LaB_6 发射体寿命的主要失效模式是发射体材料耗尽。

2. 阴极顶磨损导致结构失效

阴极顶的磨损主要是由放电室等离子体中离子轰击引起的溅射腐蚀造成的。阴极顶板和阴极管的溅射腐蚀可以通过采用触持极及合理匹配阴极运行和几何参数来降低,增加触持极的厚度和选择抗溅射腐蚀能力强的材料可以有效保护阴极顶和阴极管。值得注意的是,顶板和阴极管的溅射磨损在产生有害形变或结构破坏后才会影响到阴极正常工作,而阴极孔壁的腐蚀造成的孔径增加会影响到阴极的工作性能,在额定发射电流下,阴极孔腐蚀率将随孔径的增加呈指数关系下降。目前通过空心阴极优化设计以及材料选择,阴极顶板溅射磨损已经不再是离子推力器的主要失效模式。

3. 触持极溅射失效

触持极的主要作用一方面是保护阴极,使阴极免受放电室离子直接轰击导致的腐蚀;另一方面是降低点火温度并维持放电。一旦触持极磨损失效,阴极和加热器就会暴露于等离子体,其腐蚀率就会出现明显升高,触持极寿命终结不会导致推力器寿命终结,但会加速离子推力器的失效,所以触持极的失效属于"软"失效。触持极的磨损主要是由放电室等离子体和空心阴极之间存在的电势差引起的,导致离子轰击触持极表面,加快触持极刻蚀,当放电阴极触持极被磨损穿透后,阴极顶和阴极管会直接暴露在放电室等离子体环境中。

4. 加热器失效

加热器是将发射体加热至额定点火温度,使阴极能够在较低电压下点火的阴极零件。加热器常用的加热丝材料有钽丝、钨丝和铼钨丝等。对于暴露大气后易受污染的钡钨发射体来说,加热器还具有在点火前活化发射体、消除污染的作用。加热器嵌套在阴极管的下游端,一般加热器在触持极的保护下不会遭受离子溅射磨损。但是当加热器温度过高时,会引起加热丝表面升华,加热丝线径缩小,造成加热器熔断,从而引起加热器失效。

5. 阴极点工作模式失效

阴极的工作模式与通入流率具有密切联系,当流率安全设计不到位,即通入的流率超出阴极正常工作所需的流率范围时,会导致阴极进入点工作模式。当阴极长期处于点工作模式时,聚集在阴极顶小孔区域的高密度等离子体将在此区域形成较高的发射电流密度。以兰州空间技术物理研究所研制的 LHC - 20 空心阴极为例,仿真计算得到小孔区的发射电流密度甚至达到发射体区发射电流密度的 2~3 倍,这样必然导致羽流区的发射电流急剧减少,阴极引出的发射电流无法满足工作需求,并且小孔区域的高密度等离子体会加剧阴极顶小孔的刻蚀,造成阴极发射的电子流无法正常扩散引出,而是聚集在阴极顶小孔区域,导致阴极效率下降,工作寿命降低。因此,阴极的流率安全裕度设计是国内外离子电推进系统阴极设计的重点考虑之一。

11.1.2　栅极组件失效模式

1. 电子反流失效

为了保持离子推力器电中性,在加速栅下游,带电的离子束流被中和器电子中和。在正常情况下,加速栅的负电位会在加速栅孔中心附近形成势垒,势垒的存在阻止了中和器电子反流到放电室中。推力器运行过程中,随着 CEX 离子对加速栅孔壁不断溅射腐蚀,使得加速栅极孔径变大,孔中心阻止电子反流的势垒将会变小。当电子向上游运动的动能超过孔中心势垒产生的电势能时就会出现电子反流。电子反流不但会导致放电室内部分器件温度过高,还会增加电能损耗使推力器效率降低。其次,加速电压变化导致的电子反流的机理与上述过程相同,即加速栅的负电位在加速栅孔中心附近形成的势垒无法阻挡电子进入,从而造成电子反流失效。

2. 加速栅结构失效

从加速栅极下游表面到离子束流合并形成整体束流之前的一段位置,产生的 CEX 离子会被加速栅负压吸引回来。被吸引回来的 CEX 离子会对加速栅下游表面产生溅射腐蚀作用。通常溅射腐蚀形状如图 11 - 1 所示,称之为"坑和槽"(pit-groove)腐蚀。CEX 离子对加速栅的溅射腐蚀是离子推力器运行在工作点时,限制其寿命的最主要失效模式之一。LIPS - 300 离子推力器原理样机在经过 3 000 h 的考核试验后,加速栅极孔出现了明显的"六角星"形刻蚀。若按照此趋势继续发展,最终会导致栅极孔周围材料脱落,加速栅失去聚焦能力而结构失效,或者脱落物引起栅极之间的短路失效。

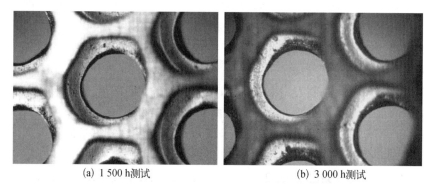

(a) 1 500 h测试　　　　　　　　　(b) 3 000 h测试

图 11 - 1　LIPS - 300 离子推力器加速栅溅射腐蚀情况

11.2　离子推力器寿命试验

11.2.1　寿命试验要求及方法

1. 试验目的

按照在轨典型工况使离子推力器在地面真空系统内长时间循环点火工作,观测推力器的主要性能参数随时间的变化趋势,累计推力器的可靠性试验数据,并识别试验过程中的失效模式。

离子推力器寿命试验的目的在于:① 考核离子推力器持续工作能力、开关机循环能力能否满足在轨要求;② 获取离子推力器持续工作时主要性能参数和特征参数的变化趋势,为预测推力器工作寿命和确定在轨工况组合模式提供基础数据。

2. 试验项目

离子推力器寿命试验包括开关机循环试验和性能诊断测试,两项试验的测试项目及测试内容见表 11 - 1。开关机循环试验主要考核离子推力器在反复开关机条件下主要性能参数的变化趋势;性能诊断测试在寿命试验初期以及开关机循环试验累计到一定时间后周期性开展,主要考核离子推力器长时间工作后的特征参数的变化趋势。

表 11-1　航天器离子推力器寿命试验测试项目明细表

序　号	试验名称	测 试 项 目	测 试 内 容
1	开关机循环试验	启动特性	空心阴极、中和器启动时间,束流引出时间
2		束流稳定特性	系统电气参数,性能参数
3	性能诊断测试	束流发散角	束流发散角
4		中和器流率裕度	中和器触持电流振荡
5		阴极流率裕度	阴极触持电流振荡
6		电子反流极限	加速栅反流极限电压
7		关键部组件表面腐蚀	栅极组件形貌,阴极和中和器外部形貌
8		真空环境绝缘性能	真空环境下各电极与供电地之间的绝缘性能

3. 试验系统组成

离子推力器寿命试验系统主要包括真空系统、推力器试验系统和在线诊断测试装置等。真空系统主要由真空室、抽气机组以及其他辅助设施组成。推力器试验系统主要由测量与监测系统、控制与数据采集/处理系统组成。在线诊断测试装置主要有由栅极腐蚀测试系统、推力器束流发散角测试装置等组成。

1) 真空系统

由于电推力器的特殊性,为了尽可能消除地面环境因素对寿命试验结果的影响,分系统级和推力器寿命鉴定试验需要在高洁净度、高真空度的大型设备上进行,一般要求: ① 真空系统应为无油真空系统;② 在单台推力器最大额定供气条件下,真空舱内氙气真空度优于 $7.0×10^{-4}$ Pa;③ 推力器表面溅射沉积率应小于 $1.0~\mu m/kh$。

兰州空间技术物理研究所用于 20 cm 直径离子推力器寿命试验验证要求的真空度为 $6×10^{-4}$ Pa,比性能测试要求的真空度 $6×10^{-3}$ Pa 高一个量级;寿命试验的真空舱尺寸为 $\Phi3.8~m×8.5~m$,并且需要配置满足防溅射产额要求的离子束靶,真空设备系统组成如图 11-2 所示。

2) 测量系统

为了尽可能模拟在轨工作环境,降低试验过程中频繁开舱后暴露大气对寿命验证试验结果造成的影响,寿命试验系统内应配备在线测量仪器与设备,如在线栅极腐蚀测量设备、束流发散角及推力矢量偏角测量设备等。

3) 其他辅助系统

离子推力器单机产品开展寿命试验过程中需要额外的地面供电、供气等装置

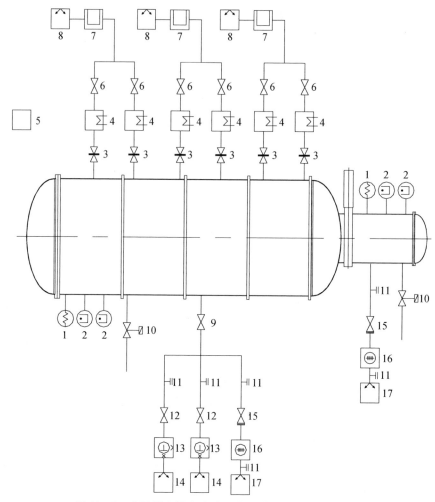

图 11 - 2   离子推力器寿命试验真空设备系统组成示意图

1—电阻规;2—电离规;3—插板阀;4—低温泵;5—冷水机组;
6—电磁阀;7—冷阱;8—涡旋泵;9—插板阀;10—放气阀;11—真空规接口;
12—插板阀;13—罗茨泵;14—螺杆泵;15—挡板阀/挡板阀;16—分子泵;17—三叶罗茨干泵

及试验控制管理系统。其中,控制管理系统能够按规定时序控制推力器的各路供气和供电;自主记录供气流率值和供电的电压、电流值等;并能根据供电、供气、真空度等参数进行故障判断,及时进行停机操作,以保证产品安全。以 LIPS - 200 离子推力器寿命试验为例,离子推力器完成了 14 kh 的寿命验证,其供电、供气由试验系统配置的地面供电、供气系统完成。整套试验系统由离子推力器和试验系统组成,试验系统包括贮供系统、供配电系统、控制系统、真空环境监测系统、诊断和真空系统以及试验摄像系统。寿命试验系统组成及连接关系如图 11 - 3 所示。

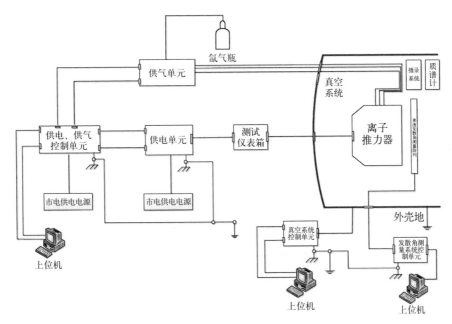

图 11-3　离子推力器寿命试验系统组成及连接示意图

4. 试验流程

离子推力器寿命试验流程如图 11-4 所示,开展单次开关机点火,单次点火工作时间应与在轨的典型工作时长尽量保持一致,但不能少于推力器内外组件达到稳态工作温度的时长;开关机循环试验中首先须开展多轮次离子推力器开关机,每节循环中离子推力器累计束流引出时间不低于规定时间(X 大于单次点火工作时间,建议 X 在百小时以上)。完成多轮次开关机后须进行一次性能诊断测试。完

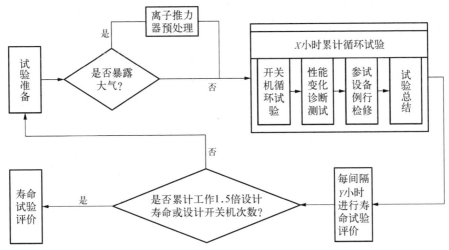

图 11-4　离子推力器寿命试验及评价流程

成性能诊断测试后进行参试设备例行检查,每间隔规定时间($Y>X$,建议 Y 在千小时以上)进行一次寿命试验评价。

开关机循环寿命试验中,离子推力器的累计工作时间包括额定试验时间和扩展试验时间两部分,应满足要求:① 额定试验时间为推力器的额定在轨工作时长,扩展试验时间为额定试验时间的 30%~50%;② 在扩展试验时间中,参试产品或者维持固定的开关机循环频率但运行在最恶劣工况下,或者维持在额定工况但将开关机循环频率提高 15%~30%;③ 若在轨应用时离子推力器需要在多个工况点或工作模式下运行,则开关机循环试验必须全面覆盖任务剖面中的所有工况和工作模式,根据工况数量可选择 4~5 种典型工况,各典型工况的累计运行时间比例应与所代表工况的在轨累计运行时间比例保持一致,并对导致关键失效的工况点根据对应的离子推力器技术要求进行额外的扩展试验;④ 如若无条件开展 1:1 寿命试验,可基于已开展的寿命试验结果,进行仿真预测分析,得出寿命评价结果。

11.2.2   LIPS‐200 寿命试验结果及评价

1. 寿命试验整体情况

试验于 2013 年 12 月 25 日正式启动,2016 年 4 月 6 日顺利完成了累计工作 11 000 h、6 000 次开关机的寿命试验既定目标,实际累计工作时间 12 216 h,开关机 6 103 次。针对 APSTAR‐6D 寿命要求,2017 年 6 月 15 日至 2018 年 3 月 5 日推力器共完成 2 433 h、1 078 次开关机的推力器寿命扩展试验。LIPS‐200 总计完成 14 649 h、7 181 次开关机寿命试验。

对每小节完成的寿命考核时间和开关机次数汇总,如表 11‐2 所示。需要说明的是,统计结果中包括每 500 h 的累计点火、每小节点火前后的预处理、性能测试以及试验中暂停后再启动的时间和开关机次数。其中,由于性能测试的束发散角、羽状模式安全裕度等测试过程,工作时间与循环工作时间不同。

表 11‐2   累计工作时间及开关机次数统计

小节数	循环工作时间/h	性能诊断测试时间/h	循环开关次数/次	性能诊断测试开关次数/次	故障导致开关机次数/次	完成日期
1	500	9	250	4	0	2014‐01‐24
2	500	9	250	4	0	2014‐03‐04
3	500	9	250	4	0	2014‐04‐03
4	500	9	250	4	0	2014‐05‐03
5	500	9	250	4	0	2014‐06‐05
6	500	9	250	4	0	2014‐07‐04
7	500	9	252	4	0	2014‐08‐04

续　表

小节数	循环工作时间/h	性能诊断测试时间/h	循环开关次数/次	性能诊断测试开关次数/次	故障导致开关机次数/次	完成日期
8	500	9	250	4	0	2014 - 09 - 04
9	500	9	250	4	0	2014 - 10 - 04
10	500	9	250	4	0	2014 - 11 - 03
11	500	9	250	4	0	2014 - 12 - 03
12	500	9	250	4	0	2015 - 01 - 04
13	500	9	250	4	1	2015 - 02 - 10
14	500	9	250	4	0	2015 - 04 - 02
15	500	9	250	4	1	2015 - 05 - 04
16	500	9	250	4	0	2015 - 06 - 04
17	500	9	250	4	0	2015 - 07 - 04
18	500	9	250	4	0	2015 - 08 - 04
19	500	9	250	4	0	2015 - 09 - 08
20	500	9	250	4	1	2015 - 10 - 19
21	500	9	250	4	1	2015 - 11 - 23
22	500	9	252	4	0	2015 - 12 - 25
23	500	9	250	4	1	2016 - 02 - 26
24	500	9	250	4	1	2016 - 03 - 06
25	500	9	125	4	0	2017 - 07 - 13
26	500	9	125	4	0	2017 - 08 - 12
27	500	9	207	0	1	2017 - 09 - 27
28	500	9	125	4	2	2017 - 12 - 18
29	500	9	478	0	0	2018 - 03 - 05
小计	14 500	216	7 053	108	10	2018 - 03 - 05
总计	14 649			7 181		2018 - 03 - 05

　　试验过程中,在第 6 小节(3 000 h)试验末期,由于束流接近大纲要求的下限 (0.72 A),按试验方案要求,从第 7 小节开始将阳极电流从 4.0 A 调节到 4.3 A,使束流达到 0.799 A 并继续后续试验。第 17 小节(8 500 h)末期,束流再次接近 0.72 A,第 18 小节起将阳极电流从 4.3 A 调到 4.8 A,使束流达到 0.798 A 并继续后续试验。第 22 小节初期,在阳极电流 4.8 A 下引束流时,前 3 次循环点火束流接近 0.72 A 下限,因此,在第 4 个循环时将阳极电流从 4.8 A 调节到 5.2 A,使束电流达到 0.796 A。第 23 小节点火中发现推力器性能有所恢复,阳极电流为 5.2 A 时,

束流值逐渐增加。当阳极电流为 4.4 A 时,屏栅电流即可保持 0.72~0.8 A 的范围,满足束流大于 0.72 A 的寿命试验要求。因此,第 23 小节后期,将阳极工作电流下调为 4.4 A。第 28 小节末期发现推力器束流已接近 0.72 A(均值 0.728 A),因此第 29 小节开始后将阳极电流调至 4.8 A,使束流达到 0.8 A 以上,并继续试验。

2. 寿命试验循环点火工作性能

整星状态下,当阴极、中和器点火成功后,在 5 s 内即能引束流正常工作,所以整机点火启动时间与阴极、中和器点火时间相关。

阴极、中和器点火时间如图 11-5 所示。整体来看,阴极、中和器的点火时间具有相同的变化趋势,点火时间为 200~300 s。前 2 500 次点火时,由于暴露大气的影响,点火时间有波动;在 2 500 次点火之后,开舱次数减少,空心阴极点火时间趋于稳定并逐渐下降。

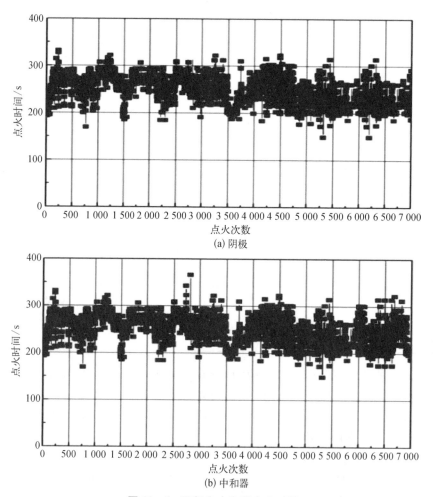

图 11-5 阴极和中和器点火时间

推力器的性能指标变化情况如图 11 - 6 和图 11 - 7 所示。推力器推力、比冲之间具有相同的变化趋势,符合理论分析。其中,比冲的变化没有发生异常,说明与比冲相关的流率值在整个试验过程中较为稳定。在试验期间,推力呈下降趋势,可通过调节阳极电流来解决。从图中反映出,前期每次暴露大气后,对推力器的性能都有一定影响,每次影响导致的结果并不一致。

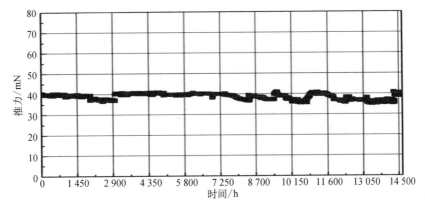

图 11 - 6　推力变化情况

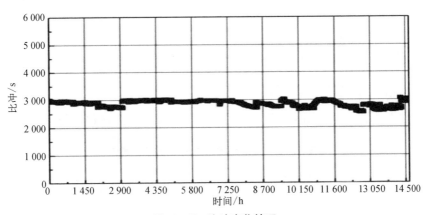

图 11 - 7　比冲变化情况

3. 性能变化诊断数据对比

性能变化诊断测试项目包括羽流发散角测量、拉偏性能测试、阴极羽状模式安全裕度测试、中和器羽状模式安全裕度测试、电子反流极限电压测试等测试项目。

选择了理论上离子推力器推力、比冲、功率最大的工况和推力、功率最小的工况两个典型工况表征推力器性能随着累计工作时间增加的变化。测试结果表明:推力器拉偏性能在 7 500 h 前基本稳定,工作状态良好,7 500 h 后性能有些衰退,到 8 500 h 后性能衰退较多,14 000 h 性能出现较大幅度的衰退。

从羽流发散角、阴极羽状模式安全裕度、中和器羽状模式安全裕度、电子反流极限电压等测试项目的测试结果可得知：① 羽流发散角在 10 000 h 内没有发生变化，10 000 h 后有所下降，此现象与栅极及阴极腐蚀状态对应；② 经过 14 000 h 的累计点火，阴极与中和器均未进入羽状模式，其流量安全裕度仍在 0.3 sccm 以上；③ 电子反流极限电压绝对值随着累计工作时间增加而增加，此规律符合预期。经过 14 000 h 寿命试验后，电子反流电压为 145 V，距离 180 V 的加速栅电压仍有较大的裕度。

4. 加速栅刻蚀情况

栅极表面刻蚀形貌测试只是对加速栅下游表面的刻蚀形貌进行测试。采用光学测量设备获取栅极表面的三维数据，对其进行数学处理计算出加速栅小孔孔径、加速栅表面"坑"和"槽"的溅射深度。因为束流离子密度分布为中心对称分布，所以沿栅极直径选取三个区域进行测试，能够反映整个栅面的刻蚀形貌。这三个区域为：中心区域(标记为 B/E)、中心-边缘之间的区域(标记为 C/F)和边缘区域(标记为 D/G)，测试结果如图 11 - 8~图 11 - 10 所示。

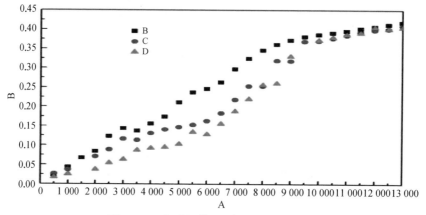

图 11 - 8　加速栅槽的刻蚀深度变化情况

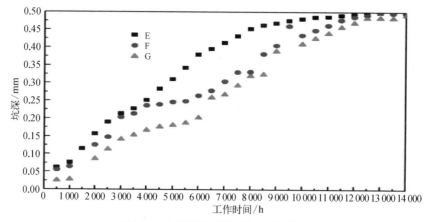

图 11 - 9　加速栅坑的刻蚀深度变化情况

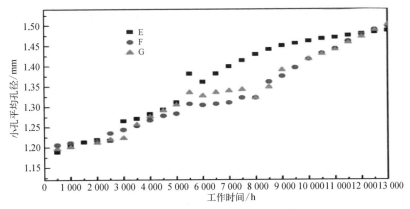

图 11 - 10 加速栅小孔孔径的变化情况

从图 11 - 8 和图 11 - 9 中可以看出加速栅下游表面受到离子的溅射刻蚀作用。加速栅厚度为 0.5 mm,13 kh 后"槽"刻蚀的最大深度为 0.409 mm,已超过加速栅厚度的一半。14 kh 后开舱拍照时,已发现加速栅极中间出现断筋现象。分别对加速栅中心-边缘区域凹槽最大腐蚀深度、孔的最大直径和平均直径性能数据进行分析,结果表明,加速栅中心-边缘区域的凹槽最大腐蚀深度、孔的最大直径和平均直径与试验时间也都具有显著的线性关系。

寿命试验结果表明,LIPS - 200 推力器工作寿命达到了 14 kh、开关次数达到了 7 000 次。

11.3 离子电推进系统寿命验证及评价

11.3.1 系统寿命验证要求

1. 系统寿命验证目的

在对离子推力器与电源、控制及贮供系统开展系统联试试验的过程中,通过数千小时短期试验和磨损模型识别离子推进系统长寿命需求下的关键失效模式、磨损特性、工作能力、开关机能力及非预期失效模式,暴露产品长寿命与高可靠性设计方面存在的不足,评价推进系统单机或部组件的寿命。同时,系统寿命验证也可以为寿命模型的建立与修正提供基础数据,以期预测推进系统的长寿命能力,为型号产品进一步设计优化提供技术支持。

利用试验验证结合仿真分析获得的离子推进系统相关数据,分析判断设计改进是否已经达到目标。最后,通过概率性工作寿命分析技术预测电推进系统是否满足具体寿命要求,并计算出不发生失效的概率。

2. 系统寿命验证方法

1) 全周期寿命试验

电推进系统全周期寿命试验是指完全模拟在轨工作情形和时序开展试验。一般有两种形式,第一是采取定期工作、关机、再开机的循环工作模式,此类多用于验证系统位保要求,主要考核工作时间和开关机次数,如图 11-11 所示。

循环小节重复,验证系统工作时长及开关机次数

图 11-11　电推进系统循环工作模式全周期寿命试验

另一种是持续累计工作模式,对离子电推进系统累计工作能力进行考核,一般持续累计 500~1 000 h。关机后进行特征参数诊断测试,之后继续进行寿命试验。此类验证方法主要是应对承担卫星轨道转移任务的电推进系统地面考核,如图 11-12 所示。

循环小节,主要验证系统连续工作能力

图 11-12　电推进系统持续工作模式全周期寿命试验

2) 试验与数值模拟结合

数值模拟主要是针对电推进系统中离子推力器的具体失效模式,建立求解磨损过程的数值方程,根据求解问题的初始条件和边界条件,应用数值计算方法,通过时间步的叠加求解控制方程的数值解,根据统计结果对推力器寿命做出预测。数值计算寿命模型计算过程更复杂,但是相比全周期寿命试验,可以大大节省成本。结合试验数据,建立数值模型,或者通过试验数据优化现有模型,以达到寿命预估评价的目的。

3. 系统寿命评价

1) 失效模式

推进系统各组件一般有多种故障模式,离子电推进系统主要失效模式包括:① 离子推力器:加速栅极结构失效;电子反流失效;② 气瓶:壳体泄漏,造成氙气损失,无法满足总冲要求;③ 压力调节模块、流量调节模块:氙气泄漏,造成推进剂损失,总冲下降;堵塞造成推进剂流量下降,推力器无推力;④ 电源处理单元:电源模块出现故障,无法正常输出,导致推力器不能放电或引出束流。

2) 评估流程

通过试验数据,对系统关键失效模式的机理进行研究,建立磨损过程与系统工作参数之间的物理关系。并用后续实验结果对模型进行修正。主要步骤包括：① 通过试验确定关键失效模式相对应的失效判据；② 根据磨损分析模型和失效判据,用确定性寿命预测方法计算离子电推进系统发生关键失效的最小工作时间,得出系统寿命预测;③ 在确定性寿命预测的基础上,完成概率性方法预测,应用统计方法完成与寿命特征参数对应的离子电推进系统工作寿命统计预测结果;④ 根据电推进系统工作寿命分布,计算在轨额定工作寿命条件下离子电推进系统发生失效的概率,评估失效风险。

11.3.2　RIT - 22 系统寿命试验

1. 试验流程

ESA 研制的 RIT - 22 离子电推进系统于 2004 年开始首次 3 000 h 寿命试验,2005 年完成试验。2006 年再次开展 2 000 h 拓展寿命试验,累计进行了 5 000 h 系统寿命试验。

RIT - 22 离子电推进系统寿命试验在 AEROSPAZIO 进行,试验流程如图 11 - 13 所示。前 4 000 h 试验,系统工作在 175 mN 工作点,4 000~5 000 h 期间,系统工作在 150 mN 工作点。试验分为 9 个小节,前两小节分别为 670 h、830 h,之后七小节每节 500 h,每小节结束后,开展推力器特征参数测试和栅极组件磨损检测。

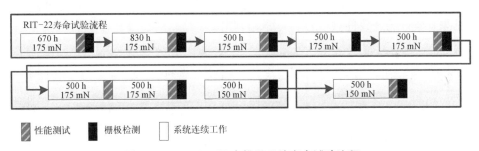

图 11 - 13　RIT　22 电推进系统寿命试验流程

2. 试验系统

寿命试验以单弦系统联试的形式进行。试验中,单台离子推力器布置在水平放置的圆柱形不锈钢真空舱内,真空舱共 11.5 m 长、直径 3.8 m,容积 120 m³。配备三个直径 90 cm 的法兰用于供电线缆连接。配备四级真空泵维持测试真空度。贮供单元布置在舱外,通过船舱法兰与舱内推力器连接,采用两路供气:放电室供气和中和器供气。

电源、功率匹配网络与数字控制单元集成在一个单机内,试验中布置在舱外,通过船舱法兰与舱内推力器连接,诱发放电室电离以及栅极加速引出束流。同时连接舱内传感器和控制器,及时调节流率和供电参数等,维持推力器稳定工作。

等离子体诊断装置安装在一个半圆形可转动的机械臂上,机械臂安装在舱内,如图 11-14 所示,共配备:① 18 个法拉第探针,以不同方位角布置在机械臂的不同位置;② 1 个法拉第探针,通过一个水平支架垂直放置于推力器点火轴线上;③ 2 个阻滞势分析仪(RPA)放置在同一支架上,亦作为法拉第探针。

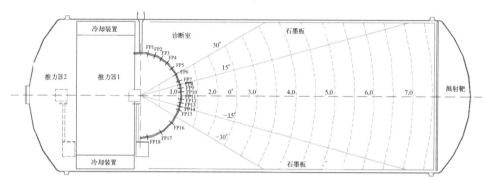

图 11-14　等离子体诊断装置示意图

3. 试验结果及评价

RIT-22 离子电推进系统成功完成了 5 000 h 寿命试验。整个测试过程确保束流被中和器发出的电子完全中和。在试验中开展了加速栅极孔径刻蚀情况检测,结果分别如图 11-15 和图 11-16 所示,栅极刻蚀的动态数值模拟结果和试验真实结果有较好的一致性。

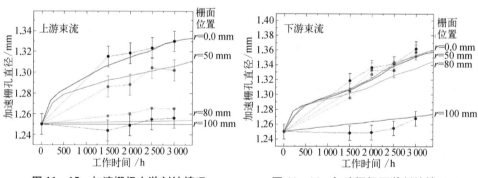

图 11-15　加速栅极上游刻蚀情况　　　图 11-16　加速栅极下游刻蚀情况

参考文献

贾艳辉,张天平.2016.空间用六硼化镧空心阴极最新研究进展及发展趋势[J].真空科学与技术学报,36(6):690-698.

李得天,张天平,张伟文,等.2018.空间电推进测试与评价技术[M].北京:北京理工大学出版社.

田立成,高军,张天平,等.2016.电推进空心阴极实验设备冷规失效故障分析及改进[J].真空,

53(5)：41 - 44.

谢侃,张天平,武志文,等. 2014. 离子发动机放电阴极的溅射腐蚀机理研究综述[J]. 真空科学与技术学报,34(5)：461 - 468.

张天平,田华兵,陈娟娟. 2012. LIPS - 200 离子推力器寿命地面试验方案研究[J]. 航天器工程, 21(4)：111 - 116.

张天平,刘乐柱,贾艳辉. 2010. 电推进系统空心阴极产品试验技术[J]. 火箭推进,36(1)： 58 - 62.

张天平,李忠明. 2012. 真空舱几何结构对离子推力器背溅射沉积影响的计算研究[J]. 真空科学与技术学报,32(7)：642 - 648.

张天平,杨福全,李娟,等. 2020. 离子电推进技术[M]. 北京：科学出版社.

Chen J J, Zhang T P, Geng H, et al. 2016. Analysis of numerical simulation results of LIPS - 200 lifetime experiments[J]. Plasma Science and Technology, 18(6)：583 - 589.

Kuninaka H. 2011. Round-trip deep space maneuver of microwave discharge ion engines onboard HAYABUSA explorer[C]. Wiesbaden：The 32nd International Electric Propulsion Conference.

Leiter H, Kukie R, Killinger R, et al. 2007. RIT - 22 ion propulsion system：5000 h endurance test results and life prediction[C]. Cincinnati：The 43th AIAA/ASME/SAE/ASEE Joint Propulsion Conference and Exhibit.

Sengupta A, Brophy J, Anderson J, et al. 2004. An overview of the results from the 30000 Hr life test of Deep Space 1 flight spare ion engine[C]. Fort Lauderdale：The 40th AIAA/ASME/SAE/ASEE Joint Propulsion Conference and Exhibit.

Yim J T, Soulas G C, Shastry R, et al. 2017. Update of the NEXT ion thruster service life assessment with post-test correlation to the long-duration test[C]. Atlanta：The 35th International Electric Propulsion Conference.

Zhang T P, Meng W, Geng H, et al. 2015. 7500 - hour life test of the QM LIPS - 200 ion thruster [C]. Hyogo-Kobe：The 34th International Electric Propulsion Conference.

第 12 章
离子电推进飞行验证

12.1 离子电推进飞行试验概述

12.1.1 飞行试验的必要性

离子电推进系统正式飞行应用前,需要开展大量的地面验证试验,以检验和考核系统各项工作性能及对空间环境的适应性,但由于空间环境的复杂性、多变性和天、地环境间的差异性,使得地面验证总是具有一定的局限性,主要表现为两个方面:① 验证内容不完整。地面试验虽然可以从关键部组件、单机、分系统和系统等多个产品层级验证离子电推进系统的功能、性能、空间环境适应性,甚至系统的工作可靠性与工作寿命进行验证,但却无法直接验证系统的在轨任务执行能力、推进精度及工作策略,致使验证内容不全面;② 验证结果不充分。首先,航天器在轨工作时,除了要承受常规的真空、微重力、高低温交变、空间辐照等环境外,可能还会遭受太阳耀斑等不可预知的环境条件,空间环境复杂、多变,且不同的轨道高度上的环境条件差异较大,在地面无论采取何种手段进行模拟,都只能是对空间主要环境条件一定程度上的模拟,无法做到与系统在轨真实工作环境完全等同;其次,无论是哪种航天器,都由结构、电源、控制、星务、热控等多个分系统组成,推进分系统始终处于一个非常复杂的边界条件下,其工作性能不仅要受到周围环境条件的影响,而且还与其他分系统的工作状态与性能密切相关,这些边界条件在地面也是无法100%模拟的,上述因素都会造成地面试验在验证结果的充分性方面无法得到保证。为了克服地面试验中的上述缺点,国际上通行的做法是在地面试验验证开展较为充分的基础上,利用新技术试验卫星等航天器在轨飞行机会,开展一定次数的空间飞行试验,准确考核离子电推进系统在空间真实环境和边界条件下的各项工作性能、工作策略和任务执行能力;另外,通过对系统天、地试验数据进行比对和分析,可以全面了解和掌握离子电推进系统在真实空间环境与地面模拟环境中的性能差异,从而对电推进系统的设计、制造、测试、试验技术以及仿真分析模型进行修正和完善,为离子电推进工程化研制和在轨应用提供重要技术支持和飞行数据支撑,最终确保离子电推进在正式飞行应用任务中完全适应在轨工作环境条件,性能与可靠性满足空间工程应用需求。

地面验证是飞行试验验证的前提和基础,飞行验证是地面验证的补充和延伸。飞行试验环境所提供的试验条件更真实、更准确,因此验证内容更全面,所获得的验证数据更可靠,验证结果更充分,但飞行试验成本高,所能提供的验证次数和时间有限,只有将地面试验和飞行试验结合起来,才能保证对系统功能、性能、可靠性、与整星兼容性、任务执行能力、在轨工作策略达到最充分的验证,有效降低系统在实际工程应用中的技术风险。

12.1.2 飞行试验展望

从 1962 美国利用侦察兵火箭开展世界上首次离子电推进空间飞行试验以来,世界各国在五十多年的离子电推进发展历程中,针对不同的离子电推进类型和空间应用领域,完成了数十次的离子电推进空间飞行试验,不仅验证了产品性能对空间环境和推进任务的满足性,以及离子电推进系统与航天器的工作相容性,而且通过在轨测试、故障定位与排除、任务执行等验证工作积累的丰富的飞行试验与应用经验,为后续更高性能离子电推进产品、新型离子电推进类型及新应用领域飞行验证奠定了良好的基础。

(1)空间飞行试验是离子电推进研制工作的关键内容,是产品验证的重要手段和地面试验验证的有益补充,只有飞行试验与地面试验的有机结合才能保证对系统功能、性能、任务执行能力等要求验证的充分性。

(2)飞行试验可以分阶段开展,也可以一次完成,试验目标的确定、航天器约束条件的分析、飞行试验系统方案设计及飞行验证方案设计是离子电推进飞行验证工程设计的重要内容。目标是关键,技术是基础,约束是条件,方案是保障。

(3)利用新技术验证航天器开展纯验证性质的空间飞行和飞行验证与工程应用结合型的空间试验是离子电推进飞行试验验证最重要的两种手段,二者各有利弊,需结合成本、技术成熟度、产品成熟度和风险等各方面因素权衡考虑,合理选择。

(4)在关注离子电推进产品研制技术的同时,全面识别离子电推进在轨频发、多发故障模式,并从系统设计和飞行试验故障预案两个层面制定诊断、处理或应对策略,可有效降低飞行验证技术风险。

(5)飞行试验不仅是离子电推进产品验证的重要手段,通过飞行试验任务的实施和关键技术攻关,可以有效推动离子电推进产品研制技术与空间工程应用技术的进步,促进离子电推进更好更快发展。

离子电推进技术正朝着高比冲、高功率(大推力)、多模式和长寿命方向快速发展,可以预见,针对更高功率更高性能新型离子电推进系统,世界各国必将开展更为深入和广泛的在轨飞行试验验证,通过充分验证近年来在离子电推进领域突破的新技术和开发的新产品,极大促进离子电推进在载人深空探测、星际飞行以及无拖曳控制等领域的工程应用。

12.2 离子电推进飞行试验验证的工程设计

12.2.1 飞行试验目标与航天器平台约束

1. 飞行试验目标

离子电推进飞行试验以空间工程应用为目标,重点考核系统对空间应用环境的适应性以及推力、比冲等关键性能对空间推进任务需求的满足性,工程化特点非常突出,飞行试验验证方案设计至关重要,试验验证方案合理与否,不仅决定着飞行试验验证内容的全面性,而且还关系着飞行试验结果的充分性、准确性及有效性。

飞行试验验证目的或目标确定是离子电推进飞行试验验证方案工程设计的前提和基础,飞行试验系统的方案设计和飞行试验验证方案设计均需要围绕试验验证目标的实现来开展。飞行试验验证目标主要依据离子电推进系统未来工程应用需求来制定,验证内容应覆盖工程应用所涉及的全部或主要需求,包括空间环境适应性、工作性能、工作可靠性、与卫星其他分系统之间的相容性及任务执行能力与工作策略等,验证方式可以采取分阶段(分次)验证,也可以在一次飞行试验中全面验证。

综合分析电推进系统在卫星等航天器中的任务需求,离子电推进飞行试验验证目标一般包括空间环境适应性验证、在轨工作性能标定与测试、在轨工作可靠性验证、系统与航天器工作相容性验证、任务执行能力与工作策略验证等。

2. 飞行试验航天器平台约束

离子电推进飞行验证拟搭载卫星或航天器平台的特性对验证目标的实现有着非常重要的影响,同时也直接关系着飞行试验离子电推进系统的技术方案以及系统在轨飞行验证方案。因此,在确定系统飞行试验验证目标的同时,应全面分析搭载卫星或航天器平台的飞行轨道、各阶段电功率供给能力、热控能力、姿态控制水平、遥测遥控资源、数据存储容量和下传速度、频率等特性,全面、准确地确定卫星或航天器平台对系统各项飞行试验任务的约束条件,确认约束条件对飞行试验目标的影响。通过反复地分析、论证迭代,确定出合理可行的飞行试验验证目标,并在此基础上,开展离子电推进飞行试验系统方案设计和在轨飞行试验验证实施方案设计。

如果在系统飞行验证约束条件分析时,发现验证卫星或航天器平台约束条件严重影响离子电推进系统飞行验证目标的实现,飞行验证项目负责单位可以与验证卫星或航天器平台总体进行协调,通过对卫星或航天器平台总体技术方案进行优化或对其能力进行适当的拓展,为离子电推进系统飞行试验验证提供全面的保障资源和条件。

12.2.2　飞行试验系统方案

飞行试验系统方案设计是离子电推进飞行试验验证工程设计的最基本内容,系统方案设计首先要基于飞行试验验证的目的,同时还要考虑将来工程应用的任务需求及与搭载卫星或航天器平台的约束条件,另外要在不影响试验目的前提下,尽可能简化飞行试验系统的配置,降低飞行试验成本。

飞行试验系统方案设计内容主要包括系统组成、拓扑结构、内部接口、与整器间的接口及系统在航天器上的布局等,必要时还包括离子电推进诱发环境在轨监测方案设计。

飞行试验验证离子电推进系统可以采取与航天工程应用离子电推进系统完全相同的系统配置方案(系统组成与拓扑结构),也可以采取简化式系统配置方案,具体采取何种方案,一方面取决于搭载飞行航天器所能提供的能源水平(即能源供给能力)和飞行控制能力,尤其是电功率供给能力;另一方面,也依赖于国家或项目支持机构对飞行试验项目本身的经费支持力度。一般情况下,对于单纯的系统基本性能在轨验证或系统初步飞行试验验证,离子电推进系统一般都采用由一台(或两台)离子推力器、一台(或两台)PPU、一套推进剂贮供单元和一台控制单元组成的简化式系统方案,该验证系统中推力矢量调节机构并不属于必需的配置。对于飞行验证与工程应用相结合的在轨飞行项目,其离子电推进系统通常都采用与工程应用中完全相同的系统方案。

飞行试验验证离子电推进系统的内部接口包括推进剂贮供单元内部各模块间的供气结构、推进剂贮供子系统或单元与离子推力器之间的供气接口、PPU 与离子推力器之间的供电接口、推力矢量调节机构与离子推力器之间机械安装接口以及控制单元与贮供子系统、PPU、推力矢量调节机构之间的遥测、遥控接口等;系统与航天器间的接口包括 PPU 与一次电源分系统之间的供电接口、推力矢量调节机构与航天器结构分系统之间的机械安装接口、控制单元与航天器控制分系统之间的通信接口、系统各单机与热控分系统之间的温度遥测、遥控接口等;系统布局包括系统各单机设备在航天器上的安装位置及供气管路、供电电缆、遥测遥控电缆走向等。一般而言,飞行试验验证离子电推进系统的内、外接口以及各设备在航天器上的布局应尽可能与工程应用系统方案保持一致,以保证飞行试验结果对工程应用离子电推进系统技术方案验证的有效性;如果确实存在困难,也可以采用与工程应用系统相近或相似的设计方案,但对验证结果的等效性需要进行必要的分析和评价。

12.2.3　在轨飞行试验实施方案

在轨飞行试验实施方案是离子电推进飞行试验验证工程设计的核心内容,应紧密围绕飞行试验验证目标,并充分考虑飞行试验航天器平台约束条件进行飞行试验实施方案设计,主要设计内容包括以下几个方面。

1. 在轨飞行试验项目与试验流程设计

对于单纯试验性质航天器平台,离子电推进各项验证目标和全部验证内容都需要通过设计专门的在轨飞行试验项目(含检查与测试)来完成,图 12-1 给出了航天器平台上离子电推进在轨飞行试验需要开展的基本试验项目和试验流程。

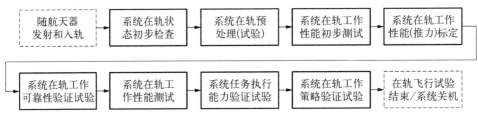

图 12-1　基于航天器试验平台的在轨试验项目及流程

离子电推进系统随航天器发射并入轨后,首先对其加电,检查贮供单元压力、温度状态及电源处理单元等电子、电器设备的供电状态是否正常,初步检验系统对航天器发射阶段力学环境条件的适应性。确认系统状态正常后,开展在轨预处理。一方面,通过预处理(试验),让系统建立一个良好初始状态,确保在轨首次点火的可靠性;同时,验证预先制定的系统在轨预处理流程和预处理参数的合理性。然后,按流程开展系统在轨工作性能初步测试、推力标定、工作可靠性验证试验、工作性能测试,以及任务执行能力与工作策略的验证,任务执行能力与工作策略的验证一般选择适当时机,通过模拟进行一次或几次航天器变轨或位保过程来完成。在轨试验具体实施时,工作性能的测试和在轨工作可靠性验证可单独开展,也可合并进行,任务执行能力与工作策略验证同样可单独或合并实施。

为了确保系统在轨工作性能和工作可靠性飞行试验验证结果的充分性,系统在轨性能测试和可靠性验证可以在不同的环境条件工况下分别开展,具体环境条件工况包括正常环境条件、低温环境条件(模拟阴影区环境)、高温环境条件(模拟阳照区环境)等。

对于飞行试验与工程应用相结合的航天器平台,离子电推进的一部分验证目标和验证内容需要通过在轨飞行试验来完成,另一部分验证目标和验证内容则通过由离子电推进执行航天器部分或全部在轨推进任务来完成。图 12-2 给出了飞行试验与工程应用相结合的航天器平台上离子电推进在轨飞行试验需要开展的基本试验项目和试验流程。

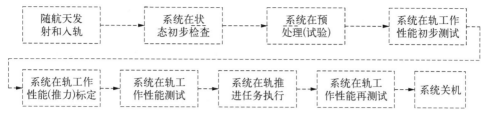

图 12 - 2　飞行试验与工程应用结合的在轨试验项目及流程

2. 系统在轨工作性能标定与测试方案

离子电推进在轨工作性能主要包括推力、比冲和功率。对于多模式离子电推进系统,需要对每种工作模式下的推力分别进行标定与测试;对于推力连续可调离子电推进系统,除了需要对其每个典型工作点下的输出推力进行标定外,还应对其推力调节性能进行标定,以确认调节精度、调节范围等性能是否符合指标要求。离子电推进系统输出推力仅为毫牛级,甚至是更小的微牛级,传统的化学推进系统输出推力在轨标定方法并不适用,标定难度较大,需要慎重选择,以保证标定结果的准确性。目前,对于毫牛级及以下量级的离子电推进系统输出推力,通常采用测轨法进行在轨标定,即关闭航天器上其他可能对航天器产生推力的载荷或分系统,固定离子推力器推力指向,仅让离子电推进系统点火工作,选择恰当的点火工作时长,通过系统点火工作前后航天器轨道高度的变化,利用轨道模型,计算离子电推进系统的输出推力,这种方法的标定精度主要取决于航天器轨道高度的测量精度,一般不会高于 5%。推力、比冲和功率的在轨测量大都采用电、气参数计算法,即利用离子电推进系统在轨工作时的束电流、束电压、推进剂总流率、系统母线电流与电压参数遥测值,根据离子电推进系统推力、比冲和功率离子论计算公式,计算系统的在轨推力、比冲和功率。根据国内外工程经验,离子电推进输出性能参数计算法的测量不确定度不会大于±5%。需要说明的是,对于计算系统推力所需要的推进剂总流率,通过航天器上的遥测系统,并不能提供直接的遥测值,需要通过其他遥测数据,如流量控制器温度、压力遥测结果,并结合地面流量标定数据或曲线,直接或采用插值法获得;当然也可以利用流量控制器上游压力在一个或几个调节周期内的变化量计算得到。利用参数计算法,可以计算系统在某一个时刻的性能瞬时值,也可以计算某一时段内的平均值。系统飞行试验验证方案需要给出明确的推力标定和性能测试方法,并对其标定或测量不确定度做出评估。

3. 系统在轨工作可靠性验证方案

离子电推进系统在轨工作可靠性包括开、关机可靠性和长期连续工作稳定性两个方面。在工作稳定性飞行验证方案设计时,应针对系统开、关机可靠性和长期连续工作稳定性分别制定具体验证方案。对于单纯以飞行试验为目的的在轨飞行,离子电推进系统开、关机可靠性通常选择反复地在轨开、关机点火工作循环等方式进行在轨验证,这种验证方案对系统每次点火成功后的持续工作时间不作严格要求,从几分钟到几十分钟均可,但点火时机最好能覆盖航天器在轨各种典型工况,工作循环的次数不能太少,起码应在几百次以上,否则验证不够充分;对于长期连续工作稳定性,一般采用单次连续数小时或数十、数百小时的点火工作试验进行验证,对于针对南北位保的单模式离子电推进系统,或多模式离子电推进系统高比冲工作模式工作稳定性验证,单次连续工作时间为 1~3 h;对于多模式离子电推进系统大推力工作模式,因此模式主要针对航天器轨道转移任务,工作稳定性验证所对应的单次连续工作时间最好选择数百小时量级,该验证项目对点火工作次数要求不高,几次或数十次即可。

对于飞行试验与工程应用相结合的在轨飞行试验验证项目,系统在轨工作可靠性的验证往往结合系统在航天器上所承担各种推进任务的执行来开展,不需要制定另外或专门的试验验证方案。

4. 系统与航天器工作相容性验证方案

离子电推进系统与航天器间的工作相容性主要包括电磁兼容性、对电源分系统供电影响及推力器喷射羽流影响三个方面。对于离子电推进与整星间的电磁兼容性和对电源分系统供电影响两项验证内容,通常不需要设计专门的在轨试验或测试项目,往往与系统在轨工作性能测试、在轨工作可靠性验证等试验项目合并进行,利用离子电推进在轨性能测试和工作可靠性验证试验期间,航天器上结构与机构、热控、电源、总体电路、星务、数传、测控及控制等分系统工作状态是否正常、工作参数是否稳定来进行验证。对于电推进羽流对航天器的影响,通常在离子电推进首次飞行试验任务中,在航天器离子推力器周围不同位置处搭载一套或数套电推进羽流诊断装置,对电推进系统周围环境中的等离子密度、离子能量、电子温度、等离子体电位、航天器电位以及等离子体污染沉积量进行实时监测和诊断。诊断仪器主要包括阻滞势能分析仪、朗缪尔探针、石英晶体微量天平等。阻滞势能分析仪用于测量等离子体浮势、离子能量分布和电流密度分布;朗缪尔探针测量等离子势、电子密度和温度;石英晶体微量天平主要测量航天器表面上的污染沉积。

5. 任务执行能力与工作策略验证方案

离子电推进任务执行能力与工作策略飞行验证通常在比较深入的离子电推进飞行试验项目或飞行试验和应用相结合的飞行项目中开展。离子电推进在航天器上的任务使命通常包括轨道转移与轨道机动、位置保持、姿态控制三个方面,不同类型航天器上离子电推进所承担的任务不同,GEO 等高轨卫星平台离子电推进系统主要承担卫星轨道转移和位置保持任务;LEO 航天器上的离子电推进系统主要承担卫星轨道维持(大气阻尼补偿)和必要时的轨道机动等任务;深空探测航天器上的离子电推进系统则主要承担航天全寿命周期内的主推进任务;不同型号卫星平台或执行不同深空探测任务的航天器所配置的离子电推进系统在轨工作策略也各不相同,即使是同样的推进任务,其工作策略可能差异很大。因此,对离子电推进任务执行能力与工作策略的飞行验证主要通过执行实际推进任务或短期模拟执行某一种或多种推进任务等方式开展验证。

此外,离子电推进在轨开展飞行试验或执行航天器推进任务期间,由于特殊的结构形式,不可避免会发生各种故障,影响飞行试验的开展和推进任务的执行,因此,在航天器发射前,应根据产品设计阶段离子电推进故障模式影响与危害度分析(FMEA)结果,并结合地面试验中暴露出的各种问题和隐患,制定在轨故障处理预案,并利用在轨飞行试验机会,通过对在轨故障的处理和排除,对预案的合理性和有效性开展验证。在飞行试验验证实施方案设计时,应将故障预案的在轨验证作为飞行试验验证的一项重要内容进行全面设计,针对识别、分析出的每一项可能的故障模式,制定详细的故障定位措施、处理流程、处理方法及故障消除的判据,并明确故障预案实施所需要的各种保障条件和资源。

12.2.4　飞行试验结果评估方法

预定的在轨飞行试验项目完成后,应根据飞行试验期间所采集的离子电推进系统所有遥测数据,计算系统的各项在轨工作性能,并通过与系统在轨工作性能设计指标进行比对与分析,评估系统对空间环境的适应性和在轨工作性能的指标符合性;其次,还应全面分析离子电推进工作期间和工作前后电源、星务等相关分系统工作状态和性能参数,评估离子电推进系统与航天器之间的工作相容性;另外,可根据卫星或航天器在轨运行期间位置保持和(或)轨道转移、轨道维持等推进任务与性能的实现结果,评估离子电推进系统的任务执行能力和工作策略的合理性。最终综合各方面的评估结果,对在轨飞行试验目标是否得到全面实现做出客观、准确的评价。

1. 空间环境适应性评估方法

对于系统的空间环境适应性,除了在航天器入轨后,可通过贮供单元压力、温度和系统中电源处理单元等电子、电气设备供电状态检查,对力学环境适应性进行初步评估外,无法直接评估,通常采用的方法是利用系统在轨工作性能测试/标定结果和在轨工作可靠性试验结果进行评估,即通过系统在各种典型空间环境条件下的主要性能测试或标定结果对设计指标的符合性以及在轨工作可靠性试验结果对系统的空间环境适应性作出综合评估。

2. 在轨工作性能评估方法

离子电推进在轨工作性能主要包括推力、比冲和功率。推力、比冲性能主要利用系统在推进状态下稳定工作阶段的屏栅电压、屏栅电流、推进剂流率等电参数遥测数据,按照公式计算获得。功率性能可利用系统在推进状态下稳定工作时 PPU 母线电压和母线电流遥测数据计算得到。

对系统在轨工作性能评估一般按照推力、比冲和功率三大主要性能在轨测试结果与设计指标之间的偏离程度来进行评价,通常分为满足、基本满足和不满足三种评价等级或满足和不满足两种等级,具体的评估准则或判据根据不同的在轨飞行试验验证目标详细确定,没有统一的评估标准。

3. 在轨工作可靠性评估方法

在轨工作可靠性主要依据系统在轨所完成的实际开、关机工作次数和单次点火工作过程中连续工作时间的长短来进行评估。一般情况下,系统完成或超过在轨飞行试验验证实施方案中预定的全部开、关机循环次数,且最短单次连续工作时间不低于单次连续工作时间要求值为成功,其他为不成功或根据具体的实现程度再细分为基本成功和不成功两种情况。

4. 系统与航天器工作相容性评估方法

离子电推进与航天器间的工作相容性包括电磁兼容性、电推进工作对电源分系统的供电影响、推力器羽流对航天器影响三个方面。电磁兼容性可通过全面监测离子电推进在轨点火工作期间,航天器上结构与机构、热控、电源、总体电路、星务、数传、测控及控制等分系统工作状态是否正常、工作参数是否稳定来进行评估;对电源分系统的影响可通过对比、分析离子电推进点火前、后和稳态工作期间,电源分系统所提供的母线电压的变化情况进行评估;对离子推力器羽流影响的评估一方面可以通过监测离子电推进点火工作前后航天器姿态、表面电位、器表设备工作温度以及太阳电池阵工作参数变化情况来完成,另一方面也可以利用在航天器上专门搭载的羽流污染与电位监测等装置,对离子电推进工作期间航天器表面等离子体特性、电位和羽流污染沉积量进行测量和监测,并将所获得的测量结果与航天器舱外产品或材料等离子体耐受性能进行比对分析,结合外推计算等手段评价离子电推进羽流对航天器是否存在影响,以及影响是否在可接受范围内。

5. 任务执行能力与工作策略评估方法

离子电推进针对航天器轨道转移、轨道维持、位置保持等推进任务执行能力和工作策略的评估,主要根据离子电推进系统在真实执行或模拟开展航天器在轨推进任务时所达到的实际控制结果(如轨道转移时间、轨道维持精度、位置保持精度等性能相对于设计指标的满足程度)来开展。

12.3　SERT－2飞行试验验证

12.3.1　SERT－2飞行试验任务

1. 任务背景

20世纪60~70年代,美国重点针对铯接触式离子推力器和电子轰击式汞离子推力器开展电推进技术研究,先后开发和研制出了一系列不同尺寸的离子推力器产品,并相继在侦察兵火箭、空间电火箭试验-1(SERT-1)火箭、应用技术卫星-4(ATS-4)、应用技术卫星-5(ATS-5)和空间电火箭试验-2(SERT-2)极轨卫星等航天器上进行了飞行试验,其中最成功的当属 1970~1980 年在 SERT-2 极轨卫星上完成的离子电推进空间飞行试验。

SERT-2 飞行试验目的包括验证离子推力器至少 6 个月空间连续工作性能、直接测量在轨推力,以及验证电推进与航天器电磁兼容性等。

2. SERT-2 离子电推进系统

SERT-2 卫星上安装了两套离子电推进飞行试验系统,每套飞行试验系统由1 台汞离子推力器、1 套汞推进剂贮供子系统、1 台推力矢量调节系统和 1 台电源控制单元(PCU)组成。其中,汞离子推力器为电子轰击式,束流直径 15 cm,最大功率0.85 kW,满功率下的输出推力 28 mN、比冲 4 200 s,图 12-3 为 SERT-2 卫星上离子推力器布局图。

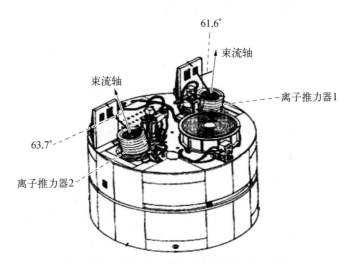

图 12-3　SERT-2 卫星上离子推力器布局图

12.3.2　SERT-2 飞行试验过程与结果

SERT-2 卫星于 1970 年 2 月 3 日发射进入高度 1 000 km、倾角 99.1°的极轨道,飞行周期 106.2 min。

1970 年 2 月 10 日,星上 2 号推力器开始第一次点火试验,为防止推力矢量偏离质心导致航天器姿态失控,对推力器分三步递增加载到满推力,实际试验中没有发现推力矢量偏离,2 号推力器成功点火,满额工作 42 h 后关闭;2 月 14 日,1 号推力器开始点火并连续工作,中间有过一次月球阴影期间的关闭和一次在工作时间2 385 h 后的约 2 min 的高压过载关闭,一直到 7 月 22 日工作至 3 781 h 时出现第二次高压电弧,造成无法恢复的永久损坏。1970 年 7 月 24 日再次启动 2 号推力器进行连续工作,一直到 10 月 17 日高压击穿产生永久失效,2 号推力器连续工作了 2 011 h。期间,利用静电加速度计法、地面跟踪雷达测轨法以及遥测参数计算法共三种方法对系统在轨推力进行了测量,三种方法得到的推力值差别在测量误差范围内。

　　另外,在飞行试验中采用热发射势探针测量了空间等离子体与航天器之间电压,推力器不工作时航天器相对空间等离子体的电势差为 -12~-6 V,工作时为 -25~-15 V,具体与航天器在轨道上的位置密切相关;通过对中和器偏置电源电压的正负调节,验证了可以实现航天器电势的近似线性控制。热发射势探针从发射后连续工作到 1970 年 9 月 3 日出现加热电流下降而关闭,累计工作 4 245 h。在 300~700 MHz、1 700±20 MHz、2 100±20 MHz 三个频段没有探测到推力器束流对射频信号的干扰,推力器工作和不工作时测量到的噪声信号幅度相同。在上行 148.98 MHz、下行 136.23 MHz 和下行 136.92 MHz 通道也没有发现射频干扰。

　　从 1973 年开始,进行栅极短路永久失效后的阴极点火次数扩展试验,阴极加热时间从原来的 90 min 缩短为 2~12 min,一直到 1981 年推进剂消耗完,1 号和 2 号推力器分别完成了 240 次和 300 次阴极点火启动。值得一提的是 2 号推力器栅极短路的消除事件,1974 年为调节太阳阵功率进行了卫星姿态旋转,使得太阳阵面向太阳,9 月 18 日 2 号推力器重新点火成功,加载引出束流并经过几次循环后,实现了稳定的束流输出,分析认为可能是调姿过程中的旋转加速度消除了推力器栅间短路。一直到 1980 年 7 月 29 日推进剂耗尽,2 号推力器又工作了 664 h。

　　SERT-2 是一次成功的离子电推进飞行试验,主要试验结果包括:成功进行了 2 台离子推力器 3 781 h 和 2 011 h 在轨长期飞行与性能验证,最后都由于栅极短路而终止试验;推力器推力和效率在轨测量结果与地面试验预测一致;离子推力器磁场和发射的束流粒子对航天器无副作用影响;2 台推力器放电次数分别达到 240 次和 300 次,推进剂供应一直到消耗完都正常。在后续扩展试验中,两套电源处理单元工作时间分别达到 15 000 h 和 17 900 h,有效验证了离子电推进长期工作性能及与卫星间的相容性。

12.4　实践九号卫星飞行试验验证

12.4.1　SJ-9A 飞行试验任务

1. 任务背景

SJ-9 卫星是我国新技术试验卫星系列规划中的首发星,由 A 星和 B 星两颗卫星组成,卫星设计质量约 700 kg,运行轨道为 623×650 km 的太阳同步轨道。SJ－9A 卫星上共搭载有包括离子电推进在内的 20 余种飞行试验设备。

LIPS－200 离子电推进试验是 SJ－9A 卫星最重要的飞行试验项目,也是我国自主研制的离子电推进系统首次开展在轨飞行试验,意义重大。试验目的主要包括三个方面:① 验证系统的空间环境适应性;② 进行系统在轨工作性能测试与标定;③ 初步验证系统在轨工作可靠性及与星上其他系统间的工作兼容性。

2. SJ－9A 离子电推进系统

LIPS－200 离子电推进是针对 GEO 卫星南北位保任务需求研制的单模式离子电推进,其束流直径 200 mm,输入功率 1.0 kW 下的推力 40 mN、比冲 3 000 s。SJ－9A 卫星 LIPS－200 离子电推进飞行试验系统由一台 LIPS－200 离子推力器、一台电源处理单元、一台供电转接盒、一台氙气供给模块、一台氙气瓶和一台控制单元共六台单机设备及若干管路、电缆组成,属于典型的单弦离子电推进系统,其中的供电转接盒主要用于实现电源处理单元与离子推力器之间的电连接,并为系统地面测试与试验提供供电检测接口。

12.4.2　SJ－9A 飞行试验过程及结果

SJ－9A 卫星于 2012 年 10 月 14 日 11 时 25 分在太原卫星发射中心由 CZ－2丙运载火箭以"一箭双星"方式成功发射升空。在轨完成的试验项目主要包括系统预处理试验、首次在轨点火工作试验、在轨工作性能测试与标定及开、关机工作循环试验。在飞行试验同时,利用星上配备的一台污染与电位监测器对离子电推进工作期间及工作前、后星表等离子体羽流特性、沉积污染、悬浮电位开展了测量。在 2012 年 11 月开始至 2014 年 4 月结束的一年五个月飞行试验期间,LIPS－200离子电推进共计完成 226 次点火试验,单次工作时间为 10 min。2012 年 11 月 8 日通过四次点火试验对系统在轨工作性能完成了测试,利用测轨法先后两次对系统在轨推力进行了标定,表 12－1 给出了离子电推进系统在轨性能测试、在轨推力标定和地面性能测试的结果。图 12－4 分别给出了全部 226 次在轨飞行试验期间的推力、比冲和功率测试曲线。

表 12－1　SJ－9A 卫星离子电推进系统在轨性能测试、推力标定和地面性能测试的结果

序　号	性能项目	指标要求	性能在轨测试结果	推力在轨标定结果		系统性能地面测试结果
				第一次	第二次	
1	推力/mN	40±4	39.19	36.2	37.3	39.90
2	比冲/s	3 000±300	3 069	—	—	3 136
3	功率/W	≤1 350	1 144	—	—	1 209

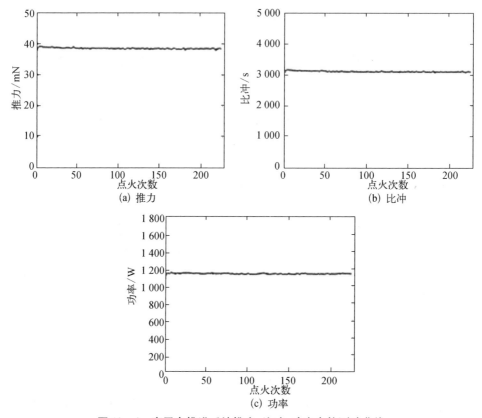

图 12-4　离子电推进系统推力、比冲、功率在轨测试曲线

　　测试与试验结果表明：LIPS-200 离子电推进在轨工作性能满足指标要求,且与地面测试结果一致性良好,推力标定结果较测试结果偏小,经分析这主要是轨道测量误差较大所致。全部 226 次在轨飞行试验期间,系统工作状态正常,性能稳定。

　　利用星上污染与电位监测器对离子电推进系统工作期间及工作前、后星表等离子体羽流特性、沉积污染和悬浮电位所获得的测试结果,结合本次飞行试验期间星上红外地球敏感器、APS 星敏感器、太阳敏感器、热控多层、太阳电池阵及相机等污染敏感仪器/设备工作状态,可认为 LIPS-200 离子电推进系统在轨工作时,在航天器表面所产生的等离子体返流较弱,不会对航天器正常工作产生明显影响。另外,离子电推进在轨工作期间,供配电分系统工作性能和卫星通信均未受到明显影响,表明系统与卫星之间电磁兼容性良好。

　　本次飞行试验取得圆满成功,有效验证了我国自主研制的 LIPS-200 离子电推进系统的空间环境适应性、性能指标符合性,也初步验证了系统在轨工作可靠性和与卫星间的工作兼容性,达到了预期试验目的,为我国离子电推进工程化应用奠定了良好基础。

12.5　深空一号飞行试验验证

12.5.1　DS-1 飞行试验任务

深空一号(DS-1)航天器以验证太阳能驱动的 NSTAR-30 电推进和聚光太阳能电池阵列等 12 项新技术为主任务。DS-1 基于 SA-200HP 卫星平台研制,发射质量 486 kg,干质量 373 kg,1AU 太阳距离上太阳能阵列功率 2 500 W。航天器采用了离子电推进执行深空探测主推进任务,NSTAR-30 离子电推进是一款多模式电推进系统,推力器功率范围 0.5~2.3 kW,推力范围 20~92 mN,比冲范围 1 900~3 100 s,总效率范围 47%~63%,工作模式共有 16 个调节级别,以适应深空探测的环境条件特点。图 12-5 为 DS-1 航天器上 NSTAR-30 离子电推进系统组成示意图,由 1 台束流直径为 30 cm 的 NSTAR-30 离子推力器、1 台电源处理单元(PPU)、1 套氙气贮供子系统(XFS)和 1 台数字控制与接口单元(DICU)组成,为单弦系统配置。

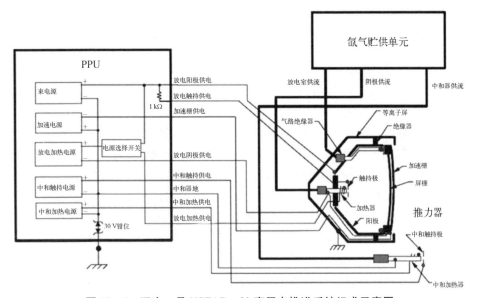

图 12-5　深空一号 NSTAR-30 离子电推进系统组成示意图

12.5.2　DS-1 飞行试验过程及结果

DS-1 航天器于 1998 年 10 月 24 日发射升空,本次飞行任务共持续 3 年 2 个月,2001 年 12 月 18 日完成了包括 NSTAR-30 离子电推进在内的全部新技术验证和科学探测任务。整个飞行任务期间,NSTAR-30 离子电推进累计工作时间超过 16 246 h,远超过累计工作 365 d 的任务目标,开关机 200 多次,共消耗氙气 72 kg,

创造了当时电子轰击式离子推力器的工作时间记录。深空一号航天器成功验证了电推进系统用于深空探测的可行性和长寿命能力,为电推进技术在深空探测中的应用扫平了障碍,具有里程碑意义。

DS-1发射升空后,首先开展离子电推进系统的初始化,通过初始化工作验证系统在轨预处理方案的合理性,具体的初始化工作内容包括管路排空和净化、阴极活化和阴极二极管模式下工作预处理等。发射后第一周,离子电推进系统开展了管路排空净化工作,通过航天器翻转,使太阳照射到离子推力器,利用太阳照射排除推力器管道内的残存水汽;同时,在DICU控制下打开XFS阀门,使氙气流过推力器空心阴极,消除空心阴极中的水和氧气。随后将航天器调回到相对于太阳的正常位置,对流量控制器开展了在轨校准。第二周开展了阴极活化和二极管工作模式下的预处理,阴极加热活化时间持续近5 h,遥测数据显示活化过程符合预期,活化结束后阴极在二极管工作模式下启动工作,主阴极和中和器在二极管模式工作了4 h,利用工作过程产生的热量进一步驱除了推力器内部的残余污染物,在轨遥测数据显示阴极二极管模式工作参数与地面试验数据非常一致。

离子电推进系统初始化完成后,进行首次空间点火启动,系统一次启动成功,但在工作4.5 min后自主关机,后续启动均未成功,判断推力器两栅极间可能因污染物引起了短路,将离子推力器转向进行太阳照射2天后,再次启动成功,说明推力器短路故障被消除;接着开展系统第一空间性能测试,测试首先在低功率(500 W)模式下进行,然后切换到885 W的高功率模式进行测试,接着又完成了其他各个功率等级(工作点)下的性能测试。第一次在轨测试中离子电推进累计工作时间超过200多小时,测试结果表明,离子电推进系统PPU性能、流率、推力等测量结果与地面试验和预期吻合很好。随后航天器在离子电推进系统的推进下,于1999年7月26日与小行星相遇,最近距离达到了16英里。

2001年9月,DS-1飞临Borrelly彗星,在距离Borrelly彗星1 400英里的轨道上对其进行了观测,获得了该彗星详细的照片,并收集了它喷射出的气体和尘埃的信息。2001年10月~2001年12月,离子电推进系统在完成目标探测任务后开展了第二次空间性能测试。对系统的各项性能进行了测试和评估,并通过电子反流测量获得了栅极磨损信息。2001年12月18日,地面控制人员发送最后一条指令关闭了离子电推进系统,飞行任务圆满完成。

DS-1是世界上第一个采用离子电推进系统作为主推进的空间航天器,NSTAR-30离子电推进在深空一号上的飞行验证属于典型的飞行试验和工程应用结合型,这种试验方案对系统的验证内容更全面,验证手段最为直接,因此其验证结果更有效。通过一次飞行对系统在轨预处理方案、空间环境适应性、在轨工作性能与可靠性、故障定位及处理能力、与航天器间的相容性以及深空探测推进任务执行能力与工作策略进行了全面、充分的验证,同时也对系统工作寿命开展了在轨工作考核。

从 DS-1 发射升空后的飞行情况来看,除发动机首次工作时出现了一次因污染物在两栅之间造成短路而停止工作的故障外,到 2011 年 12 月,离子电推进系统累计工作 16 246 h,完成了预定的全部推进任务和性能试验,再未出现任何故障。离子电推进运行时,所有运行参数都接近期望值,且航天器上所有设备都正常工作,没有受到电磁干扰和其他任何污染影响。深空一号的成功飞行,获得了大量有意义的结果,成功验证了离子电推进系统用于深空探测主推进的可行性。

参考文献

杭观荣,康小录. 2012. 电推进在深空探测主推进中的应用及发展趋势[J]. 火箭推进,38(4): 1-9.

任亚军,王小永. 2018. 高性能电推进系统的发展及在 GEO 卫星平台上的应用[J]. 真空与低温, 24(1): 60-65.

田立程,王小永. 2015. 空间电推进应用及技术发展趋势[J]. 火箭推进,41(3): 7-16.

王小永,张天平,江豪成,等. 2015. 40 mN/3 000 s 氙离子电推进系统工作性能在轨测试[J]. 火箭推进,41(1): 76-81.

张天平. 2006. 国外离子与霍尔电推进技术最新发展[J]. 真空与低温,12(4): 187-193.

张郁. 2005. 电推进技术的研究应用现状及其发展趋势[J]. 火箭推进,31(2): 27-35.

Bond T A. 1999. The NSTAR ion propulsion subsystem for DS1[C]. Los Angeles: The 35th Joint Propulsion Conference.

Dunning J W, Hamley J A, Jankovsky R S, et al. 2004. An overview of electric propulsion activities at NASA[C]. Fort Lauderdale: The 40th Joint Propulsion Conference and Exhibit.

Kerslake W R. 1992. Development and flight history of SERT II spacecraft[C]. Nashville: The 28th AIAA/ASME/SAE/ASEE Joint Propulsion Conference and Exhibit.

Killinger R, Leiter H. 2005. RITA - Ion thruster systems for commercial and scientific applications [C]. Tucson: The 41 st AIAA/ASME/SAE/ASEE Joint Propulsion Conference & Exhibit.

Myers R M. 2004. Overview of major U. S. industrial electric propulsion programs[C]. Los Angeles: The 35th Joint Propulsion Conference and Exhibit.

Nieberding W C. 1970. Comparative in-flight thruster measurement of the SERT II ion thruster[C]. Stanford: The 8th Electric Propulsion Conference.

Oh D Y. 2007. Evaluation of solar electric propulsion technologies for discovery class missions[J]. Journal of Spacecraft and Rockets, 44(2): 399-411.

Patterson M J, Haag T W, Rawlin V K, et al. 1994. NASA 30 cm ion thruster development status [C]. Indianapolis: The 30th Joint Propulsion Conference and Exhibit.

Patterson M J, Haag T W. 1993. Performance of the NASA 30 cm ion thruster[C]. Seattle: The 23rd International Electric Propulsion Conference.

Polk J E. 2001. Demonstration of the NSTAR ion propulsion system on the Deep Space One mission [C]. Pasadena: The 27th International Electric Propulsion Conference.

Polk J E. 1999. Validation of the NSTAR ion propulsion system on the Deep Space One mission: Overview and initial results[C]. Los Angeles: The 35th Joint Propulsion Conference.

Tahara H, Nishida M. 1999. Overview of electric propulsion activitiy in Japan[C]. Los Angeles: The 35th Joint Propulsion Conference and Exhibit.

Witzberger K E, Manzella D. 2005. NASA's 2004 in-space propulsion refocus studies for new frontiers class missions[C]. Tucson: The 41 st AIAA/ASME/SAE/ASEE Joint Propulsion Conference and Exhibit.

应用篇

第 13 章
GEO 卫星工程应用

13.1   GEO 卫星应用离子电推进系统

地球静止轨道(GEO)卫星以其单星的高效性,应用领域涵盖通信、导航、对地观测、多媒体互联、侦查等诸多方面。随着轨道资源的日益紧缺以及工作寿命提升的迫切需求,为了保持 GEO 卫星的竞争优势,各国都在不遗余力地将新技术应用于该类型卫星。用电推进系统替代传统的化学推进系统可以大幅降低平台质量、提高整星寿命,提高定位精度,降低成本,达到提升市场竞争力的目的。目前,随着技术的发展,通信卫星领域已将是否采用电推进系统作为衡量高性能、长寿命通信卫星平台先进性的重要标志。电推进系统轨道控制的难点在于小推力条件下的控制策略的优化设计。

分析国外 GEO 卫星平台电推进应用历程可以看出,电推进在国外 GEO 卫星上的应用可分为在轨试验、南北位保、位保+部分轨道转移、位保+轨道转移(全电推进)等四个阶段,美国波音公司的实例如图 13－1 所示,伴随四个阶段的发展,电

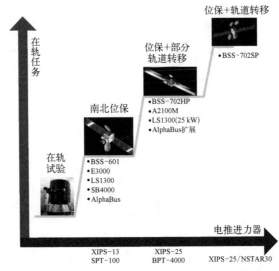

图 13－1   离子推力器在波音公司卫星平台上的应用发展历程

推进在轨任务逐渐增强,电推进产品性能、工作寿命和可靠性不断提升。

13.1.1　GEO 卫星南北位保任务

1. 概述

GEO 卫星的寿命周期一般为 10~20 年,整个寿命周期内轨道南北保持精度要求为±0.01°~±0.05°。由于太阳和月球等第三体引力摄动影响,卫星轨道会发生南北方向的漂移,漂移量为 0.75°~0.95°(倾角变化 1°对应速度增量为53.7 m/s),不同年份漂移量也不同,因此需要对轨道的南北漂移进行修正。南北位保修正最有效的方法就是在轨道升交点或降交点上实施垂直轨道平面的法向推力作用。从 20 世纪 80 年代起,国外就开始研究利用离子推力器进行位置保持的控制策略,基于小推力的 GEO 卫星位置保持技术逐渐被众多欧美先进卫星平台所采用。

国外应用离子电推进系统完成南北位保使命的典型卫星主要有美国波音公司的 601HP 平台,日本的技术试验卫星 ETS‐8、国内东方红三号 B 平台的首发星SJ‐13 卫星等。

2. 系统组成

根据在轨应用需求的不同,离子电推进分系统会配置不同的单机备份,系统组成方案一般有两种。

方案 A:4 台推力器配 2 套 PPU 方案,如图 13‐2 所示,目前该方案在轨应用较多。具体组成包括 4 台推力器和配套的 4 台推力矢量调节机构、1 个控制单元、2套电源处理单元和配套的 2 个供电转接盒、1 个推进剂调压模块、4 个流量控制模

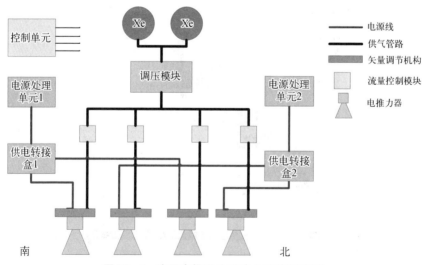

图 13‐2　离子电推进分系统 A 方案示意图

块、2 个推进剂贮存气瓶。

　　方案 B：2 台推力器配 2 套 PPU 方案，如图 13-3 所示，目前该方案多用于卫星平台早期的飞行验证。具体组成包括 2 台推力器和配套的 2 台推力矢量调节机构、1 个控制单元、2 套电源处理单元和配套的 2 个供电转接盒、1 个推进剂调压模块、2 个流量控制模块、2 个推进剂贮存气瓶。

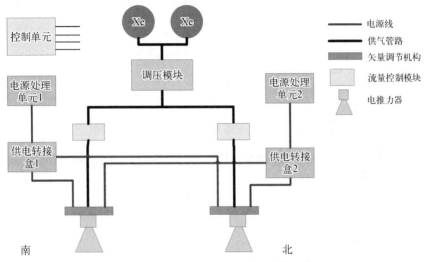

图 13-3　离子电推进分系统 B 方案示意图

　　3. 推力器安装布局

　　推力器在卫星上的布置包括东西面、南北面和背地面，现在对三种方案略作比较。东西面布置方案受天线尺寸和展开位置影响较大，并且推力器羽流等离子体对天线有剥蚀和污染等影响。南北面布置方案主要受太阳阵伸缩尺寸变化和展开机构影响，另外的问题是推力器羽流是否会碰撞于展开的太阳阵上产生溅射腐蚀和干扰力矩；背地面布置方案在安装位置上相对宽松。综合安装空间、羽流影响、安装角（越小越好）、接口干涉等方面，进行折中考虑确定。背地面是布局的最佳选择，如图 13-4 所示。

　　4. 应用工作策略

　　电推进 NSSK 过程中点火区域位于轨道的升交点和降交点附近。卫星在进入升交点点火区后，北侧推力器开始点火，产生的推力矢量中的南北向分量使得卫星产生向南的加速度，点火过程持续一段时间后，卫星轨道倾角减小，卫星在南北方向的漂移得到补偿。当卫星进入降交点点火区后，南侧推力器点火卫星向北做位保，整个过程和升交点类似，方向相反。在整个点火过程中需要保持点火推力器的推力矢量过整星质心，从而避免给卫星带来额外的姿态扰动。另外，推力器工作产生的推力在垂直轨道面和轨道面内径线方向都有分量。其中轨道面内法向分量会

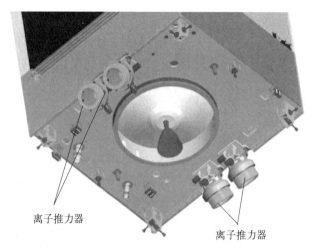

离子推力器

离子推力器

图 13 - 4　推力器在卫星背地面上的布局示意图

造成卫星轨道偏心率漂移,升降交点对称工作也正好抵消(真近点角相差 180°)偏心率漂移影响。

13.1.2　GEO 卫星全位保任务

1. 概述

随着离子推力器性能的提升,以及电推进系统布局的优化设计,离子电推进系统应用也从单一的南北位保扩展到全位保、离轨控制,以及部分变轨备份。东西位保是对卫星星下点的经度进行修正;而南北位保则是对其纬度进行修正。

国外使用离子电推进系统完成全位保任务的典型平台为美国的 BSS - 702 平台,该平台离子推进系统包括两套完全冗余的子系统,每个子系统都备有电源、推进剂供给系统和两台推力器。在星箭分离后,离子推进系统首先可以用于卫星平台的入轨任务的备份,从卫星椭圆轨道的近地点开始把卫星平台送入地球静止轨道。在完成卫星的入轨任务后,四台离子推力器每天分别工作一次,可以完成卫星轨道控制所需的所有任务,包括南北位保、东西位保、姿态控制和动量轮卸载。GEO 卫星东西位保每年的速度增量为 3~6 m/s。

2. 系统组成

为了实现全位保任务,在进行南北位保的同时进行东西位保,离子电推进系统配置四台推力器是较优方案。典型的系统组成方案如图 13 - 5 所示,分系统组成包括 4 台离子推力器及其推力矢量调节机构、2 台电源处理单元、2 台推力器切换单元、2 个氙气瓶、1 套调压模块、4 个流量控制模块、1 套控制单元。

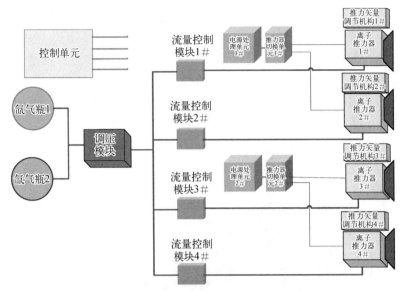

图 13-5 全位保离子电推进系统方案示意图

3. 推力器的安装布局

4 台离子推力器都安装在卫星背地面的结构板上,南、北各两台,如图 13-6 所示。每台离子推力器独立安装,由一个单独的指向机构控制推力方向。在南北位保期间,该推力指向机构可以保证推力通过质心。每个电源处理单元为对角线上的两台推力器供电,从而可以在离子推力器或电源处理单元故障时提供完全的冗余。

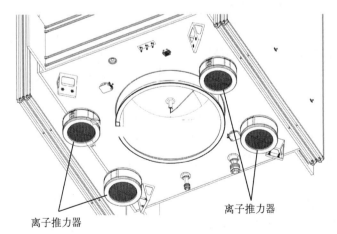

图 13-6 全位保电推进系统星上布局示意图

4. 应用工作策略

为了使电推进能够完成所有的位置保持任务,波音公司专门设计了离子推进系统沿轨道面上的工作位置和工作时间,如图 13-7 所示。其中 A 模式下,位于对角线上的一对推力器点火,在不产生偏航和切向速度变化的前提下,完成动量轮的卸载和倾角控制;B 模式下也采用位于对角线上的推力器,推力矢量过质心,主要完成偏心率和倾角控制。大约 90% 的推进剂用于卫星的南北位置保持。在地面上通过对卫星轨道的精确分析,相关的数据、离子推进系统工作指令上传到卫星上,数据每两周上传一次。

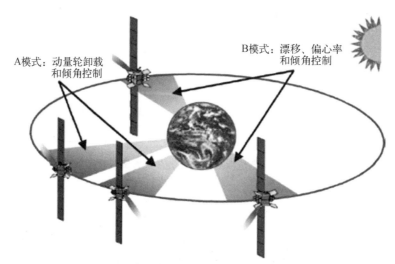

图 13-7　BSS702 平台氙离子推进系统的工作方式示意图

13.1.3　GEO 卫星全电推进任务

1. 概述

面对市场多元化竞争,尤其是较小容量的低成本通信卫星需求,各国都在开发中小型的低成本 GEO 卫星平台,该平台的主要特征是高载荷比和低成本。实现上述两个目标的唯一途径就是采用全电推进技术,才能将整星的载荷比提高到 30% 以上,并且使发射、在轨运行综合成本最优。全电推进平台不再配置远地点化学发动机,卫星的推进任务主要依赖离子电推进实现,即采用离子电推进系统实现卫星全过程变轨、在轨位保和动量轮卸载、离轨等任务。

全电推进平台的最大优点是:可大幅缩减推进剂携带量,在承载同等有效载荷质量情况下可使卫星发射质量下降约一半,从而可实现一箭双星发射,有效降低综合研制费用,有效提升平台市场竞争力。其主要缺点是:由于变轨推力较小,平台需要较长的变轨时间,对于全电推 GEO 卫星平台,约需 6 个月甚至更久的变轨时间,才能从 GTO 轨道进入 GEO 轨道,由此造成的卫星运营服务时间推迟可以通过提前发射进行弥补。

波音公司在 2010 年之前就开始设计开发中小型全电推进通信卫星平台 BSS-702SP 卫星平台,采用全电推进实现变轨和位置保持等任务,取消了双组元化学推进系统,不再配置远地点化学发动机,有效降低了卫星发射质量。该平台的不利之处是,卫星需要 6 个月时间才能从 GTO 轨道变轨到 GEO 轨道。

2. 系统组成

离子推力器性能和可靠性进一步成熟,至少具备轨道转移大推力模式和在轨位保小推力模式两种工况,甚至为了适应轨道转移末期太阳能电池性能衰减,需要具备更多的中间功率工作模式。典型产品包括波音公司的 XIPS-25 和我国 LIPS-300 离子推力器。全电推进系统组成和全位保相同,只是使用策略上增加了轨道转移模式。其中大推力用于轨道转移,小推力用于在轨位保控制,中间功率在轨道转移末期使用。

3. 推力器的安装局部

每台推力器独立安装,由一个单独的矢量调节机构控制推力方向。在入轨段,该矢量调节机构在航天器尾部控制推力方向,在南北位保期间,该矢量调节机构可以保证推力通过质心。我国全电推进卫星平台电推进布局可借鉴 BSS-702SP 平台的布局形式,电推力器南北两侧每侧两台,对称安装于背地板外表面靠近南北隔板的位置。

4. 应用工作策略

1) 南北位保

正常情况下,每天进行 2 次南北位保,升降交点各 1 次,升交点时北侧 1 台电推力器点火,此时位于北侧的 2 台推力器可以根据需要依次进行点火;降交点时南侧 1 台电推力器点火,位于南侧的 2 台推力器可以根据需要依次进行点火。点火时刻在 90° 和 270° 恒星时附近,点火不会位于地影区内。正常情况下,每天进行南北位保时 4 台推力器均参加点火,每次点火只有 1 台推力器工作。

2) 东西位保

东西位保可结合南北位保同时进行。北侧推力器 NE、NW 分别产生正向和负向切向加速度。因此,切向加速度的净增量可以为正,也可为负。南侧推力器 SE 和 SW 也能产生类似的切向加速度净增量。利用这种特性,可以实现对偏心率矢量沿南侧推力弧段中心与北侧推力弧段中心方向的完全控制。切向加速度同时也能够修正东西摄动,以及由于径向加速度分量导致偏心率变化。

通过北侧和南侧推力器所产生速度增量的南-北方向分量可以实现对倾角矢量的完全控制。通过有意地使点火时间不同,由此产生的径向分量可以用来控制与南北侧推力弧段中心连线垂直方向的偏心矢量。

3) 轨道转移

轨道转移工作时,2 台离子推力器同时点火,工作在大推力模式下,可以提供相当于替代 490 N 发动机 6 000 s 变轨工作时间的电推进冲量。两台推力器不需要为对角线组合,只需要通过矢量调节结构调整推力过整星质心即可。受制于 2 台 PPU 切换的限制,轨道转移中 2 台推力器共同工作的组合共四种,对角线组合 2 种,该组合卫星飞行方向和背地板法线方向一致;同侧组合 2 种,该组合卫星飞行方向和背地板法线方向存在夹角。

13.2　中星十六号卫星工程应用

13.2.1　CS‐16 卫星简介

中星十六号(CS‐16)卫星又名实践十三号(SJ‐13)卫星,是我国首颗应用电推进技术实现高通量通信的高轨通信卫星。该星隶属于中国卫通集团股份有限公司,于 2013 年启动正样星研制,2017 年 4 月 12 日晚 7 时于西昌卫星发射中心成功发射。

中星十六号卫星在我国通信卫星发展史上具有举足轻重的作用,实现了多个首次:首次在中高轨卫星上使用了电推进系统完成全寿命周期的南北位保任务,推进效率比常规化学推进提升十倍以上,卫星承载能力得到显著提升;首次在中国卫星上应用 Ka 频段多波束宽带通信系统,通信总容量超过 20 Gbps;首次在中国高轨长寿命通信卫星上百分之百工程应用国产化产品,改变了相关产品依赖进口的局面。

正是由于中星十六号卫星采用了高比冲的离子电推进技术,使得整星的载荷能力得到提升,搭载 Ka 频段多波束宽度通信载荷才得以实现。该星搭载的 Ka 频段大容量通信载荷,最高通信总容量可达 20 Gbps 以上,超过了之前所有通信卫星容量的总和。这使中国成为继美欧等少数发达国家或地区以外,掌握先进的 Ka 频段宽带通信技术的国家,可为中国通信设施不发达地区提供优良的宽带服务。

13.2.2　CS‐16 卫星离子电推进系统

1. 系统组成及指标

中星十六号卫星离子电推进系统是典型的基于长寿命南北位保任务的系统。选用兰州空间技术物理研究所研制的 1 kW 量级的 LIPS‐200 离子电推进系统。配置包括 4 台离子推力器(南北各两台)、2 台 PPU、1 台推力器切换单元(TSU)、1 套贮供子系统、2 台推力矢量调节机构(TPAM)及配套电缆、管路。电推进分系统单机的控制由整星综合电子(CMU)结合执行机构驱动单元(ADU)发送指令控制分系统内供气、供电单机完成相应的工作。图 13‐8 所示为中星十六号卫星离子电推进系统组成框图;图 13‐9 所示为系统的整星布局。

中星十六卫星离子电推进系统的技术指标如表 13‐1 所列。整星上推力器布局采用同侧一主一备方式,4 台推力器轴线全部在 yoz 平面内。

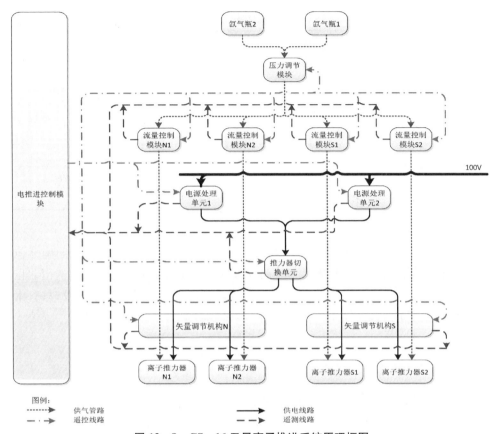

图 13-8　CS-16 卫星离子推进系统原理框图

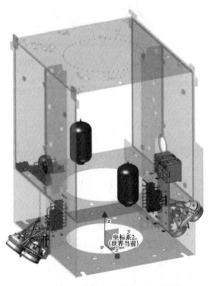

图 13-9　CS-16 卫星离子推进系统整星布局图

表 13-1　离子电推进系统技术指标

序　号	性 能 名 称	单　位	指 标 要 求
1	推力	mN	40±4
2	比冲	s	3 000±300
3	功耗	W	≤1 250
4	氙气携带量	kg	≥110
5	系统质量	kg	≤131
6	寿命	h	≥12 000
7	寿命末期系统可靠度	—	0.965

2. 系统任务

中星十六卫星离子电推进系统具备独立提供整星在轨 15 年寿命期间南北位保(NSSK)所需冲量的能力,同时与控制分系统配合完成整星全寿命期间的南北位保工作。离子电推进分系统的推力器布局方式在正常工作时的点火时段,只有南北一侧的一台主份推力器工作,如图 13-10 所示。

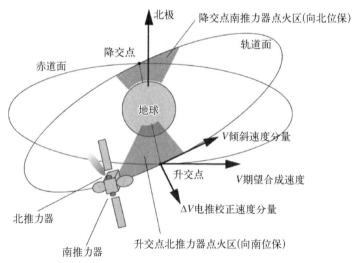

图 13-10　中星十六号卫星离子电推进系统 NSSK 任务示意图

电推进 NSSK 过程中点火区域位于轨道的升交点和降交点附近。卫星进入升交点附近点火区后,北侧推力器开始点火,产生的推力矢量中的南北向分量使得卫星产生向南的加速度,点火过程持续一段时间后,卫星产生向南的速度增量,该速度分量与卫星轨道倾角方向的速度分量合成的最终速度使得轨道倾角下压,卫星在南北方向的漂移得到补偿。当卫星进入降交点点火区后,南侧推力器点火,卫星向北做位保,整个过程和升交点类似,方向相反。在整个点火过程中必须保持点火推力器的推力矢量过整星质心,从而避免给卫星带来额外的姿态扰动。另外,推力器工作产生的推力在垂直轨道面和轨道面内径线方向(法向)都有分量。其中轨道面内法向分量会造成卫星轨道偏心率漂移,升降交点对称工作也正好抵消(真近点角相差 180°)偏心率漂移影响。

3. 各单机主要功能

LIPS-200 离子电推进系统由多台功能不同的单机产品组成,其核心单机是离子推力器。离子推力器是电推进分系统的推力输出机构,在系统内其他单机和子系统的配合下,将进入推力器放电室的工质(氙气)电离,并利用静电场将氙离子加速喷出,以此产生推力。

矢量调节机构是离子推力器的机械支持和推力矢量方向调节装置。在卫星主动段飞行期间,电推进系统不工作。矢量调节机构为推力器提供足够的刚性支撑和力学保护,实现主动段的锁紧功能,确保推力器不被损坏。在轨工作期间,矢量调节机构可绕卫星 x 轴和 z 轴在一定范围内旋转,实现二维方向推力矢量的调节,以确保推力器工作时的推力过卫星质心。

电源处理单元是离子推力器的供电设备。该单机将卫星 100 V 母线的供电转化为离子推力器所需的多路恒流或恒压的电源需求,具备在推力器工作出现异常或故障时的输出保护及恢复功能。

推力器切换单元是系统内实现推力器的选择切换及隔离功能的设备。该单机具备使 1 台电源处理单元均能给系统内的 4 台推力器分别实现供电的功能;同时,还具备将 2 台电源处理单元中的不同模块重组后为 1 台推力器供电的功能。

贮供子系统是离子推力器的供气设备,由 2 个氙气瓶、1 套压力调节模块(简称 PRM)、4 套流量控制模块(简称 FCM)组成。氙气瓶用于贮存超临界状态的氙气;压力调节模块利用压力控制电磁阀将上游氙气瓶中的高压氙气减压,并为下游的流量控制模块提供相对稳定的压力输入条件;流量控制模块根据推力器工作的供气需求,为推力器提供稳定流率的氙气。

13.2.3 LIPS-200 离子电推进系统产品研制

1. 研制历程简介

中星十六号(CS-16)卫星是基于我国新一代中型通信卫星平台东方红三号 B 平台(DFH-3B)研制的,也是该平台全配置的首发星。东方红三号 B 平台于 2009 年 3 月批复研制,2010 年 10 月 LIPS-200 离子电推进系统被确定为该卫星平台电推进系统的标准配置。

2011 年,完成电推进系统的系统方案论证工作,并启动初样产品研制;2014 年 6 月,电推进分系统初样鉴定产品研制完成,正式转入正样产品研制阶段。同时,也标志着中星十六号卫星研制正式启动。2016 年 6 月,电推进分系统正样飞行产品完成研制并全部交付整星。

2. 研制阶段介绍

从 DFH－3B 平台研制工作启动,电推进分系统工程应用的研制工作也同步开展。与所有航天产品相同,电推进系统产品研制也经历了方案阶段(M)、初样阶段(C)和正样阶段(Z)三个大的阶段。其中,初样阶段又分为电性产品研制阶段和鉴定产品阶段。

1) 方案阶段

在方案阶段主要以分系统配置和部分单机的关键技术验证为主。在此阶段,针对卫星平台南北位保任务确定采用 LIPS－200 离子电推进系统,并明确了分系统的配置组成以及各单机设备的成熟度类别。整个电推进分系统内除氙气瓶外,其余单机设备均为 D 类(新研)设备。

2) 初样阶段

初样阶段为工程产品研制的主要阶段,相关工作分为以下几个阶段。

(1) 首先依据方案阶段确定的分系统任务和产品配套表,开展分系统之间、分系统内部的各级技术要求确定工作。

(2) 在技术要求的基础上,开展详细的分系统设计和单机设计,确定单机的技术流程、验证试验内容和投产矩阵。在初样阶段,依据产品的实际验证目的,投产的产品种类和数量如表 13－2~表 13－4 所列,其中鉴定件的状态为最终飞行产品状态。

表 13－2 电推进分系统电性产品配套矩阵

序 号	产品名称	产品类别	数 量	备 注
1	离子推力器	轻结构模拟件	2	电性星
		电性产品	2	电性星,同结构工程件
2	推力器矢量调节机构	电性产品	1	电性星
3	压力调节模块	电性产品	1	电性星
4	流量调节模块	电性模拟件	3	电性星
		电性产品	1	电性星
5	电源处理单元	电性产品	2	电性星
6	推力器切换单元	电性产品	1	电性星
	合计		13	

表 13－3 电推进分系统结构产品配套矩阵

序 号	产品名称	产品类别	数 量	备 注
1	离子推力器	结构模拟件	4	结构热控星
2	推力器矢量调节机构	结构工程件	1	结构热控星
		结构模拟件	1	结构热控星

续　表

序　号	产 品 名 称	产 品 类 别	数　量	备　注
3	氙气瓶	结构工程件	2	结构热控星
4	压力调节模块	结构工程件	1	结构热控星
5	流量调节模块	结构工程件	2	结构热控星
		配重件	2	结构热控星
6	电源处理单元	结构热模拟件	2	结构热控星
合　计			15	

表 13 - 4　电推进分系统鉴定产品配套矩阵

序　号	产 品 名 称	产 品 类 别	数　量
1	离子推力器	鉴定产品	2
2	推力器矢量调节机构	鉴定产品	1
3	氙气瓶	鉴定产品	1
4	压力调节模块	鉴定产品	1
5	流量调节模块	鉴定产品	1
6	电源处理单元	鉴定产品	2
7	推力器切换单元	鉴定产品	1
合　计			9

（3）随后开展各项研制工作,包括仿真分析、工艺验证及试验测试等。在此阶段,主要投产结构件、电性件、结构工程件和鉴定产品等分别用于结构力学星、结构热控星、电性星和鉴定星上开展整星的环境适应性试验验证。各单机在交付整星前需开展各类试验,包括静力学和动力学性能、电性能、热性能和整机性能、分系统联试和专项、拉偏、寿命等专项试验。在过程中遇到技术问题,采用 FTA、FMEA 等分析方法和技术归零的形式,开展问题分析定位和措施验证并最终解决。

（4）在完成初样阶段所有产品研制和试验验证工作后,需对初样阶段的所有技术工作进行阶段总结,评审通过后即可转入正样产品研制。

3）正样阶段

正样阶段是工程飞行产品的研制阶段。在初样产品研制阶段,尤其是鉴定产品研制完成后,需开展初样研制总结工作,同时确定正样飞行产品的技术状态、试验矩阵和技术流程等。

原则上,分系统各单机正样产品继承初样鉴定产品的设计状态,两者的差别在于单机产品生产完成后开展的试验项目和试验量级有所区别。由于分系统各单机大部分为 D 类新研单机,在投产时,以卫星实际配置的单机数量为基础,在部组件级和单机级都有数量不等的备份产品,具体如表 13-5 所列。即实际投产数量多于在轨实际配置数量,如压力条件模块和推力器切换单元的单机产品由于可靠度较高,投产数量为星上配置数量,但内部的阀门、继电器等部组件则均有备份。

表 13-5 电推进分系统正样产品投产矩阵

序 号	产品名称	产品类别	数 量	备 注
1	离子推力器	正样产品	6	2 台备份
2	推力器矢量调节机构	正样产品	3	1 台备份
3	氙气瓶	正样产品	3	1 台备份
4	压力调节模块	正样产品	1	
5	流量调节模块	正样产品	5	1 台备份
6	电源处理单元	正样产品	3	1 台备份
7	推力器切换单元	正样产品	1	
合 计			22	

3. 试验验证

对于航天新研产品,在产品完成研制后,可采取地面试验和飞行试验进行产品性能验证。飞行搭载试验机会难寻且价格昂贵,一般都以地面试验验证为主。

LIPS-200 离子电推进分系统在 2012 年搭载试验卫星进行过在轨飞行试验验证。对高轨卫星平台上应用所需解决的一系列关键技术指标,如推力、比冲和羽流特性等进行了在轨飞行验证。系统的性能指标均与设计要求相符。

CS-16 卫星电推进系统在继承飞行验证产品的技术指标的基础上,在电推进系统的系统配置、接口要求、可靠与寿命要求等方面完全不同。尤其是寿命与可靠性,CS-16 卫星电推进系统在轨累计工作时间需要达到 20 000 h,其中平均每台离子推力器工作时间约 5 000 h,如果主份 1 台推力器失效,备份推力器需要工作近 11 000 h。由于是首次采用电推进系统完成在轨 15 年的南北位保任务,电推进产品基本为新产品,为了保证电推进在轨安全可靠地工作,需要进行充分、合理、有效、系统的地面验证试验。

正是基于工程应用的验证需要,在近 5 年的时间内,LIPS-200 离子电推进分系统共计完成部组件、单机与分系统等各层级试验 154 项。其中电性产品 33 项、结构产品 19 项、鉴定产品阶段 57 项、正样阶段 45 项。除常规环境试验及性能测试外,还完成了包括全系统联试点火、整星真空点火、EMC 试验、热平衡试验和羽流试验等多项专项试验,如表 13-6 所列。

除了型号产品的常规试验外,中星十六号卫星开展的众多专项试验均是国内首次。这里仅以寿命试验为例。为了充分验证 LIPS-200 离子电推进系统的寿命

表 13-6 电推进分系统地面验证试验项目类别

级别	常 规 试 验	可靠性和寿命试验	专 项 试 验
单机	单机性能试验 单机力学环境试验 单机热环境试验 单机 EMC 试验 单机接口测试 单机热平衡试验 单机 ESD 试验 单机老炼试验	火工品解锁器可靠性试验 气路绝缘器可靠性试验 舱外电缆空间环境可靠性试验 空心阴极矢量调节机构、Bang- Bang 阀、继电器等部组件寿命 试验 离子推力器、PPU 单机寿命试验 氙气瓶爆破试验和压力疲劳试验	氙气流率标定试验
分系统	氙气瓶支架与氙气瓶联合力 学试验 推力器与 PPU 子系统点火 联试	电推进分系统寿命试验 电推进点火可靠性验证试验	系统 EMC 专项试验 矢量调节机构与推力器联合 热平衡试验 CMU、ADU 与贮供子系统联试 全系统模拟点火联试 全系统真实点火联试
整星	整星电性能测试 整星力学试验 整星管路检漏 真实火工品解锁展开试验 整星 EMC 试验整星热平衡 热真空试验		羽流效应专项试验 氙气模拟加注试验

及可靠性,验证试验矩阵涉及的产品从部组件到单机直至分系统,验证试验项目涵盖了分系统内各功能单机的主要失效模式(早期失效模式通过筛选试验剔除)。

13.2.4 CS-16 卫星工程应用

1. 在轨经历

CS-16 卫星于 2017 年 4 月 12 日 19: 04 成功发射后,对电推进分系统推力矢量调节机构进行了在轨火工品起爆展开,压紧板锁紧正常,遥测正常。卫星在轨测试期间,推力矢量调节机构共计进行了 16 次按目标角转动试验,目标角设置正确,转动结果正确,控制误差全部优于 0.006°,符合产品设计要求。

2017 年 4 月 16 日至 2017 年 4 月 22 日,电推进分系统完成了分系统单机预处理及在轨首次性能初测。其中,预处理包括供气单元的管路预处理、4 台离子推力器的空心阴极预处理、放电室预处理和栅极预处理。预处理结束后,电推进分系统依次对 4 台离子推力器进行了性能初测。每台推力器分别与两台 PPU 配合进行点火,共计 8 次。PPU、TSU 和推力器的全部功能均得到验证,性能指标正常。

2017 年 6 月,电推进分系统使用南北主份推力器开展了质心标定测试。首先由南北主份推力器 S1 和 N1 分别开展短时间的点火工作,过程中使用动量轮观察电推进点火对整星造成的干扰力矩大小,随后调整矢量调节机构的角度,使得推力矢量方向经过卫星质心。南北主份推力器 S1 和 N1 各进行了 3 次点火,单次点火时间 15~30 min。调整后推力方向已基本经过质心,符合整星干扰力矩控制要求。电推进分系统具备进行南北位置保持点火的条件。

2017 年 8 月,电推进分系统完成在轨位保策略验证。卫星完成测轨后,根据卫星在轨位置保持策略,电推进分系统开展自主点火;电推进点火完成后重新对卫星进行测轨,确认电推进位保效果。

在轨测试完成后,中星十六号卫星先行使用化学推进分系统完成在轨推进任务,电推进分系统暂时转入休眠状态。

2. 性能指标

在轨测试期间,离子电推进系统在额定工作点进行了多次点火工作。从星上遥测值反映出系统各单机工作状态稳定,系统输出参数平稳、无异常。其中,分系统的核心指标推力可以通过星上干扰力矩计算。该方法要求电推进的推力矢量方向尽量偏离卫星的质心。而实际在轨通常需要电推进的推力矢量方向尽可能接近卫星质心,以减少电推进点火对卫星姿态的影响。因此,电推进在轨期间通常还采用参数法对离子推力器的推力及比冲进行推算。

电推进分系统南北两侧的 4 台离子推力器产品的性能一致性极佳,单台推力器的输出推力在 2 mN 的范围内波动;在额定工况下,在轨推力、比冲较地面测试略低,具体如表 13-7 所列。分析认为这应该是在轨及地面真空度差异造成的;在轨额定工况条件下,较地面工作室的阳极电压有降低,更有利于推力器寿命。

表 13-7　电推进首次在轨测试参数与地面参数对比表

推力器	地面			在轨		
	阳极电压/V	比冲/s	推力/mN	阳极电压/V	比冲/s	推力/mN
N1	43.4~44	3 011~3 064	40.1~40.8	37.5~39.9	2 860~2 982	38.1~40.2
S1	39.9~41.4	2 925~2 998	38.9~39.9	37.5~39.9	2 842~2 995	37.5~39.9
N2	41.9~43	3 034~3 096	40.4~41.2	38.5~40	2 832~2 988	37.9~40.1
S2	41.1~42.1	3 045~3 051	40.5~40.6	38.2~40	2 858~2 982	38~39.8

3. 位保效果

由于电推进系统的输出推力较小,其每天能够提供的南北位保倾角控制量也很小。经测算约为 0.002°~0.003°量级,与卫星轨道南北漂移率基本相当。因此,难以直接对电推进的南北位保效果进行测量验证。

电推进系统的南北位保效果可以基于多次的南北位保结果来进行评估。即每天利用电推进系统开展南北位保点火工作,整个试验周期设置为多天(等效电推进系统多次点火)。在整个试验周期前、后分别进行卫星轨道倾角测量。如果轨道倾角变化显著小于卫星轨道南北漂移率,则认为电推进具备南北位保能力且位保策略可行。

2017 年 8 月 4 日对 CS-16 卫星进行了测轨,随后电推进系统按星上南北位保策略,南北两侧的推力器分别开展了多次点火。在电推进系统每次点火完成后,地面站均对卫星进行了测轨,位保效果分别如图 13-11~图 13-13 所示(浅色实线为软件预示情况,深色标记为实际测轨结果),从卫星轨道倾角 i_x、i_y 及偏心率矢量

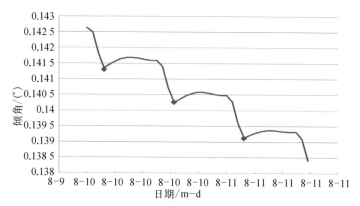

图 13-11　CS-16 卫星在轨倾角变化情况

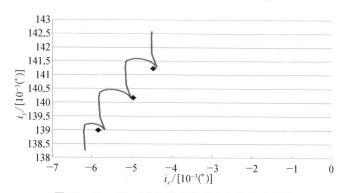

图 13-12　CS-16 卫星在轨倾角矢量分布情况

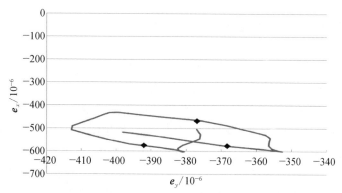

图 13-13　CS-16 卫星在轨偏心率矢量分布情况

e_x、e_y 变化的实测结果与预示结果对比可以看出,电推进位保后的轨道与预期轨道相符,说明中星十六使用电推进系统开展南北位保的策略有效,结果符合预期,电推进系统具备南北位保能力。

13.3　实践二十号卫星工程应用

13.3.1　SJ－20 卫星及离子电推进任务

SJ－20 卫星是基于东方红五号卫星公用平台(DFH－5)开发的一颗地球同步轨道卫星,其目标是配合完成遥三火箭飞行试验,提升 DFH－5 平台成熟度,并对先进载荷技术进行验证,SJ－20 卫星是 DFH－5 平台的验证星(以下简称 SJ－20 卫星)。DFH－5 平台可适用于国内通信、电子侦察、地球同步轨道遥感等应用需求,该平台的研制目标是确保 DFH－5 平台成为民商用通信卫星领域国际先进的地球同步轨道卫星平台,并在未来 5~15 年内具备较强的竞争优势。

DFH－5 平台考虑市场需求及能力定位,分为基本型和扩展型两种,基本型整星质量 8 t,载荷质量 1.5 t,载荷功率 14 kW;扩展型整星质量 9 t,载荷质量 1.75 t,载荷功率 18 kW;设计寿命均为 15 年,对于通信平台可容纳 100~120 路转发器,是现有主流通信平台的 3~4 倍。

同时,DFH－5 平台在满足大容量高承载要求方面,采用桁架主承力结构,采用多层通信舱技术、散热采用可展开热辐射器、功率供给方面采用二维二次展开太阳翼和大功率 SADA,在轨推进采用 4 台 5 kW 多工作模式离子推力器。这些新技术共同支撑了平台承载能力和平台效率。

SJ－20 卫星电推进分系统任务:提供南北和东西方向位置保持的推力矢量,提供卫星角动量卸载的控制力矩,并提供部分轨道转移所需的推力,并对 DFH－5 平台关键技术"大推力、多模式电推进系统技术"进行全面在轨验证。推力器可工作在两种工作模式:大推力与小推力,两种模式分别应用于卫星不同的工作阶段。

13.3.2　SJ－20 卫星离子电推进系统

1. 系统组成

SJ－20 卫星电推进分系统由离子推力器、贮供子系统、电源处理单元(PPU)、推力器切换单元,矢量调节机构以及电推进控制模块组成。100 V 母线给电推进控制模块、电源处理单元提供输入电源,电推进控制模块给贮供系统子系统自锁阀、电磁阀及流量控制器供电,控制贮供子系统气路的供给和流量调节。电推进控制模块还为 PPU 提供相关控制指令启动 PPU 工作,PPU 在电推进控制模块的指令作用下按时序要求给推力器提供各路电源,推力器在 PPU 的供电和贮供子系统的供气配合下产生推力,推力矢量方向在矢量调节机构的作用下完成转移轨道变轨及南北位保时推力指向要求,矢量调节机构同样由 ADU 中电推进控制模块进行控制。系统配置如图 13 - 14 所示,组成包括:4 台离子推力器、4 台推力矢量调节机构、4 套电源处理单元、2 套推力器切换单元、1 个推进剂调压模块、4 个流量控制模块、2 个氙气瓶、1 套控制单元。

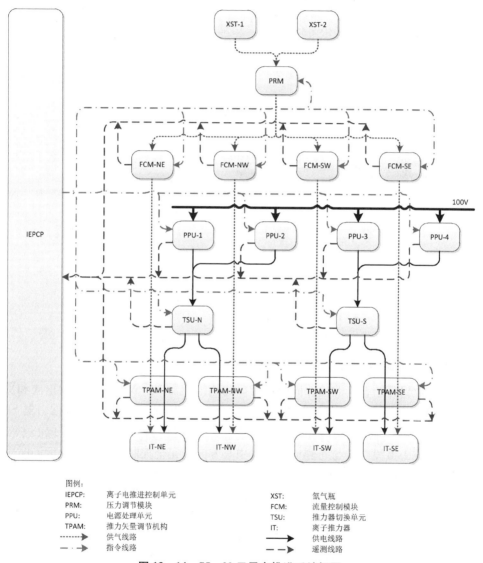

图例:
IEPCP:	离子电推进控制单元	XST:	氙气瓶
PRM:	压力调节模块	FCM:	流量控制模块
PPU:	电源处理单元	TSU:	推力器切换单元
TPAM:	推力矢量调节机构	IT:	离子推力器

------> 供气线路　　　——→ 供电线路
——→ 指令线路　　　---→ 遥测线路

图 13 - 14　SJ - 20 卫星电推进系统框图

2. 位置保持模式

1) 南北位保模式

正常情况下,每天进行 2 次南北位保,升降交点各 1 次,升交点时北侧 1 台电推力器点火,此时位于北侧的 2 台推力器可以根据需要依次进行点火,降交点时南侧 1 台电推力器点火,位于南侧的 2 台推力器可以根据需要依次进行点火。点火时刻在 90°和 270°恒星时附近,点火不会位于地影区内。正常情况下,每天进行南北位保时 4 台推力器均参加点火,每次点火只有 1 台推力器工作。

当同侧两台推力器中的一台损坏时,用另一台推力器可以完成南北位保,但推力器点火对偏心率的影响不会在升、降交点处相互抵消。这时采取故障点火模式,仍然能够实现全轨道控制。为了消除对偏心率的影响,需要进行额外的点火,该点火位置可能出现在地影区内,故障模式点火策略如图 13-15 所示。

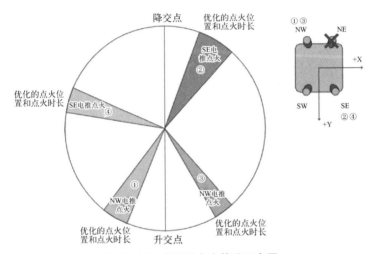

图 13-15   故障时点火策略示意图

2) 东西位保模式

东西位保可结合南北位保同时进行。北侧推力器 NE、NW 分别产生正向和负向切向加速度。因此,切向加速度的净增量可以为正,也可为负。南侧推力器 SE 和 SW 也能产生类似的切向加速度净增量。利用这种特性,可以实现对偏心率矢量沿南侧推力弧段中心与北侧推力弧段中心方向的完全控制。切向加速度同时也能够修正东西摄动,以及由于径向加速度分量导致偏心率变化。

通过北侧和南侧推力器所产生速度增量的南-北方向分量可以实现对倾角矢量的完全控制。通过有意地使点火时间不同,由此产生的径向分量可以用来控制与南北侧推力弧段中心连线垂直方向的偏心矢量。

因此,一般情况下对每个推力器需求的速度增量因摄动的不同而不同。速度增量的所有分量控制四个轨道参数:轨道倾角、平运动速度以及偏心率的两个相互正交的分量。偏心率的两个分量用于消除太阳光压导致的径向摄动。

3. 轨道转移模式

轨道转移时,2 台离子推力器同时点火,工作在大功率模式下,每台推力器功

率为 5 kW,推力为 200 mN,比冲为 3 500 s。轨道转移使用点火推力器可以采用以下 2 种组合:

（1）使用 NE+SW,须将 2 台推力器推力方向调至与 XOZ 平行的平面内,且 2 台推力器推力矢量组成的平面需过卫星质心,此时卫星变轨飞行速度方向与 Z 轴重合;

（2）使用 NW+SE,须将 2 台推力器推力方向调至与 XOZ 平行的平面内,且 2 台推力器推力矢量组成的平面需过卫星质心,此时卫星变轨飞行速度方向与 Z 轴重合。

为了减少由于安装角度造成的推力效率损失,在进行轨道转移电推进点火前须通过矢量机构对离子推力器进行角度调节,轨道转移模式的更详细内容可见 13.4 节。

13.3.3　LIPS‐300 离子电推进系统产品研制

1. 研制历程简介

SJ‐20 通信卫星研制开始时间为 2017 年 3 月。SJ‐20 电推进分系统关键技术多、难度大,研制主要分为方案阶段、初样研制阶段、正样研制阶段。方案阶段于 2016 年完成;初样阶段主要是鉴定件和寿命试验件的研制,研制起始时间为 2018 年,由于专项试验周期较长,研制完成时间和正样产品有所重叠,但并不影响正样状态的确定;正样产品研制工作从 2017 年 12 月开始,截至 2019 年 5 月完成电推进分系统所有单机产品的配套装星。

2. 阶段研制

1）方案阶段

完成电推进选型论证和系统对标,确定了以 LIPS‐300 离子推力器为核心的电推进系统配置方案。完成电推进系统方案设计,确定了离子推力器、PPU、贮供单元、推力矢量调节机构及控制单元等子系统技术要求及接口要求,形成完整的技术输入文件。各单机重点围绕指标要求开展了关键技术攻关,具体包括离子推力器多模式放电室性能提升技术、三栅极组件性能及可靠性技术、PPU 高频高压绝缘防护技术、PPU 大功率高效率提升技术、子系统级击穿抑制及保护技术、高精度贮供流率控制技术。通过方案阶段研制,SJ‐20 电推进系统确定了各单机技术方案及初步状态,技术可行性得以验证,系统性能及可靠性得到初步确认。在方案阶段,试验测试设备开展了大规模建设,主要包括离子推力器寿命考核设备、多模式性能测试设备,以及 EMC 和羽流专项测试设备,为后续产品研制奠定了必需的保障条件。

2）初样阶段

在系统层面主要是环境适应性验证,包括推力器和推力矢量调节机构的抗力学性能、羽流试验及整星影响评价,以及系统接口匹配性和系统性能验证。在单机层面包括各单机鉴定件的研制,以及寿命可靠性专项试验验证。

3）正样阶段

单机层面,在初样阶段技术状态确定的基础上,开展正样产品的生产、测试及交付。在 SJ‑20 正样研制的过程中,针对减速栅刻蚀以及低温启动,推力器的技术状态略有反复和更改,但并未对研制主线和节点计划造成太大干扰。

系统层面,完成在轨控制流程的最终确认及完整测试,完成各单机和系统层面的故障模式梳理及预案的制定。截至 2019 年 5 月底,电推进分系统技术状态正常、测试性能满足设计要求。

3. 试验验证

基于离子电推进系统研制的复杂性,以及各单机性能和控制逻辑的符合性,从方案阶段开始就设计了大量的验证试验。系统层面的联试试验、羽流试验,以及单机层面的寿命专项试验、可靠性试验等。分别对试验结果进行简述。

4. 联试试验

分两个阶段,第一阶段为 PPU 和推力器子系统真空环境联试,分别使用两台 PPU 和离子推力器共完成 600 h 真空条件下联试,验证了 PPU 和推力器的匹配性,以及 PPU 在真实负载条件下的子系统性能及稳定性,试验布局图如图 13‑16 所示。

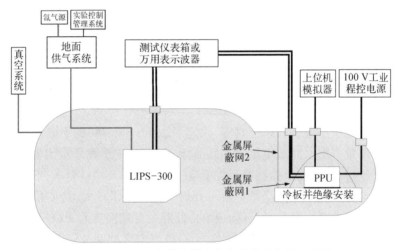

图 13‑16   PPU 与推力器真空条件联试布局示意图

第二阶段为 PPU 在大气条件下,子系统的额定与拉偏性能验证。为了模拟在轨真实环境,推力器处于热真空条件下。

通过上述两个阶段的联试试验,验证了子系统匹配性良好,控制逻辑覆盖性、可行性正确,系统性能满足设计要求。

5. 羽流试验

2019 年 3 月 30 日至 2019 年 4 月 26 日,共完成 6 项羽流相关测试,获得电推进羽流流场、力效应、热效应、溅射污染效应等的分布。试验结果表明如下内容。

(1) LIPS‑300 推力器束电流密度的分布趋势为近场变化梯度大远场变化梯度小,且径向变化梯度明显大于轴向变化梯度,随轴向和径向距离的增大而减小。

LIPS-300 推力器 3 kW 工况和 5 kW 工况下仿真结果与试验测量结果基本一致。LIPS-300 3 kW 工作模式的发散半角为 14.7°;LIPS-300 5 kW 工作模式的发散半角为 10.7°。

（2）LIPS-300 推力器 3 kW 工况下,在轴向 500 mm 处二价离子的占比最大,为 6.64%;5 kW 工况下,在轴向 500 mm 处二价离子的占比最大,为 6.86%。两个工况下均呈现随着轴向距离增加二价离子占比减小;同一截面处,随着径向距离的增加二价离子占比减小。

（3）LIPS-300 推力器 3 kW 工况下,反流区离子数密度的变化范围为 $3.5\times10^{13}\sim 7\times10^{14}$ 个/m^3;5 kW 工况下,反流区离子数密度的变化范围为 $5\times10^{13}\sim7\times10^{14}$ 个/m^3。

（4）LIPS-300 推力器 3 kW 工况下,羽流电子温度的变化范围为 $1.3\sim 4.85$ eV;5 kW 工况下,羽流电子温度的变化范围为 $3.40\sim4.95$ eV。

（5）LIPS-300 推力器 3 kW 工况下,在推力器背面充电效应范围为 $-19.9\sim- 9.4$ V;5 kW 工况下,在推力器背面充电效应范围为 $-16.2\sim-5.6$ V。

羽流影响仿真结果表明,当适应系数取 1 时,在 100°附近帆板受到的力最大,为 2.4×10^{-4} mN 量级。当适应系数取 0 时,在 100°附近帆板收到的力矩最大,为 1.5×10^{-6} Nm 量级,整体力和力矩可接受。

13.3.4　SJ-20 卫星工程应用

SJ-20 卫星作为我国东方红五号通信卫星平台的试验星,经过与国外先进卫星平台的对标比较,其技术指标先进、适应范围广,可以满足未来 15 年地球同步轨道卫星对于平台的需求。电推进系统在前期的研制过程中,在多模式长寿命离子推力器关键技术、大功率电源变换和管理技术,以及多模式高精度流量调节技术等方面取得了多项突破,结合在轨验证情况,在技术提升的基础上完成工程化应用,将有利于提升我国通行卫星整体技术水平。

2019 年 12 月 27 日,LIPS-300 离子电推进系统随 SJ-20 卫星发射入轨。2020 年 4 月 4 日,电推进系统首次加电,开始预处理工作。2020 年 4 月 13 日,四台 PPU 产品进行加电和推力器预处理工作完成。2020 年 4 月 16 日,完成 4 台推力器 3 kW 工况、3 h 工作时间的额定性能测试。2020 年 4 月 19 日,完成 4 台推力器推力标定及双发点火测试。至此,离子推力器完成了全部 3 kW 工况的在轨测试及调试任务,预处理工作达到预期目的,推力器各项参数正常,工作稳定,各单机匹配性一致性良好,性能满足指标要求,具备转入正式位保应用条件。具体流程如图 13-17 所示,2020 年 8 月已进行到 A21,正式转入正式位保应用阶段。

1. 在轨预处理

1）阴极预处理

2020 年 4 月 4 日,完成 4 台推力器阴极预处理,NE 与 SW 同时开展,NW 与 SE

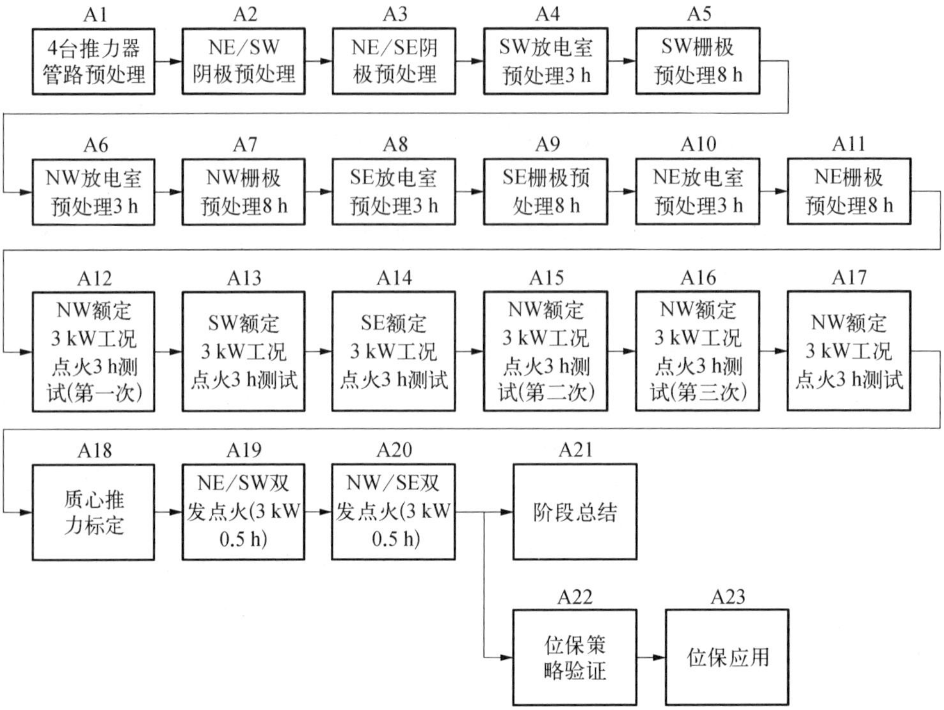

```
   A1            A2            A3            A4            A5
4台推力器      NE/SW阴       NE/SE阴      SW放电室      SW栅极
管路预处理      极预处理       极预处理      预处理3h      预处理8h

   A6            A7            A8            A9            A10           A11
NW放电室      NW栅极       SE放电室      SE栅极预      NE放电室      NE栅极
预处理3h       预处理8h       预处理3h       处理8h        预处理3h       预处理8h

   A12           A13           A14           A15           A16           A17
NW额定       SW额定       SE额定       NW额定       NW额定       NW额定
3kW工况      3kW工况      3kW工况      3kW工况      3kW工况      3kW工况
点火3h测       点火3h工况     点火3h测试     点火3h测       点火3h测       点火3h测试
试(第一次)     点火3h测试                   试(第二次)     试(第三次)

   A18           A19           A20           A21
质心推       NE/SW双      NW/SE双      阶段总结
力标定        发点火(3kW    发点火(3kW
             0.5h)        0.5h)

                                          A22           A23
                                       位保策        位保应用
                                       略验证
```

图 13-17　电推进分系统在轨测试流程

同时开展。该过程只有加热电流一项电参数,加热电流额定为4A,4台推力器最小值为4.07A,最大值为4.13A,供电参数稳定,实际最大偏差3.25%,4台产品2h阴极预处理均完成顺利。

2) 放电室预处理

4台推力器放电室预处理依次进行,该阶段不引束流不产生推力。4月7日完成SW放电室预处理;4月11日完成NW放电室预处理;4月12日完成SE放电室预处理;4月13日完成NE放电室预处理。其中SW和NW放电室预处理电参数变化曲线如图13-18所示。

阳极电压地面比在轨略高,平均高0.6V,最高不超过0.8V。分析认为是由于地面电缆和星上电缆长度不一致造成;和地面对应参数比较,平均阳极电流最大偏差1.2%,平均主触电流最大偏差3%,平均中触电流最大偏差1%,天地一致性较好。

3) 栅极预处理

栅极预处理一共7档,束流台阶增加,推力依次增大;前6档每档持续1h,第7档2h为3kW额定工况。4台推力器依次进行,4月7日完成SW栅极预处理;4月11日完成NW栅极预处理;4月12日完成SE栅极预处理;4月13日完成NE栅极预处理。SW推力器栅极预处理电参数变化曲线如图13-19所示。

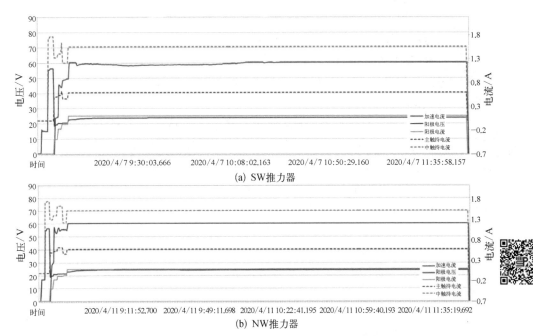

图 13-18　SW 和 NW 推力器放电室预处理电参数

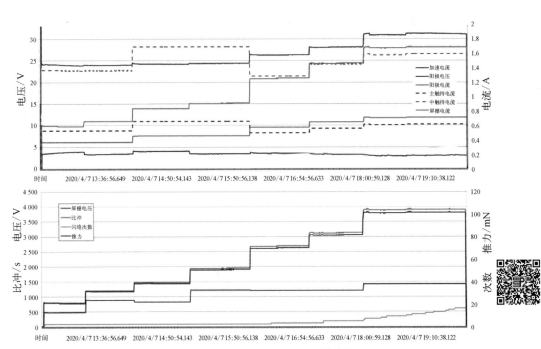

图 13-19　SW 推力器栅极预处理电参数

4台推力器计算性能稳定,栅极预处理均顺利完成。1档推力20 mN左右,比冲790 s左右;2档推力30 mN左右,比冲1 180 s左右;3档推力40 mN左右,比冲1 500 s左右;4档推力50 mN左右,比冲1 900 s左右;5档推力75 mN左右,比冲2 800 s左右;6档推力85 mN左右,比冲3 300 s左右;7档推力100 mN左右,比冲3 850 s左右。

加速电流在轨比地面约小1 mA,主要是真空度差异造成,GEO轨道真空度-9量级,地面真空度-4量级,背景压力的差异造成加速栅下游交换电荷(CEX)在轨减少导致加速电流的减小。在轨和地面数据对比,除了加速电流外其余参数一致性较好,由于栅极预处理阳极电流(11 A)远小于放电室预处理阳极电流(25 A),所以阳极电压在轨和地面差距也不明显。

在轨4台相互比较,7个档位下的电参数一致性均较好。以第7档为例,屏栅电压最大偏差0.42%、屏栅电流最大偏差0.58%、阳极电压最大偏差5.32%、阳极电流最大偏差2.25%、加速电流最大偏差4.32%、主触电流最大偏差5.0%、中触电流最大偏差3.87%,均在指标要求范围内,4台一致性较好。

屏栅电流第7档的闭环范围是1.67~1.72 A,因此造成第7档所有电参数都随着屏栅电流的波动而波动。

加速电流的趋势不是逐步增加,这恰恰反映了不同档的聚焦性能不同,不同束流和屏栅电压条件下加速电流不同,随着屏栅电压的增加,加速电流持续减小,额定工况下加速电流最小,聚焦性能达到设计状态。

PPU产品各路输出参数稳定,栅极预处理流程(共七档)执行正确,符合设计要求。

2. 3 kW额定工作3 h

在完成所有预处理后,按在轨测试计划需要对每台推力器完成3 kW额定工况工作3 h测试。其中NW推力器进行了3次3 h、3 kW额定工况测试,第1次3 h工作的电参数变化曲线如图13-20所示,其他2次的曲线类似。

4台推力器在轨参数横向比较,屏栅电压最大偏差0.91%、屏栅电流最大偏差1.17%、阳极电压最大偏差3.38%、阳极电流最大偏差5.49%、加速电流最大偏差7.07%、主触电流最大偏差5.53%、中触电流最大偏差5.09%,均在指标要求范围内,4台推力器一致性较好。

与地面出所测试纵向比较,由于真空度影响地面加速电流略高,不再比较。屏栅电压最大偏差0.92%、屏栅电流最大偏差1.18%、阳极电压最大偏差6.44%、阳极电流最大偏差2.84%、主触电流最大偏差6.67%、中触电流最大偏差7.84%,电参数天地差异不大。屏栅电流闭环范围为1.67~1.72 A,整个电参数围绕屏栅电流闭环进行小范围波动。

3. 质心推力标定

4台推力器分两天开展了质心推力标定工作,对于推力器而言就是3 kW额定

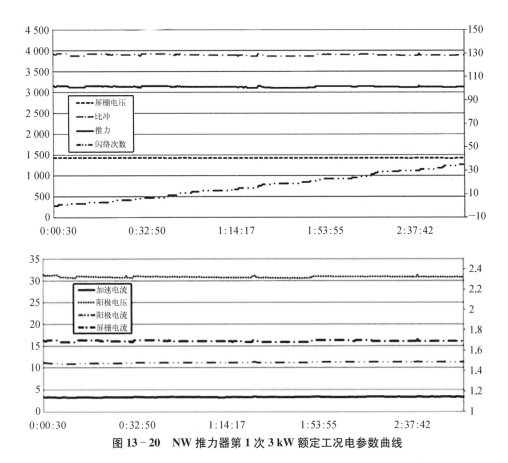

图 13-20　NW 推力器第 1 次 3 kW 额定工况电参数曲线

工况工作。4 月 17 日完成 NE 和 NW 标定,NE 持续工作 2.5 h;NW 持续工作 2.5 h。4 月 19 日完成 SE 和 SW 标定,SE 持续工作 1 h 10 min;NW 持续工作 1 h 40 min。额定工况性能稳定,指标满足设计要求。

4.　两台推力器 3 kW 同时点火

4 月 19 日,分两次完成对角线推力器同时 3 kW 点火工作,每次持续 0.5 h,主要验证两台推力器同时点火流程是否满足设计需求。

NE+SW 先工作,SE+NW 后工作。在 NE+SW 同时点火过程中,SW 放电室先于 NW 点火成功,SW 放电室处于等待状态(14 s),直至 NW 放电室点火成功后同步引出束流产生推力,验证了两台推力器同时点火流程的正确性。SE+NW 同时点火过程中,中和器、主阴极、束流闭环具有较高的一致性,证明地面配对效果较好。束流闭环功能同样保证了双发束流的一致性,保证束流为 1.67~1.72 A,远小于 ±5% 指标要求。

参考文献

胡照,王敏.2015.国外全电推进卫星平台的发展及启示[J].航天器环境工程,32(5):566-570.

王敏,王珏,温正,等.2018.实践十三号卫星离子电推进系统在轨飞行试验[C].第十四届中国电推进技术会议,长沙.

王小永.2015.40 mN/3000 s 氙离子电推进系统工作性能在轨测试与分析[J].火箭推进,41(1):76-81.

周志成,高军.2015.全电推进 GEO 卫星平台发展研究[J].航天器工程,24(2):1-6.

Beoing Company. Beoing 702SP satellite. [OL]. http://www. boeing. com/defense-space/space/bss/facts-heets/702/702SP/htm[2020-10-1].

Beoing Company. 702SP spacecraft. [OL]. http://www. boeing. com[2020-12-1].

Christensen J A. 2004. Boeing EDD electric propulsion programs overview[C]. Florida:The 40th AIAA/ASME/SAE/ASEE Joint Propulsion Conference and Exhibit.

Killingers R, Leiter H, Kukies R. 2007. RITA ion propulsion system for commercial and scientific application[C]. Cincinnati:The 43rd AIAA/ASME/SAE/ASEE Joint Propulsion Conference and Exhibit.

Konstantinov M. 2007. The analysis of influence of electrical propulsion characteristics on efficiency of transport maneuvers[C]. Florence:The 30th International Electric Propulsion Conference.

Ocampo C. 1998. Geostationary orbit transfer using electric propulsion for the Huges HS-702 satellite [C]. Melbourne:The 49th International Astronautical Congress.

第 14 章
深空探测航天器工程应用

14.1 深空探测航天器的离子电推进系统

14.1.1 小行星探测任务

1. 任务概述

太阳系的小天体种类繁多,主要包括小行星和彗星。对小天体的探索,可以促进对太阳系和行星的形成与演化、生命的起源与进化、地球自身环境的安全等重大科学问题的研究,对小天体的探测已经成为新世纪深空探测的重点之一。近半个世纪以来,国际上小行星探测发展迅速,美国、欧空局、日本等已成功开展多次小行星探测任务,目前我国也把目光转向了小行星探测,在近年的深空探测规划中,明确指出要开展小行星探测活动。

小行星探测任务一般为多目标探测,对于小行星的伴飞附着探测,巡航段轨道转移所需速度增量需达到 2~20 km/s,远大于火星、金星等大行星探测巡航段所需的速度增量,因此小行星探测任务大的总冲要求配备先进的推进系统。推进系统决定了探测任务的深空进入能力和航天器的载荷比,高载荷比的航天器能够装载更多的科学仪器,能够更好地完成小行星探测任务。如果完全采用低比冲的传统化学推进完成复杂遥远的小行星探测主推进任务,航天器需要携带巨大的推进剂量,发射质量变得很大,甚至任务不可完成。而比冲高于化学推进 10 倍的电推进具有长寿命、工作点灵活调节、避免发射窗口限制(不依赖引力辅助飞行)和高度自主巡航等特点,如果小行星探测航天器采用电推进执行巡航阶段轨道机动任务,将使航天器进入深空能力更强,大幅提升有效载荷比,降低任务成本。美国、日本等航天大国均已多次采用先进的电推进出色完成小行星探测任务,任务中电推进显示了其显著的优越性。例如,国际上首次完成小行星采样返回任务的日本隼鸟 1 号,国际上首次在一次探测任务中完成 2 颗主带小行星探测任务的美国黎明号都采用了高比冲、长寿命的离子电推进作为其主推进。

2. 离子电推进需求

以航天器总质量为 1 200 kg 计算,以总冲需求 1.44×10^7 N·s 为例,针对不同推进方式所需推进剂携带量和总质量进行了对比计算,如表 14 - 1 所列。

表 14 - 1 不同推进方式推进剂需求对比

推进系统(比冲/s)	推进剂携带量/kg	航天器干质量/kg	结　论
离子电推进(3 500)	419.8	780.17	离子电推进优于霍尔电推进
霍尔电推进(1 800)	816.3	383.67	
化学推进(315)	4 198.2	—	燃料超出总重,任务无法实现

可见采用离子电推进将大大减小所需携带的推进剂工质,同时提供大的速度增量。在小行星探测任务中,电推进一般作为主推进,同时也可以用来控制航天器的俯仰、偏航和滚动通道。然而小行星相比火星、金星等大行星探测不会形成引力加速,在靠近小行星时不需要在短时间内提供较大的速度增量用以刹车制动,电推进推力较小,往往需要作用较长时间。一般情况下,小行星探测任务推进系统以电推进为主,同时配置化学推进实现其捕获,快速制动及一些姿态调整,以满足任务中不同飞行阶段的需求。

采用离子电推进作为小天体探测的主推进,一方面,航天器随着深空进入深度的增加,距离太阳越来越远,太阳能帆板的电能输出能力随之下降,为了与不同太阳距离条件下太阳帆板输出功率的大小相匹配,离子电推进系统功率须能在百瓦至千瓦范围内进行多点调节;另一方面,根据任务分析,推进系统需要长期连续自主运行,电推进系统需要具备长期连续开机工作的能力,全周期寿命超过几万小时。

3. 离子电推进系统方案

结合目前的运载能力及在轨的供电能力,参考国外小行星航天器的研制经验,一般航天器的质量在几百千克至一吨左右,供电能力在几百瓦至几千瓦范围,根据任务特点可以配备不同的电推进系统,以下两种电推进系统配置可以作为参考。

1)方案一

最简化方案包括 1 台离子电推进系统控制单元(DICU)、2 台 LIPS - 300S 推力器(IT)、1 个贮供单元[包括 2 个氙气瓶(XST)、1 台调压模块(PRM)和 2 台流量控制模块(FCM)]、2 台电源处理单元(PPU)和 2 个推力矢量调节机构(TGA),组成示意如图 14 - 1 所示。

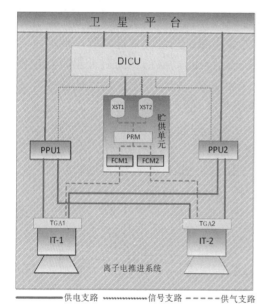

图 14 - 1 离子电推进系统方案一组成示意图

　　系统工作时,由上位机发出工作指令到离子电推进系统控制单元。DICU 通过选择可以控制 PPU1 或 PPU2 向对应的推力器供电,同时 DICU 控制贮供单元的调压模块和流量控制模块向对应的离子推力器供气。

　　PPU1 和 PPU2 可交叉为两台推力器供电。每台 PPU 通过推力器切换模块在两台推力器之间进行切换供电。离子电推进系统每次由 1 台推力器工作,2 台推力器可轮流工作。

　　每个推力器均安装在 1 台推力矢量调节机构上,能为推力器提供不同方向的推力矢量控制。

　　2) 方案二

　　离子电推进系统包括 3 台 LIPS - 300S 推力器、1 台离子电推进系统控制单元、3 台推力矢量调节机构、2 个氙气瓶、1 台调压模块、3 台电源处理单元、3 台流量控制模块,其组成示意图见图 14 - 2。

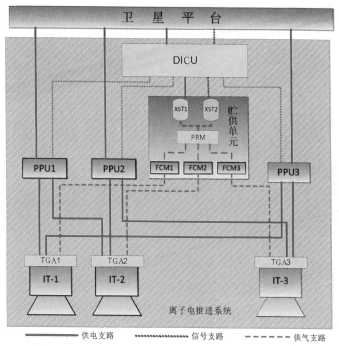

图 14 - 2　离子电推进系统方案二组成示意图

　　PPU1 可为 IT - 1 或 IT - 2 推力器供电,PPU2 可为 IT - 2 或 IT - 3 推力器供电。PPU3 可为 IT - 3 或 IT - 1 推力器供电,每台 PPU 在两个推力器之间进行切换供电。根据平台为电推进提供功率大小,离子电推进系统同时可开启一台、两台或三台离子推力器,完成轨道转移任务。

14.1.2　太阳系主行星探测及星际探测任务

1. 探测任务概述

对太阳系主行星探测,重点领域在于火星探测、水星与金星探测、巨行星及其卫星探测(如木星及其卫星探测)。随着国际航天水平的提升,20 世纪 70 年代,美国开始利用无人航天器向更远的外太阳系进发,先驱者-10、先驱者-11、旅行者-1、旅行者-2 和"新视野"等航天器成功探测了木星、土星、天王星、海王星和冥王星等外太阳系大天体,并向着更远的太阳系边际不断前行。目前,距离太阳最远的旅行者-1 已经穿越了太阳风层,到达了 139AU(天文单位,地球与太阳间的平均距离为 1AU)的遥远距离。并且,人类探索的步伐还在不断向前迈进,为在宇宙中寻找其他同伴以及"第二地球",未来星际旅行的开展必不可少。

随着人类深空探测的脚步不断向更深更远迈进,极远距离、极长周期的空间推进技术便成了制约人类探索脚步的最关键因素之一。借鉴国外已成功实施的主行星探测及星际探测飞行任务,主要采用小型航天器。动力方式可采用化学推进、百米级太阳帆推进、高比冲电推进系统、新型电动帆推进、反物质推进及激光推进等。针对后续大型航天器,也可采用超高功率(百千瓦以上)核电推进、核热推进、新型核聚变推进、新型核裂变推进等。化学推进是传统的推进方式,技术成熟,结构简单,但比冲低,如果使用常规的化学推进方案将携带大量的燃料并且需要使用星体借力,从而会牺牲任务有效载荷质量、发射窗口和机动性等,在推进剂装填量严格限制的前提下不是优选方案。帆类推进目前国内技术还未成熟,且姿态控制,碰撞防护等将带来新的问题,反物质推进、激光推进等新型推进目前仅处于概念研究阶段,距离工程应用还有很大差距。比较而言,电推进是目前国内技术相对成熟,性能优良的先进推进系统。由于大功率电推进具有高比冲的特点,能够为星际深空探测任务提供更多的有效载荷、节省任务时间和提高地面发射机动性,或者在探测对象相同的条件下可以提高任务能力(如提高采样返回物品的质量)。核电推进也可以完成木星和冥王星的采样返回探测任务。由于核反应堆能够产生不依赖于太阳的强大的电源且具有高比冲、大功率特点,特别适用于远离太阳的带外行星探测任务。

欧洲水星探测的贝皮·科伦布号(BepiColombo)离子电推进完成水星探测主推进。由于采用离子电推进系统,使该航天器携带的仪器数量是之前"信使号"的两倍。针对后续拟采用电推进完成行星探测及星际探测巡航主推进任务的航天器还包括:中国的木星及行星际探测航天器,美国后续火星采样返回、木星探测、小行星采样返回、彗星采样返回等。

2. 离子电推进系统方案

太阳系主行星探测及星际探测任务按照目标和探测任务的不同可以配备不同功率等级的电推进系统。第一类为小型航天器(平台功率千瓦量级),一般用于飞掠、伴飞等任务;第二类为中型航天器(平台功率能够达到十千瓦量级),一般用于绕飞、行星卫星的探测等;第三类为超大型平台(平台功率能够达到兆瓦量级),一般用于载人探测或机器人探测。

1) 小型航天器系统方案

第一类航天器一般飞行距离远,如太阳系外行星际太阳系边际探测等,任务周期长,依靠太阳能供电不现实,一般采用同位素电源供电,仅能提供几百瓦至上千瓦的电力。这类航天器由于整器功率、体积及质量的限制,只能配置百瓦量级的高比冲、长寿命、低功率电推进,同时通过轨道优化,采用行星借力,通常需要电推进提供的总冲并不会太大,但需要电推进具备长寿命、高可靠的能力,同时必须有推力器备份。以太阳系探测任务为例,航天器可以配置的离子电推进系统如图 14-3 所示。

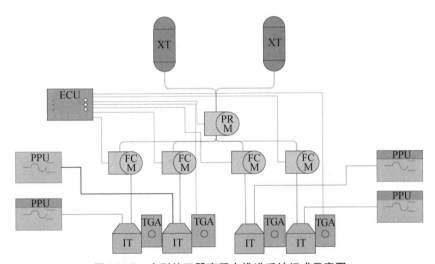

图 14-3　小型航天器离子电推进系统组成示意图

电推进系统由 4 台 LIPS-100 离子推力器(IT)(其中 2 台是备份)、4 台推力矢量调节机构(TGA)、4 台电源处理单元(PPU)、1 套贮供单元[含 2 个氙气瓶(XT)、1 套调压模块(PRM)、4 个流量控制模块(FCM)]、1 台控制单元(ECU)组成。

根据平台能够提供的功率和航天器推力器布局特点,每次由 1 台或者两台离子推力器同时工作,至少由 1 台推力器作为冷备份,确保任务能够顺利完成。电推进系统主要技术指标为:功率 500~1 000 W、推力 10~30 mN、比冲 2 800~3 500 s、系统质量≤100 kg。

2) 中型航天器系统方案

第二类航天器是美国等航天大国后期主要发展的深空探测航天器,一般用于近地行星探测,如月球探测、火星取样返回,还可用于太阳能充足的较远行星探测,如水星探测、金星表面采样返回等,这类航天器一般能够达到吨级,平台能够提供的功率能够达到十千瓦量级。电推进作为主推进往往需要提供几千米/秒甚至十几千米/秒的速度增量,对于这类航天器可以配置如图 14 - 4 所示的离子电推进系统。

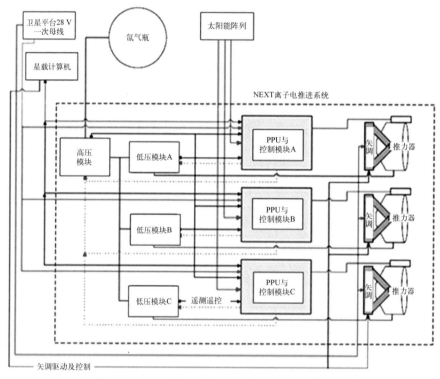

图 14 - 4   中型航天器离子电推进系统组成示意图

在轨工作时,一般只有一台或两台离子推力器同时工作,另外一台作为备份。电推进系统主要技术指标:功率 5~10 kW、推力 200~500 mN、比冲 3 500~4 000 s、系统质量≤300 kg。

3)大型航天器系统方案

第三类航天器用于载人深空探测、机器人深空探测及遥远行星的采样返回任务。一般航天器本身很庞大,采用核能为其提供电力,同时需要推进系统提供的速度增量也很大,采用传统的化学推进将无法完成任务。对于载人火星探测任务,如果采用传统的化学推进系统,即使采用比冲最高的液氢液氧发动机,所需要携带的推进剂质量也达到了 8 700 t。而采用目前比较成熟的中小功率霍尔和离子发动机,所需要的推进剂质量也需 80~150 t。如果采用高功率、高比冲的核电推进系统,推进剂消耗质量将减小到 29 t。以机器人带外行星深空探测任务为例,其有效载荷一般为 1~2 t,任务周期为 5~10 年,大功率电推进系统的性能如表 14-2 所列。

表 14-2　机器人深空探测对大功率电推进需求

比质量/(kg/kW)	电功率/MW	比冲/s	推力器工作时间/y	任务时间/y
30~50	0.01~1	5 000~1 000	6~10	10~12

可配置电推进系统技术指标为:系统功率 100 kW(两台离子推力器同时工作)、系统推力 2~4 N(两台同时工作)、比冲 5 000~7 000 s、系统质量 320 kg(配 4 台离子推力器,其中 2 台是备份)。

14.1.3　深空探测任务电推进应用策略及效益

1. 应用策略

深空探测一般是采用借力飞行结合小推力推进的策略,小推力借力飞行不仅可以减少小推力轨道转移时间,也可以减少任务过程中的燃料消耗。由于电推进系统提供小推力,主要适合承担巡航阶段主推进任务。此外,在某些阶段还承担轨道偏心修正、姿态控制和位置机动保持等任务。

深空探测电推进系统一般配备多台推力器,由于任务周期长,多台推力器可以轮流切换工作,离子电推进系统长时间工作测试是模拟由绕太阳运行轨道向深空目标转移的巡航阶段推进模式的工作状态。在巡航阶段工作时,功率充足情况下,一般是离子电推进系统在满功率下工作近一周,然后关机,接着将航天器旋转到使高增益天线指向地球的位置,然后将推进工作一周的数据下传。完成数据传输后,将航天器恢复到推进姿态,然后使推力器在二极管模式下预热,之后继续启动满功率进行下一周的推进。随着深空推进,距离太阳越来越远,航天器能够提供的功率越来越小,电推进工作点需与之匹配,一般也是连续推进一周左右停机测轨,再继续推进。

2. 工程效益

采用电推进技术是目前深空探测平台提升载荷能力的唯一途径。传统的化学推进系统比冲很难超过 500 s,目前离子电推进系统的比冲可达到 3 000~5 000 s,是化学推进的十倍甚至更高。在深空探测中,若采用传统的化学推进作为主推进,由于低比冲特性在深空探测应用时需要配置大量推进剂燃料,限制了有效载荷的比重,也增加了发射成本,甚至对于深空探测任务中的小行星、木星及更远的行星探测,利用传统的化学推进完成任务变得很困难。电推进由于其"电的特性",很容易实现高度自主巡航,这样可大大降低地面干预操作,使航天器在远离地球的太空自主巡航。例如,对于 1 500 kg 航天器,产生总速度增量 5 km/s 的需求,若采用化学推进系统,燃料量将占到航天器总重的 80%,基于我国现有航天技术能力,20%

干重比例的航天器是很难工程实现的;采用新型高比冲离子电推进技术,则燃料量只占航天器总重的16%,是化学推进系统燃料需求量的1/5,发射成本也可降低数亿元。因此,深空探测使命中离子电推进的应用将极大地促进星际间飞行的发展,使深空科学探测向更复杂和更广阔领域扩展成为可能。

14.2 美国黎明号航天器工程应用

14.2.1 Dawn 航天器任务概述

美国黎明号(Dawn)小行星航天器于2007年9月27日发射成功,卫星初始质量为1 218 kg,这是NASA第一次真正意义上利用离子电推进的科学探测任务。离子电推进提供发射后需要的全部速度增量ΔV,将近11 km/s。这项任务的目的是对太阳系主行星带中质量最大的小行星灶神星Vesta和谷神星Ceres进行科学探测,以研究太阳系早期的形成条件和演变过程。氙气瓶装载了450 kg的氙推进剂,离子推进系统工作时间将超过55 000 h。

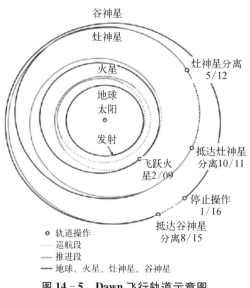

图14-5 Dawn飞行轨道示意图

Dawn将与两个小行星Vesta和Ceres交会,并进入它们的轨道,这是在太阳系内沿两个不同星体轨道飞行的首次任务,这个任务的推进由离子电推进系统来完成。离子电推进系统提供发射后的速度增量,以满足转移到Vesta、Vesta轨道捕获、变轨到Vesta科学探测轨道、脱离Vesta轨道、转移到Ceres、Ceres轨道捕获、转移到Ceres科学探测轨道等各个阶段的任务要求。Dawn飞行轨道示意图见图14-5。

14.2.2 Dawn 航天器离子电推进系统

Dawn离子电推进系统由两台控制单元(DICU)、两台电源处理单元(PPU)、一套氙气贮供系统(XFS)、三台推力矢量调节机构(TGA)和三台30 cm离子推力器组成。系统组成示意图见图14-6。

电源处理单元(PPU)由DICU控制,每台DICU与单台的PPU对应连接,如DICU-A只控制PPU-A,DICU-B只控制PPU-B。但是两台DICU均能控制整个氙气贮供系统(XFS)与推力矢量调节机构(TGA),两台DICU交叉连接到XFS,

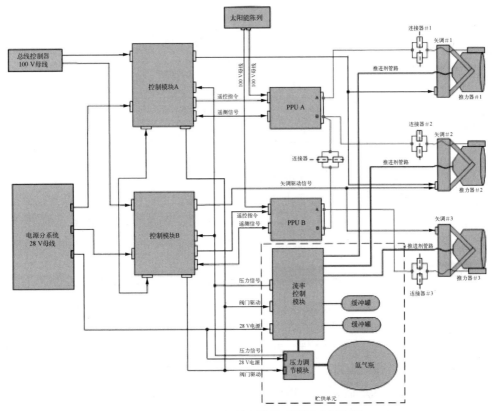

图 14 - 6 Dawn 离子电推进系统组成示意图

每台 DICU 能控制氙气供给系统的所有阀门,也能控制三个推力矢量调节机构的所有机构。但一次只用一台 DICU 控制,另一台维持冷备份状态。

两台 PPU 交叉连接到三台离子推力器上,PPU - A 可为 1 号、3 号推力器供电,PPU - B 为 2 号、3 号推力器供电。两台 PPU 都可为 3 号推力器供电,每台 PPU 通过一组高电压继电器开关在两个推力器之间进行切换供电。离子电推进系统每次只有一台推力器工作。

每个离子推力器均安装在 1 台推力矢量调节机构上,能为推力器提供两个方向的推力矢量控制。3 台离子推力器分别为 FT1、FT2 和 FT3,推力器 FT3 安装在−Z 面上,其轴线与航天器 Z 轴重合,FT1、FT2 相对于 FT3 对称安装,其中 FT1 位于−X 面、FT2 位于+X 面。氙气瓶固定在航天器承力筒中段,其质心位于 Z 轴上。流量控制组件 XCA 安装在承力筒外表面靠近−X 面上,两个稳压气瓶也在承力筒外表面靠近 XCA 安装。氙气瓶和两个稳压气瓶均需要温控,以保证氙气瓶中的氙气始终以超临界状态贮存和流率的稳定性。Dawn 离子电推进系统指标见表 14 - 3。

表 14-3　Dawn 离子电推进系统指标

指　标	参　数	指　标	参　数
推力/mN	19~92	PPU 输入功率/W	474~2 522
推力器输入功率/W	423~2 288	主流量/sccm	5.98~23.43
比冲/s	1 814~3 127	阴极、中和器流量/sccm	2.39~3.7
输入母线电压/V	80~160	流量精度	±3%

14.2.3　NSTAR 离子电推进系统产品研制

1998 年 10 月,NSTAR 离子电推进首次在美国 DS-1 航天器上得到应用,由于 DS-1 探测任务的完美表现,以及地面对 FT2 开展的 30 000 多小时寿命验证,美国启动了用于 Dawn 航天器的 NSTAR 离子电推进产品研制与试验验证。

1. NSTAR 离子推力器寿命验证

NSTAR 离子电推进从试验样机到最终的飞行件产品,进行了多次的试验验证及改进: 在试验样机阶段开展了 900 h 试验验证,验证其在 5 kW 功率下的寿命限制因素、磨损机理,并对推力器进行设计修正;发展到工程样机时,加工研制的产品包括 EMT1a、EMT1b、EMT1c、EMT2、EMT3、EMT3b、EMT4: 在 EMT1a 工程产品上开展了 2 000 h 寿命验证,验证关键磨损失效模式,根据部组件的磨损情况改进设计后加工了 EMT1b 产品,并开展了 1 000 h 试验,对改进设计进行验证,用 EMT1c 做了大量的力学环境试验,相当于 FT 的鉴定件产品,在 EMT2 上开展了 8 000 h 寿命验证,验证其是否满足 DS-1 探测任务需求,EMT3、EMT3b、EMT4 主要用于开展一系列的热真空环境试验,用于建立 NSTAR 离子推力器在不同工作点的热模型。到飞行件产品时首先加工了两台推力器,其中一台用于 DS-1 的空间飞行任务,另外一台用于 30 000 h 寿命扩展试验。

2. Dawn 离子电推进系统地面试验与验证情况

为了验证离子电推进系统不同单机之间功能和接口的工作匹配性,进行了 4 个集成试验。由于 DICU 是离子电推进系统的"控制中枢",在 4 个集成试验中,其中 3 个试验是测试 DICU 与离子电推进系统其他单机(氙气供给子系统、推力矢量调节机构以及电源处理单元)之间的接口和工作匹配性。第 4 个试验是 DICU、PPU 与一个离子推力器飞行件集成试验,验证由飞行软件支持的 DICU 控制下每个电源处理单元的飞行件能否成功启动离子推力器,并且在整个输入功率范围内使离子推力器正常工作。

3. Dawn 离子电推进系统整星状态下的测试

为了验证整星状态下的离子电推进系统性能功能以及与卫星其他系统的协调

工作,离子电推进系统还进行了整星状态下的综合性能测试、整星热真空试验中的测试、模拟空间飞行操作程序的测试,最后还开展了氙气加注测试。

14.2.4 Dawn 航天器工程应用

1. 发射后到正式工作前的测试

Dawn 航天器于 2007 年 9 月 27 日发射,发射后进行了离子电推进系统工作的准备活动,按照时间顺序分别为:流量控制装置下游管路烘烤除气,阴极调制(活化)、稳压罐加压、每个 TGA 初始化、阴极点火、每个推力器二极管模式工作2 h 等。

Dawn 发射后整星测试的一个关键项目就是对离子推力器检测,以确认每台推力器的健康状态和性能。离子电推进系统发射后到正式工作前的测试从发射后的第 80 天开始,历时 64 天,于 2007 年 11 月 30 日全部完成,电推进系统累计工作278 h,消耗氙气 3.1 kg,其中 FT1 工作 42 h,消耗 0.4 kg;FT2 工作 22 h,消耗0.22 kg;FT3 工作 214 h,消耗 2.4 kg。在轨检测推力器设计的 112 个工作点其中的ML27、ML48、ML69、ML90、ML111 等 5 个工作点、功率范围为 910~2 550W。在每台推力器的每个测试工作点上获得电参数、推力、扰动力矩等。随后对离子电推进系统进行了长时间巡航模式工作测试,该测试只有推力器 FT3 工作。

离子电推进系统长周期工作试验是模拟由绕太阳轨道向 Vesta 转移的 4 年巡航阶段推进工作。巡航阶段的工作计划是离子电推进系统在满功率下工作近一周后关机,接着旋转航天器使其高增益天线指向地球,下传推进工作一周的数据。完成数据传输后,航天器恢复到推进姿态,推力器在二极管模式下预热,再次启动下一周的满功率推进工作。

2. 飞向 Vesta 转移阶段工作情况

飞向 Vesta 转移过程的第一阶段为航天器巡航到火星引力辅助阶段,这一阶段的目标是修正航天器日心轨道以实现 2009 年 2 月的火星引力辅助,包括电推进系统巡航、轨道修正机动、航天器工程试验。火星引力辅助前的巡航开始于 2007 年12 月 17 日,航天器距离太阳 1.1 AU,完成于 2008 年 10 月 31 日,航天器距离太阳1.6 AU。该阶段电推进累计总工作时间 6 497 h,消耗氙气 72 kg,其中 FT1 工作2 909 h,消耗氙气 32.4 kg;FT2 工作 8 h,消耗氙气 0.1 kg;FT3 工作 3 580 h,消耗氙气 39.5 kg。该阶段巡航分为近似 7 天周期进行,间歇 6 h 期间完成数据回传、指令上行等。除阴极点火外的电推进遥测数据每 10 s 贮存一次,阴极点火数据每 1 s 贮存一次。该阶段推力器满功率工作的程序为:推力器启动放电 54 min 加热推力器后关闭,推力器预热期间航天器缓慢转入推进姿态,预热后 6 min 启动满功率推进工作,大约一周推进工作后关闭,航天器天线指向地球工程数据下传和新指令上传。2008 年 10 月 31 日后航天器进入火星引力辅助前为期 7.4 月的惯性飞行阶段,惯性飞行阶段 FT1 和 FT2 各工作 2 次。2009 年 1 月 17 日,航天器距离火星550 km 飞过,通过火星引力辅助作用实现轨道平面改变 5.2° 和速度增加 2.6 km/s,其后航天器一直处于无推进惯性飞行状态。

第二阶段为飞向第一探测目标 Vesta 的巡航阶段。2009 年 6 月 8 日在1.62AU 太阳距离点,离子电推进系统恢复了飞向目标 Vesta 行星的巡航推进工作,并一直持续到 2011 年 5 月结束,该阶段目标为修正航天器轨道以实现 2011 年7 月的 Vesta 捕获。由于太阳阵性能比预期要好,电推进可以工作在高功率,交会Vesta 的时间从 2011 年 9 月提前到 7 月。

3. Vesta 科学观测工作阶段

2011 年 5 月 3 日,开始进入 Vesta 任务阶段。在离子电推进系统推进下,Dawn 向 Vesta 靠近,直至 2011 年 7 月 17 被 Vesta 捕获。在此期间,离子推力器在推力矢量调节机构的调节下,不断地改变推力矢量方向,使航天器逐渐以螺旋方式接近 Vesta 的测量轨道,在此过程中,Dawn 进行了不少于 5 次的对 Vesta 的观测活动。

2011 年 8 月初,离子电推进系统完成了将航天器推进到第一个科学轨道的任务,Dawn 开始进行第一个主要的科学观测活动,这时的轨道高度是 2 700 km,在此期间离子电推进系统不工作。在围绕小行星飞行的 7 圈观测活动期间,在 Vesta 的白天一侧获得图像和光谱数据,在夜晚一侧将获得的数据发回地球。8 月 31 日,离子电推进恢复推进状态,在它的推进作用下航天器以螺旋下降方式到达下一个科学轨道,此时离子电推进系统累计工作已达 25 000 h。9 月 29 日,在离子电推进系统作用下轨道已经调整到适宜观测的状态,此时轨道高度 680 km。航天器在此轨道上每 12.5 h 绕 Vesta 一周,白天观测,晚上向地球传输。到 2011 年 10 月 25 日为止,已经进行了 5 圈的观测,根据得到的可见光、红外和 γ 射线的观测信息,科学家将创建该小行星的地貌图和三维立体图。

14.3   欧洲 BepiColombo 航天器应用工程

14.3.1   BepiColombo 航天器离子电推进系统

1. 离子电推进任务

贝皮·科伦布号(BepiColombo)是由欧空局 ESA 和日本宇航航空研究开发机构(JAXA)联合实施的水星探测计划,历经近 20 年的研制。航天器主要由推进模块(MTM)、水星轨道器(MPO)、水星磁层轨道器(MMO)及太阳防护盾(MOSIF)四部分构成,MPO 和 MMO 在抵达水星时分离,分别进入不同高度的轨道开展水星起源与演变、内部结构和磁场等基础科学问题的研究。BepiColombo 航天器抵达水星旅途中的飞行阶段由巡航段、滑行段、借力飞行段(引力弹弓)几部分构成,巡航阶段设计的运行轨迹如图 14-7 所示。

考虑到运载能力、最终抵达水星的航天器质量以及轨道转移时间等约束因素，为缩短抵达时间和减小发射质量，选用电推进与接力飞行方案进行轨道转移。轨道转移起始于地球椭圆轨道，通过化学推进系统将远地点轨道高度提升到地月转移轨道；随后借助月球引力进入地球逃逸轨道；1 年后航天器返回地球并借助地球引力进入金星轨道。再通过两次

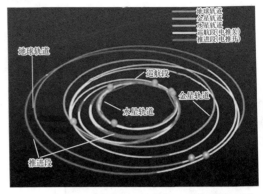

图 14-7　BepiColombo 航天器飞行轨道示意图

金星借力飞行，将航天器速度减小到与水星近日点处相同；最后经过 6 次水星借力飞行抵达水星轨道。

整个巡航段的动力由水星转移模块 MTM 提供，该模块由化学推进（CPM）和电推进（SEPM）组成，CPM 用于发射后直至飞越月球，SEPM 用于星际巡航阶段，其中 SEPM 系统干重 365 kg，携带 560 kg 氙气，整个任务期间 SEPM 提供的速度增量为 5 760 m/s。由于采用电推进系统，该航天器携带的仪器数量是"信使号"航天器的两倍。

2. 离子电推进系统设计

根据对 BepiColombo 的任务分析，综合考虑有效质量、转移时间、电推进技术成熟度等因素，最终任务所需的电推进系统指标为：① 推力范围 120~290 mN；② 总冲 22.5 MNs，工作寿命 47 466 h，平均推力 132 mN；③ 平均比冲约为 4 200 s；④ 最大推力下的输入功率约为 10.5 kW。

结合对比不同电推进的优缺点和任务需求，最终选定 QinetiQ 的 T6 推力器。整个任务期间，推力器总的点火时间约为 37 970 h，根据推力器的寿命，3 台推力器可满足任务需求，但为提高系统可靠性，电推进系统采用 4 台推力器。电推进系统组成如图 14-8 所示，包含 4 台 T6 离子推力器（SEPT）、4 台流率控制单元（FCU）、2 台全冗余的电源处理单元（PPU）、4 台推力矢量调节装置（TPA）、3 个氙气瓶、1 套压力调节装置以及配套的线缆和管路。PPU、FCU 以及推力器之间通过内部切换单元实现交叉互联冗余。每台推力器配备的推力矢量调节装置用于校准任务期间由于质心偏移引起的推力矢量变化，保证单台推力器点火时为航天器提供两轴的姿态控制，两台推力器点火时实现航天器的三轴姿态稳定。

在电推进系统工作期间，推进系统可选择三种工作方式：单台推力器工作、相邻两台推力器同时工作以及对角线对应的两台推力器同时工作。在两台推力器同时工作时，确保不产生额外力矩且推力合力矢量过质心。同时由于水星探测的特殊性，在接近水星时航天器要耐受近 10 个太阳常数的热辐射，为此要求将电推进

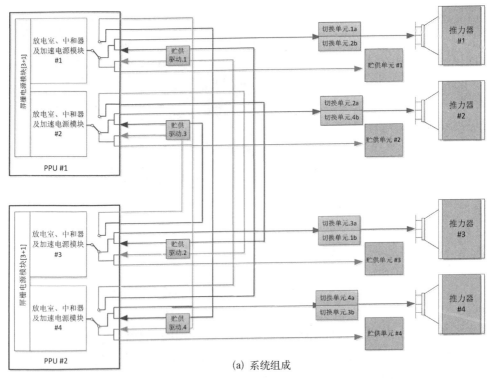

(a) 系统组成

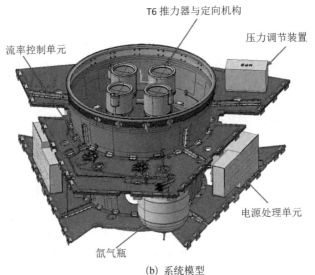

(b) 系统模型

图 14 - 8　BepiColombo 航天器电推进系统

系统安装在太阳辐射屏蔽区域,以避免高温带来的影响。同时为满足大推力的需求以及避免过度采用地面站操作,电推进系统还要具备两台推力器同时工作的能力和高度的自主性,以对深空飞行时电推进的故障进行监测和恢复排除。

1）T6 离子推力器

T6 离子推力器由 QinetiQ 公司研制,结构原理和产品实物如图 14－9 所示。该推力器为传统考夫曼构型,推进剂在主阴极挡板和柱形阳极筒之间完成电离,磁场采用发散场,由均匀分布在阳极筒外的 12 根螺线管产生,电离效率通过优化磁场实现。T6 离子推力器的性能参数如表 14－4 所列。

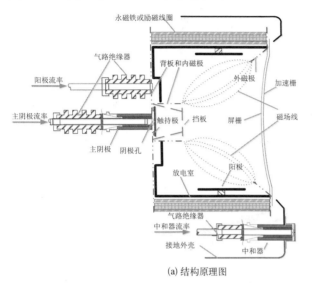

(a) 结构原理图　　　　　　　　　　　　　(b) 产品实物

图 14－9　T6 离子推力器

表 14－4　T6 离子推力器的性能参数

功率/kW	2.5~4.5	屏栅电压/V	1 850
推力/mN	75~145	束电流/A	1.10~2.14
比冲/s	3 710~4 120	加速电压/V	−265
效率/%	55.0~63.6	放电损失/$(W \cdot A^{-1})$	346~256
质量/kg	7.5	推进剂利用率/%	69.7~75.3
栅极直径/cm	22	总流率/$(cm^3 \cdot min^{-1})$	20.6~35.8

2）电源处理单元

电源处理单元由 CRISA 公司研制,集推力器电源、流率控制单元电路、遥测遥控接口以及推力器切换单元功能于一体。其中 T6 推力器的电源包含 4 个屏栅电源模块(BS)以及 2 个阳极电源-加速电源-中和器电源模块(DANS)。为简化设计并减少电源模块数量,输出到推力器的电路分为中和器加热与触持电源、加速电源、屏栅电源、阳极(烧蚀电源)与阴极触持电源以及励磁电源和阴极加热电源 5 个部分。整机输入母线电压为 10 用 1553B 通信总线,单台可连接 4 台推力器。整机高压部分的设计继承 T5 电源处理单元技术,屏栅电源模块采用 3 主 1 备份模块设计,可扩展为 5 个模块以满足更高屏栅电源的要求。整机架构如图 14－10 所示。

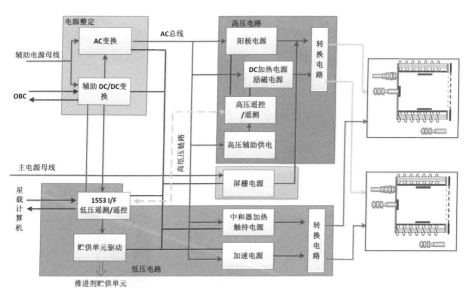

输出功率：3 300 W(1)　效率：93%@145 mN　带载能力：4×T6+4×XFCU(2)　推力范围：1~145 mN(步长 1 mN)
功耗：272 W@145 mN　质量：38 kg　包络尺寸：870×335×400 mm　功率密度：126W/kg
注：(1)最大功率4.8 kW ；(2)两台推力器同时工作时以功率运行

图 14－10　电源处理单元框图

3）流率控制单元、压力调节装置及氙气瓶

采用 3 个总容积为 366 升的氙气瓶贮存 560 kg 的推进剂。流率控制单元对推力器所需的三路流率进行控制,如图 14－11 所示,输入端配备过滤器和单稳态隔

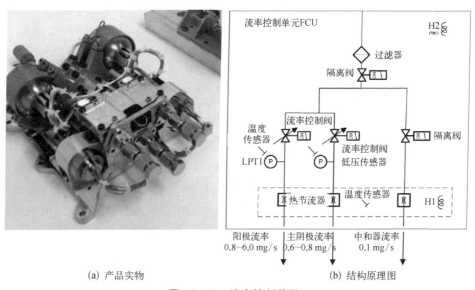

(a) 产品实物　　　　　　　　　　　(b) 结构原理图

图 14－11　流率控制单元

离阀,阳极流率和中和器流率管路采用比例阀、压力传感器以及节流器,利用节流器输入端的压力反馈,对比例阀进行流率闭环控制,中和器流率管路采用隔离阀和热节流器,采用流率开环控制。每路管路具备两个串行的阀门,保证在单个阀门出现故障时能够进行有效隔离。流率控制单元的性能指标如表 14 - 5 所示。

表 14 - 5　流率控制单元性能参数

质量/g	≤1 160	流率初始化时间/min	≤1
包络尺寸/mm	184×144×76	响应时间/min	≤1
工作压力/bar	2.5~2.85	温度反馈精度/℃	优于 0.2
验证压力/bar	15	压力反馈精度/%	优于 0.3
主流率/(mg/s)	0.8~3.0±1.0%	外漏率/(scc/s)	$<3×10^{-8}$
阴极流率/(mg/s)	0.6~0.8±1.0%	内漏率/(scc/s)	$<3×10^{-5}$
中和器流率/(mg/s)	0.10±10%	工作温度/℃	−30~65

压力调节装置采用电子调压装置,该装置集成了压力调节器和控制电路部分,全冗余的设计避免单点故障造成的影响。压力调节单元相对 Eurostar 平台产品的几项改进分别为:① 将缓冲罐的体积由 1 升改为 2 升,满足增大的氙气指标的需求;② 节流器的尺寸改变以满足更高的流率指标;③ 改用新的密封材料;④ 采用欧洲的压力传感器;⑤ 重新设计机械结构。

14.3.2　T6 离子电推进系统产品研制

BepiColombo 电推进系统的研制过程经历了电推进系统的设计、部件级设计、单机研制和鉴定试验以及系统级的联试试验等几个过程,这里主要介绍研制试验情况。

1. 单机研制试验

为满足 BepiColombo 的特殊要求,T6 推力器进行了设计修改:针对屏栅容易发生刻蚀现象,采用改变工作条件减小内部阳极电压来解决;为解决两台推力器同时工作对中和器和航天器的影响,电推进系统的接地处理从完全接地变为整个地线浮空布置。对两台推力器同时工作时的耦合影响、较大外部热载情况下的工作进行了验证试验,推力器最终通过了一系列的鉴定验证试验,包括寿命初期性能测试、振动试验、冲击试验、寿命试验、寿命末期性能测试、EMC 测试等。试验项目如图 14 - 12 所示。

推力器典型的热循环试验流程如图 14 - 13 所示。推力器在室温条件下启动,随后通过加热装置将推力器热控面板加热至最大温度,达到热平衡后,对推力器工作在 145 mN 时的性能进行测试,随后通过 18 h 的降温进入冷循环阶段,在该阶段首先对推力器工作在 75 mN 工作点时的性能进行测试,随后推力增大至 145 mN。

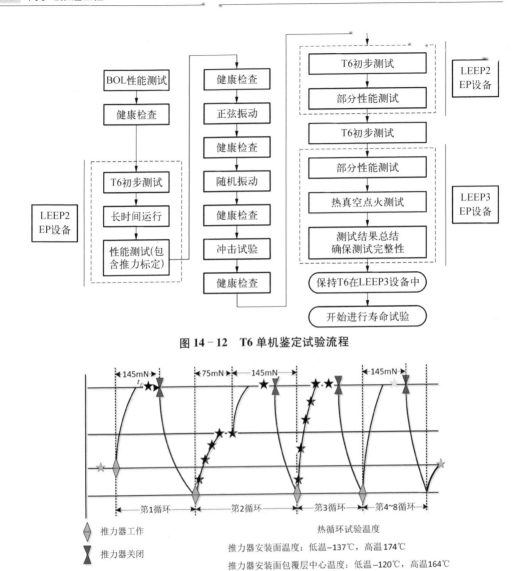

图 14 - 12   T6 单机鉴定试验流程

图 14 - 13   推力器热循环试验流程

在随后的循环中,降温时间减小到 9 h。

在飞往水星的过程中,80%的电推进巡航段的推力不低于 145 mN,需要两台推力器同时工作,对两台推力器同时工作时的情况进行了测试与评估。两台推力器安装在 LEEP2 真空设备中,配备地面控制台、地面电源、地面供气装置以及束流探针阵列对推力器之间的相互影响进行分析。测试的推力器有两台,主推力器 BB 悬

挂在推力测量台上,与真空罐和 11 个法拉第束流探针阵列的中心线平齐,辅推力器
TDA 通过垂直导向机构(调节两台推力器之间的距离)安装在主推力器下边,两台推
力器的栅极平面相互平行,最小间距为 424 mm(工作时在卫星上的最小间距)。

主要的测试步骤包括: ① 辅助推力器关闭,在 75 mN 和 145 mN 推力工作点获
取主推力器的束流特性,标定推力矢量的漂移;② 主推力器工作点设定为 145 mN,
辅助推力器不工作,将其流率调节至 145 mN 推力工作点对应的最大流率,获取束
流探针特性,分析设备压力、电荷交换对推力矢量及发散角的影响;③ 主推力器工
作工作点设定为 145 mN,辅助推力器不工作,设定励磁电流为 1.2 A,获取束流探
针的数据,确定在近距离时一台推力器的磁场对另一台推力器推力矢量和束流发
散角的影响。

按照图 14-14 中的测试步骤评估中和器接地方案对推力器性能的影响。通
过对比以上各个步骤中推力器的推力矢量、束流发散角以及束电流,结果表明推力

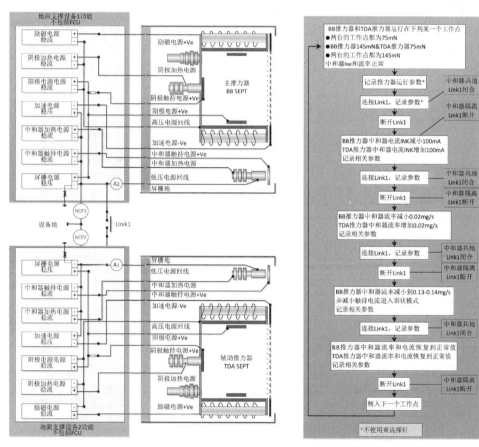

图 14-14　两台推力器测试电路框图及测试步骤(* 表示不使用束流探针)

A_1、A_2 为电流计;NCP1、NCP2 为网络电流保护(net current protect, NCP);+Ve、-Ve 为电源正电压和负电压

矢量水平方向的最大相对漂移角度仅为 0.18°；水平方向的相对推力矢量偏移角仅为 0.2°；束流发散角最大相对值仅为 0.46°。一台推力器的流率或者磁场对另一台推力器没有影响；两台推力器同时工作时，束流之间的相互影响小，对应的束电流变化值非常小；中和器回线共地方式、使用单个中和器中和两台推力器的束流以及两个中和器同时使用对束流几乎没有影响。

2. 组件级研制试验

该阶段推力器的测试包括与 PPU、FCU 等一系列的匹配性测试试验。测试内容包含第一阶段的匹配性试验、第二阶段的匹配性试验、推力器 EMC 测试，以及推力器寿命试验。

第一阶段的匹配性测试采用推力器原理样机、流率控制单元鉴定件、压力调节单元鉴定件，以及 HPEPS 电源处理单元 PSCU 鉴定件进行。试验时第一阶段的匹配性测试。利用推力器原理样机、流率控制单元鉴定件以及电源处理单元鉴定件进行测试。电源处理单元与流率控制单元放置在真空罐外，以便调试。该阶段的验证项主要有：① 推力器、FCU、PPU 之间的电匹配性测试；② PPU 指令与控制程序测试；③ PPU 故障诊断功能测试；④ 评估 FCU 流率控制算法以及与推力器和 PPU 之间的匹配性；⑤ 评估 PPU 输入电压以及 FCU 入口压力为最大/最小值时推力器的性能；⑥ 评估连接线缆的兼容性。

测试过程中在 145 mN 典型工况点处，对 PPU 母线输入电压在 98 V 和 100 V 以及 FCU 输入压力在寿命初期和寿命末期下推力器的性能进行了验证，验证结果显示各个单机之间的电兼容性良好。在测试过程中出现栅极击穿故障时，典型的击穿特征为产生 50 A 的瞬时大电流，上升斜率大于 4 400 A/s，经过短时故障处理，推力器恢复正常。根据该阶段的测试结果，对 PPU 进行了修改。

第二阶段匹配性测试中利用推力器原理样机、电源处理单元鉴定件、流率控制单元鉴定件进行测试。测试分为两个部分，首先将电源处理单元和流率控制单元放置在真空罐外，便于调试验证更改后电源处理单元的有效性。随后将参试设备放置于真空罐中进行测试，模拟空间环境进行测试，主要测试内容包括：① 阳极电源、加热/励磁电源、加速电源、中和器触持/加热电源、屏栅电源的兼容性测试；② 栅极短路恢复、模式切换等条件下 PPU 瞬时故障兼容性测试；③ FCU 电接口测试评价，主流率闭环控制算法测试。

推力器的 8 000 h 的寿命试验，每 2 000 h 对推力器的栅极的刻蚀情况进行评估，用于对推力器寿命进行预测。每个试验阶段，推力器工作在最大工作点，每隔一段时间对推力器推力矢量进行测量。主要的试验内容包括：① 验证长时间运行对各单机的影响；② 每台推力器的总冲和总的点火时间；③ 推力器离子光学系统模型和寿命预测；④ FCU 和 PPU 至少应该满足 500 个工作循环；⑤ 推进系统的自主性和可靠性，推力矢量的偏移和推力器的寿命等。

3. 子系统研制试验

子系统的联试主要解决电推进系统单机和关键组件之间耦合性问题,主要的试验包括:① 推力器和矢量调节机构之间的机械匹配性和热效应的影响;② 推力器和矢量调节机构的 EMC 测试。特别需要关注推力器的磁场、线缆、启停过程、栅极短路以及引束流等过程中产生的 EMC 对矢量调节机构霍尔传感器的影响;③ 压力纹波对推力器工作和性能的影响;④ 推力器工作期间对星上电源系统的影响,包括 PPU 产生的传导辐射对母线稳定度和控制的影响、过压和欠压情况下产生的大电流对母线的影响等。

在飞行件交付时要经过验收验证试验,对整个系统按照验收要求进行评估。子系统分支 1 由两台 PPU、推力器#1 和#2、FCU#1 和#2 组成;分支 2 由两台 PPU、推力器#3 和#4、FCU#3 和#4 组成。该过程中电推进系统的配置如表 14 - 6 所列。

表 14 - 6　电推进系统验收级测试配置表

测试序号	配置编号	直接连接/切换	PPU 编号	DANS 编号	推力器编号
单台推力器工作,测试设备 LEEP2					
1	1	D	PPU#1	DANS#1	SEPT#1
2	8	S	PPU#2	DANS#4	SEPT#1
3	2	D	PPU#1	DANS#2	SEPT#2
4	7	S	PPU#2	DANS#3	SEPT#2
两台推力器同时工作(LEEP2)					
5	13	D	PPU#1	DANS#1	SEPT#1
		S	PPU#2	DANS#3	SEPT#2
单台推力器工作(LEEP3)					
6	3	D	PPU#2	DANS#3	SEPT#3
7	6	D	PPU#1	DANS#2	SEPT#3
8	4	D	PPU#2	DANS#4	SEPT#4
9	5	S	PPU#1	DANS#1	SEPT#4

在整星试验阶段,利用负载模拟器代替推力器进行系统的 EMC 测试,如图 14 - 15 所示。验证的第一步,MTM 电源子系统与 PPU 相连,PPU 连接负载模拟器;随后连接推力器进行测试;由于进行系统级 EMC 测试时,推力器不能在大气条件下点火,故使用负载模拟器代替。

结果表明在所有负载情况下,总线的性能都能够满足需求,此外当频率超过 10 kHz 时,负载模拟器和实际推力器的 EMC 特性十分相近。不考虑测试设备的 RF 特性,只考虑天线和线缆的 RF 特性时,当频率小于 3 MHz 时,推力器产生的 RF

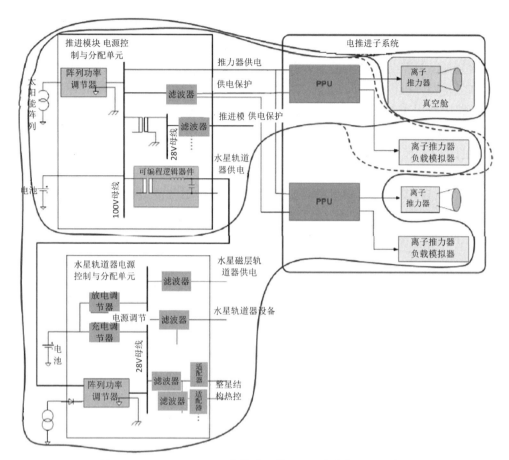

图 14-15　BepiColombo 电推进系统 EMC 试验电连接示意图

可从背景环境分离出来;而考虑到天线、线缆以及测试设备的 RF 特性时,推力器 RF 特性在 80 MHz 时振荡;1~18 GHz 的范围内,无法从背景信号中分离出推力器的 RF 特性。

4. 与航天器的联调联试

电推进系统与整星的联调联试分为三个部分:① 将氙气瓶、气体管路、压力调节单元、节流阀、过滤器和流率控制单元入口阀门与 MTM 集成以便进行下一阶段的组装;② 将推力器和矢量调节机构集成到 MTM;③ 将 PPU 和 FCU 集成到 MTM,通过负载模拟器进行功能测试。

整星的 EMC 测试包含对水星轨道器 MPO 的 EMC 进行测试,以及对 MPO 和 MMO 组合体的 EMC 进行测试。如图 14-16 所示,对组合体的测试包括对两台负载模拟器同时工作时的传导 EMC 进行测试,以评估最坏情况下的结果。传导辐射测试对象包括 MTM 100 V 和 28 V 母线、在巡航段 MPO 供给 MTM 60 V 母线以及 MPO 28 V 母线的 EMC。

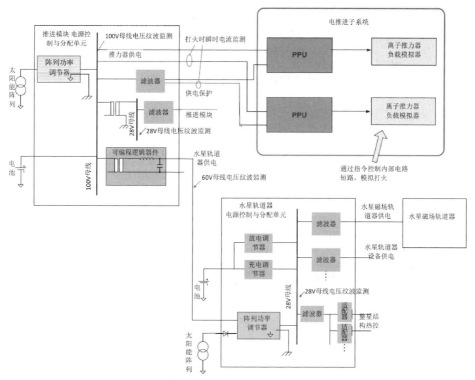

图 14-16　整星 EMC 测试

14.3.3　BepiColombo 航天器工程应用

BepiColombo 航天器于 2018 年 10 月 20 日成功发射,10 月 29 日至 11 月 14 日电推进系统完成排气、状态检测、管路预处理、推力器预处理。

2018 年 11 月 16 日同时启动 SEPT1 及 SEPT3 推力器,开启电推进放电室测试。SEPT1 推力器一次启动成功,SEPT3 推力器的中和器首次启动失败,由于故障恢复系统设置为两台推力器同时工作模式,OBC 检测到 SEPT3 故障后自动关停两台推力器;随后更改配置为两台推力器放电室单独启动,并依次启动测试,最终所有推力器成功通过测试。其中,SEPT1 推力器在轨测试各参数如图 14-17 所示。

2018 年 11 月 18 日至 30 日,四台推力器依次进行推力性能测试,其中 SEPT1 在不同推力下的测试结果如图 14-18 所示。比对推力器工作 5 h 后(75 mN 工况 3 h,125 mN 工况 2 h)达到热平衡状态的地面与在轨测试数据,除加速电流低于预测值外,其他数值与地面吻合良好。ESA 分析认为造成该现象的原因在于:① 通过地面数据得出的试验模型预测结果受不确定性因素影响;② 通过前期的推力器在轨测试,栅极边缘受到刻蚀变得平滑,导致加速电流减小。

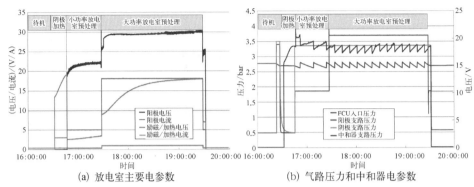

(a) 放电室主要电参数　　　　　　　(b) 气路压力和中和器电参数

图 14－17　放电室测试阶段 SEPT1 在轨测试主要参数

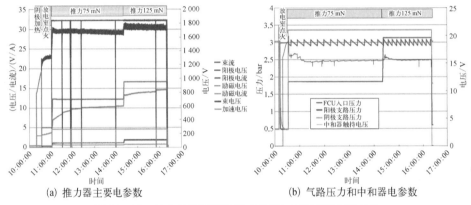

(a) 推力器主要电参数　　　　　　　(b) 气路压力和中和器电参数

图 14－18　推力性能测试阶段 SEPT1 在轨测试主要参数

2018 年 12 月 17 日 BepiColombo 利用电推进系统开启第一阶段 23 个弧段的推进工作。每个推进段被划分为推力器工作约一周的 9 个推进子弧段,前 3 个子弧段 SEPT1 与 SEPT3 为一组,剩余 6 个子弧段 SEPT2 与 SEPT4 为一组。第一个推进弧段推力器工作状态如图 14－19 所示。该弧段推力器共出现 3 次推力器中断

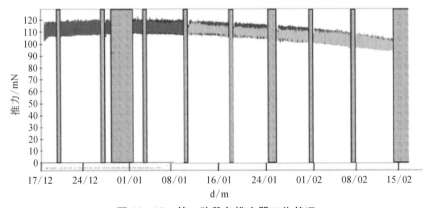

图 14－19　第一阶段各推力器工作状况

情况：12 月 19 日中和器故障恢复机制对噪声造成第一次推力中断；12 月 28 日同样的原因导致第二次推力中断；2019 年 2 月 14 日，由于其他系统原因导致航天器进入安全模式造成第三次推力中断。在推进期间，ESA 通过地面站测量数据，利用多普勒频移对航天器精确定轨，对推力器推力进行测量。测量结果如图 14 - 20 所示，结果表明推力器在轨实际推力比计算推力大 2.0%～2.2%。

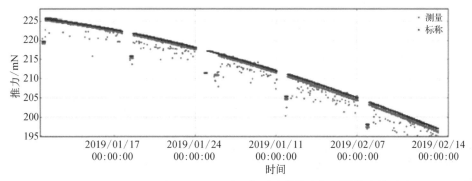

图 14 - 20　SEPT2 和 SEPT4 同时工作时计算推力与测量推力的对比

按照计划，2020 年 4 月 10 日，航天器将经过 1 次地球借力飞行前往进行，经过 2 次金星借力使航天器轨道降低到水星轨道，进入环绕轨道前，飞掠金星 6 次。预计于 2025 年 12 月 5 日抵达水星轨道。

参考文献

Brophy J R. 2005. Implementation of the dawn ion propulsion system[C]. Tucson：The 41 st AIAA/ASME/SAE/ASEE Joint Propulsion Conference and Exhibit.

Brophy J R. 2000. Ion propulsion system (NSTAR) DS1 technology validation report[R]. NASA.

Brophy J R. 2004. Status of the dawn ion propulsion system[C]. Fort Lauderdale：The 40th AIAA/ASME/SAE/ASEE Joint Propulsion Conference and Exhibit.

Clark S D. 2013. BepiColombo electric propulsion thruster and high power electronics coupling test performances[C]. Washington：The 33rd International Electric Propulsion Conference.

Clark S D. 2015. BepiColombo SEPS coupling test architecture and coupling test performance results [C]. Hyogo-Kobe：The 34th International Electric Propulsion Conference.

Garner C E, Rayman M D, Brophy J R. 2015. In-flight operation of the Dawn ion propulsion system-arrival at Ceres[C]. Hyogo-Kobe：The 34th International Electric Propulsion Conference.

Garner C E. 2011. The dawn of Vesta science[C]. Wiesbaden：The 32nd International Electric Propulsion Conference.

Gray H, Kemble S. 2013. Using electric propulsion to get to Mercury — the BepiColombo mission [C]. San Jose：The 49th AIAA/ASME/SAE/ASEE Joint Propulsion Conference & Exhibit.

Gray H L. 2011. Development and qualification status of the electric propulsion system for the BepiColombo mission[C]. Wiesbaden：The 32nd International Electric Propulsion Conference.

Grubisic A N. 2011. Qualification of the T6 ion thruster for the BepiColombo mission to the Planet Mercury[C]. Wiesbaden: The 32nd International Electric Propulsion Conference.

Ismat M. 2011. Twin engine tests of the T6 ion engine for ESA's BepiColombo mercury mission[C]. Wiesbaden: The 32nd International Electric Propulsion Conference.

Polk J E. 1999. An overview of the results from an 8200 hour wear test of the NSTAR ion tThruster [C]. Los Angeles: The 35th Joint Propulsion Conference.

Randall P N. 2019. BepiColombo-MEPS commissioning activities and T6 ion thruster performance during early mission operations [C]. Vienna: The 36th International Electric Propulsion Conference.

Russella C T. 2004. Dawn: A journey in space and time[J]. Planetary and Space Science, 52: 341 – 365.

Sengupta A. 2004. An overview of the results from the 30,000 Hr life test of Deep Space1 flight spare ion engine [C]. Fort Lauderdale: The 40th AIAA/ASME/SAE/ASEE Joint Propulsion Conference and Exhibit.

Steiger C, Montagnon E, Budnik F. 2019. BepiColombo-solar electric propulsion system operations for the transit to Mercury[C]. Vienna: The 36th International Electric Propulsion Conference.

Sutherland O. 2019. BepiColombo: ESA's Interplanetary electric propulsion mission to Mercury[C]. Vienna: The 36th International Electric Propulsion Conference.

Wallace N. 2007. Optimisation and assessment of the total impulse capability of the T6 ion thruster [C]. Florence: The 30th International Electric Propulsion Conference.

Yarnoz D G, Jehn R, Pascale P D. 2007. Trajectory design for the Bepi-Colombo mission to Mercury [J]. Journal of the British Interplanetary Society, 60(60): 202 – 208.

第 15 章
LEO 航天器工程应用

15.1　LEO 航天器应用离子电推进系统

15.1.1　LEO 航天器及星座

1. 离子电推进任务

低地球轨道(LEO)的高度处于地球表面上空 200~2 000 km,LEO 轨道航天器及星座是航天器发展的重要方向,具有广泛而重要的用途。以对地观测卫星为例,相对于 600 km 轨道高度,处于 200 km 轨道高度上的卫星可以获得 3 倍的分辨率。随着轨道高度的降低,大气密度迅速增加,气动阻力也随之增加,例如,200 km 轨道高度气动阻力可达到 $1\ mN/m^2$,是 600 km 轨道高度气动阻力的 1 000 倍。因此,卫星在低轨尤其超低轨道飞行时,为维持轨道高度,需要对 LEO 航天器及星座进行轨道维持。另外,为便于开展 LEO 轨道的科学探测等相关任务,同时考虑到低轨卫星任务末期需要将卫星快速脱离轨道使其进入稠密大气层烧毁以不至于产生太空垃圾,处于 LEO 轨道的航天器需要具备一定的轨道机动能力,以方便抬升轨道或降低轨道。

LEO 低轨卫星星座主要用于组成全球通信系统,星座建成后,智能手机将直接进入卫星应用领域,支持用户从地面网络切换到卫星网络,用户终端不变、体验不变,同时可提供两极地区空间组网覆盖、全球通信服务保障、天基导航授时服务、航空航海监视和支持智能终端的互联网及物联服务。中国航天科技集团规划的鸿雁星座工程共 3 期,2018 年首发星搭载载荷可开展通信体制验证,最终由 300 余颗低轨道小卫星及全球数据业务处理中心组成,具有数据通信、导航增强等功能,可实现全天候、全时段以及在复杂地形条件下的实时双向通信能力,为用户提供全球无缝覆盖的数据通信和综合信息服务。中国航天科工集团规划的"虹云工程",计划发射 156 颗在 1 000 km 轨道高度运行的低轨小卫星,组网构建一个星载宽带全球互联网络。中国科学院微小卫星创新研究院规划的多媒体宽带卫星星座计划组网构建一个多媒体卫星星座来实现导航增强等。采用电推进系统可完成卫星星座轨道相位调整、轨道转移、寿命末期离轨等任务。国外 LEO 航天器离子电推进系统在轨应用案例,以 SLATS 超低轨测试卫星考夫曼离子电推进系统为典型代表,下面将在介绍超低轨道任务时进行介绍。

从目前各种类型的离子电推进技术特点来看,考夫曼离子电推进、射频离子电推进和微波离子电推进能够为 LEO 轨道航天器提供 mN 级推力,工作寿命可达数万小时,可满足轨道维持、轨道机动、无拖曳控制及星座组网道控制等任务需求。考夫曼离子电推进系统通过比例流量调节、阳极电流和励磁电流的高精度高稳定度调节,实现微小推力的连续调节,完成 LEO 轨道航天器的无拖曳控制任务。射频离子电推进系统和微波离子电推进系统通过比例流量调节、射频功率和微波功率的高精度调节,实现微小推力的连续调节执行无拖曳控制任务。对于 LEO 轨道航天器轨道机动任务,可以使离子电推进系统工作在合理的单工作点以实现航天器轨道控制任务。故根据 LEO 航天器轨道控制任务的需求可以选择性地设计离子电推进系统方案。

2. 离子电推进系统

要满足 LEO 轨道航天器及编队飞行轨道维持、轨道机动及无拖曳控制等任务需求,可以采用的离子电推进类型包括考夫曼离子电推进、射频离子电推进和微波离子电推进。离子电推进系统组成如图 15-1 所示。在具体卫星型号研制中,从寿命、可靠性以及轨道提升能力需求综合考虑,离子电推进系统可采用适当的冗余和备份,例如,可以采用 2 台离子推力器(IT)、2 台电源处理单元(PPU)、1 套推进剂贮供单元(PSFU)、1 台控制单元(DICU)。

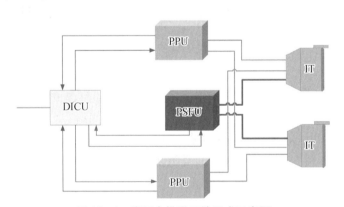

图 15-1　离子电推进系统组成示意图

3. 在轨工作策略

离子电推进系统整星布局方式如下:推力器安装在卫星-X 方向,推力矢量通过卫星质心,控制单元、电源处理单元和推进剂贮存与供给单元安装在卫星舱内,其中推进剂供给单元流量控制模块安装在接近推力器的底部舱板外表面。如果离子电推进系统存在冗余备份(安装 2 台离子推力器),则每台离子推力器与卫星中轴线成一定的小夹角,通过整体支架安装在底部舱板上,每台推力器的推力矢量都通过卫星质心。离子电推进系统工作产生推力以维持航天器在特定的轨道上,或进行航天器轨道机动,实现轨道提升或轨道降低,通过高精度高稳定度电源处理单元和高精度推进剂贮存与供给单元的调节实现离子推力器在轨推力的高精度连续可调,以实现大气阻尼的实时补偿以对航天器进行在轨无拖曳控制。

15.1.2　超低轨道卫星

1. 电推进系统任务

超低轨道的高度处于地球表面上空 150~250 km。超低轨道具有广泛而重要的用途,以对地观测卫星为例,相对于 600 km 轨道高度,处于 200 km 轨道高度上的卫星可以获得 3 倍的分辨率,但在如此低的轨道高度上大气密度非常高,气动阻力变得非常大。例如,200 km 轨道高度气动阻力可达到 1 mN/m^2,是 600 km 轨道高度气动阻力的 1 000 倍,同时超低轨卫星还可以应用于研究大气层顶部的变化等任务中。因此,卫星在低轨尤其超低轨道飞行时,为维持轨道高度,需要对超低轨卫星进行轨道维持,同时考虑超低轨道卫星需要具备一定的轨道机动能力,以方便抬升轨道。

超低轨道阻尼补偿需求变得非常突出,应用电推进完成阻尼补偿为首要选择,包括降低推进剂需求量或实现长寿命工作。对电推进基本需求以较低功率推力比或较高推力功率比、推力密度较大为主要特征,因为太阳阵难以总保持正对太阳光(减小阻尼),同时航天器截面尽可能小(200 km 高度 1 m^2 截面平均阻尼为 30 mN)。另外由于地面基站可见时间有限,轨道维持需要自动或自主实施,包括推力输出大小调节、击穿及熄弧等异常情况及时可知等。事实上,应用传统化学推进需要携带很多推进剂量,图 15-2 给出了不同轨道高度卫星所受到的大气阻尼。

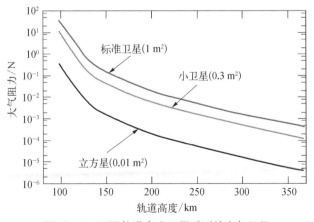

图 15-2　不同轨道高度卫星受到的大气阻尼

不同类型的卫星在不同轨道高度上受到的大气阻尼不同,超低轨道卫星离子电推进系统输出的推力与卫星的设计有着直接关系。例如,在 200 km 轨道高度,0.01 m^2 迎风面的卫星受到的大气阻尼在 1 mN 量级,0.3 m^2 迎风面的卫星受到的大气阻尼在 10 mN 量级。

2．系统方案

超低轨离子电推进系统包括电推进控制单元(DICU)、电源处理单元(PPU)、离子推力器(IT)和推进剂贮供单元(PSFU)。其系统组成如图 15-3 所示。

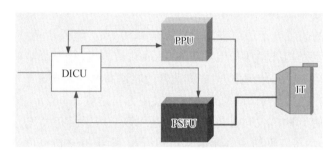

图 15-3　超低轨离子电推进系统组成示意图

超低轨离子电推进系统整星布局方式如下：推力器安装在卫星 -X 方向,推力矢量通过卫星质心;控制单元、电源处理单元和推进剂贮存与供给单元安装在卫星舱内,其中推进剂供给单元流量控制模块安装在接近推力器的底部舱板外表面。

15.2　欧洲 GOCE 卫星无拖曳控制工程应用

15.2.1　GOCE 卫星离子电推进系统

1．GOCE 卫星

GOCE 卫星是欧洲航天局于 2009 年 3 月 17 日发射的一颗用于 LEO 轨道卫星,科学目标是提供高精度和高分辨率的全球重力场和大地水准面模型。主要任务目标为以下三个方面：① 标定地球重力场的精度为 1~2 mGal;② 标定全球大地水准面精度达到 1 cm;③ 实现空间分辨率达到 100 km。

卫星主要载荷是重力梯度仪,用于在低轨对地球重力场进行精确测量,并且要求在非常安静的环境条件下进行。要保证卫星在预计轨道上无拖曳飞行,需要对大气阻尼进行补偿。然而大气阻尼会受高度、光照、季节变化以及太阳活动等的影响而变化,所以要求一种非寻常的推力系统,包括推力大范围调节和自动控制系统。英国的 T5 离子推进系统很好地满足了要求,主要性能特征包括：① 高比冲 3 000 s;② 推力调节范围 0.6~20.6 mN;③ 稳态工作下的推力矢量稳定度±0.02°;④ 推力噪声小。为了实现合适的阻尼补偿,在卫星尾部安装两台主备份离子推力器。在任务测量阶段,卫星发送一系列推力需求指令给离子电推进系统,离子推力器按照推力指令实时进行阻尼补偿。

2. 离子电推进系统

GOCE 卫星总共配置了两套离子推进系统,一套为主系统 A,另一套为备份 B。总系统由一个氙气瓶(XST)、2 套氙气比例供给模块(PXFA)、2 套离子推进控制单元(IPCU)和 2 台 T5 离子推力器组件(ITA)。2 台推力器在 GOCE 上分别标记为 FM1 和 FM2。

每台推力器与卫星中轴线成 2.5°夹角,通过整体支架安装在底部舱板上,每台推力器的推力矢量都通过卫星质心。电源控制单元安装在底部舱板内表面,氙气比例流率调节模块安装在接近推力器的底部舱板外表面。每台推力器可提供 0.6~20.6 mN 的推力,并且连续可调。推力分辨率为 12 μN,响应速度为 2.5 mN/s。

15.2.2　T5 离子电推进系统产品研制

1. 推力控制方案

为了满足 GOCE 卫星的要求,采用了一套算法对离子推力器进行控制,控制算法框图见图 15-4。用三个输入参数(流率、阳极电流和螺线管磁铁电流)来控制推力器的输出推力。具体为:采用开环模式通过相对较慢的推进剂流率和阳极电流调节进行推力的粗调节,采用闭环模式通过螺线管磁铁电流的快速调节,提供一个高精度,快速响应的微小推力调节力。

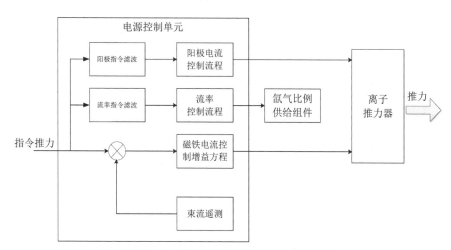

图 15-4　T5 离子推进系统控制算法框图

星上计算机给出的推力指令以 10 Hz 的频率输入离子推进控制单元。控制单元控制软件将初始的推力信号处理后为推进剂流率和阳极电流的控制提供一个平滑的输入信号。控制单元利用算法控制表计算需要的阳极电流和推进剂流率,作为推力器和氙气比例流率调节模块的输入信号。氙气比例流率调节模块用一个独立的控制循环来控制输送给推力器的流率。控制算法表是在前期预验证模型推力器的大量详细性能试验的基础上建立的。

通过螺线管磁铁电流的闭环控制实现输出推力的精确调节。控制单元程序对初始要求推力信号和测量的实际推力信号进行比较,二者的差值作为调节磁铁电流的驱动信号。实际推力直接由束电流和束电压计算得到,其中用一个修正系数来修正束流发散、双荷离子、中性粒子效应。由于三个控制参数的相互关系,磁铁电流增值是推力要求值、推力差值、流率和阳极电流的一个复杂函数。这个函数的具体关系也是由前期预验证模型推力器性能试验得到,而在离子推进系统试验期间进行验证和优化。

图 15 - 5　T5 推力器实物图片

2. T5 离子推力器组件(ITA)

GOCE 卫星离子推力器设计基于 QinetiQ T5 MKV 工程样机。离子光学系统由屏栅和加速栅组成,考虑了卫星对推力器宽的推力范围和长寿命的要求,对栅极进行了优化设计,加速栅选用石墨材料,屏栅采用充压和热处理的钼材料;空心阴极为 3 mm 钡钨阴极;磁场结构为发散场,在设计上采用螺线管电磁铁产生磁场,通过调节 6 个环向分布的电磁铁的电流来控制气体的电离,使得在整个要求的推力范围内进行有效和准确的工作参数调节。推力器产品实物如图 15 - 5 所示,推力器参数见表 15 - 1。

表 15 - 1　T5 推力器性能参数表

性 能 项 目	参 数 值	性 能 项 目	参 数 值
功耗/W	55~585	推力范围/mN	1~20
比冲/s	500~3 500	推力矢量稳定度/(°)	<±0.1
总冲/N$\cdot$s	>1.5×10^6	开关机次数	8 500
推力噪声/(mN/Hz$^{1/2}$)	1.2(1 mHz)	质量/kg	2.95
	0.012(1 Hz)	尺寸/mm	Φ190×242

3. 氙气比例供给模块(PXFA)

GOCE 卫星离子电推进氙气比例供给系统(PXFA)由荷兰的 Bradford 公司研制,该系统采用主备份,主份与备份支路的切换用电磁阀完成,两个支路分别利用比例流率控制方式为推力器准确地提供三路推进剂流率,系统工作原理见图 15 - 6,流率调节模块的主要技术指标见表 15 - 2。

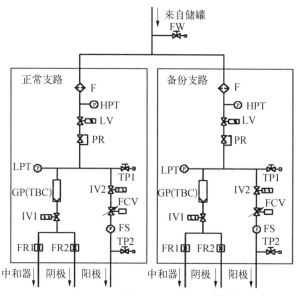

图 15-6　氙气比例供给系统原理图

F:过滤器
HPT:高压传感器
FCV:比例流量控制阀
LPT:低压传感器
FR:流阻器
LV:自锁阀
FS:流量传感器
IV:隔离阀
FW:过滤器入口阀
PR:压力调节器
EP:气体清洁器
TP:测试口

表 15-2　PXFA 的主要技术指标

性 能 项 目	参 数 值	性 能 项 目	参 数 值
质量/kg	7.5	主流率/(mg/s)	(0.01~0.63)±5%
尺寸/mm	150×200×350	主阴极流率/(mg/s)	0.11±0.007
上游压力/MPa	0.5~12.5	中和器流率/(mg/s)	0.041±0.006
控制压力/MPa	0.25	微扰动频谱/(m/s²/Hz$^{1/2}$)	<1.1×10^{-6}

　　推进剂比例流率调节组件分为压力控制和流率控制两部分。压力控制部分的功能是将氙气瓶的压力(0.5~12.5 MPa)调节到流率控制单元需要的压力 0.25 MPa。流率控制部分的功能是向放电室、阴极和中和器提供准确的推进剂流率。阴极和中和器流率通过热节流器控制在固定的值,分别为 0.041 mg/s 和 0.11 mg/s;主流率在 0.087~0.531 mg/s 范围内可以进行调节。主流率调节由一个组合流量调节阀和一套基于热测量原理的流量传感器系统实现,流量传感器的输出信号反馈给流量调节阀从而实现闭环控制,实现 0.01~0.63 mg/s 范围的流率调节。控制线路原理图见图 15-7。当流率需求指令采用 10 Hz 时,执行器的频率为 100 Hz。

　　流量控制阀(FCV)采用磁阻执行器,响应时间为微秒级,确保了快速变化的流率需求。FCV 由 18 kHz 频率的脉宽调制信号控制。脉宽调制期间,线圈的磁场强度发生变化,结果使执行材料发生收缩,从而带动阀体调节流率大小。流量传感器

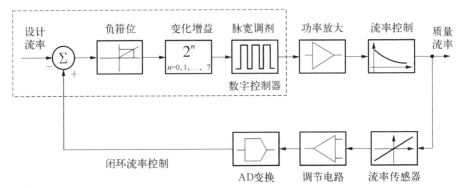

图 15 - 7　流率闭环控制线路原理图

(FS)基于热测量原理研制而成,如图 15 - 8 所示。其响应时间为 100 ms,氙气测量范围 0~1 mg/s,误差为 0.1%。

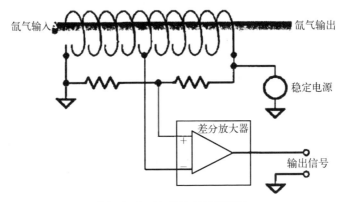

图 15 - 8　流率传感器原理图

4. 电源控制单元(IPCU)

电源控制单元将电源处理模块和控制模块集成在一个单元上。电源控制单元主要技术指标见表 15 - 3。电源控制单元的功能是向离子推力器和比例流率调节模块提供各种电源、实现与卫星通信和数据接口、推力调节控制算法功能等。IPCU 由西班牙 CRISA 研制,包括试验板模型一台、工程样机一台、飞行样机两台。

表 15 - 3　IPCU 的主要技术指标

性 能 项 目	参 数 值	性 能 项 目	参 数 值
质量/kg	16.7	最大输入电流/A	37(22 V)
尺寸/mm	300×250×200	最大输出功率/W	650
输入电压/V	22~37	效率/%	92

5. 地面推力调节验证试验

为了建立推力与三个控制参数(主流率、阳极电流和磁场螺线管电流)之间的关系,T5 离子推力器在超过 1 000 个工作点上进行了推力范围为 0.2~22 mN 的性能试验。基本测试方法是把主流率分为 12 个测试点,然后在每个主流率测试点上以 5 mA 步幅调节励磁电流,直到推力至少减少 4 mN,期间保持阳极电流恒定。接着在恢复励磁电流到初始值后减少 10% 阳极电流,重复以上操作。表 15-4 中列出了试验中 12 组跟推力对应的主流率值。通过以上操作可以绘制 12 个性能图,在所有性能图中,推力跨度为 0.23~22 mN。结果显示随着推力降低,工质利用率在降低,而电离功耗增加。特别是在 18 mN 到 25 mN 推力水平上,工质利用率在 90% 以上,而低水平推力下降低为 20%~25%。

表 15-4　T5 推力器的推力与主流率对应值

测试性能图号	1	2	3	4	5	6	7	8	9	10	11	12
最大推力/mN	22.5	19.59	17.97	16.16	12.9	10.73	8.9	6.8	5.64	4.42	3.62	2.19
最小推力/mN	15.04	12.25	12.12	9.34	6.8	6.9	5.02	2.93	2.72	1.75	0.7	0.23
主流率/(mg/s)	0.480	0.44	0.413	0.371	0.322	0.246	0.183	0.152	0.116	0.078	0.045	0.00

通过对试验结果图的考察,得出阳极电流与推力、主流率与推力之间存在线性关系,而磁场电流与推力之间没有明显的线性关系。在任何一个主流率和阳极电流的特定设置点,磁场电流与推力之间都存在非线性关系。推力调节将通过把要求的推力输入到两个线性关系式中,从而产生需要的主流率和阳极电流,然后将通过磁场电流变化对输出的推力进行微调。根据试验结果,推导推力与磁场电流、阳极电流、总流率、功率以及工质利用率之间的关系,实验结果表明,推力与阳极电流、总流率、功率和比功率之间呈线性关系,而且比功率与推力之间也呈线性关系。从性能试验得出的这些关系成为推力调节控制算法设计与算法结构体系的理论基础。

15.2.3　GOCE 卫星工程应用

GOCE 卫星入轨高度为 283 km,2009 年 4 月 2 日进行 A 推力器工作测试,推力从 1 mN、3 mN、8.3 mN 依次增大。4 月 3 号进行 B 推力器工作测试,最大推力输出到 20 mN。2009 年 5 月 5 日 GOCE 进行了首次无拖曳飞行试验,在随后的 5~6 月进行了无拖曳飞行下的重力梯度仪校准。2009 年 7~9 月推力器关闭,GOCE 由于大气阻力而逐渐下降到 255 km 的工作高度。2009 年 9 月 13 日恢复无阻尼飞行模式,航天器一直维持此高度直到 2010 年 3 月底,完成了 7 个月的首轮测量任务。2009 年 9 月 29 日启动科学测量任务,离子电推进系统再次执行多次在轨大气阻力补偿测试,直至推进剂耗尽后。2013 年 11 月 11 日 GOCE 卫星进入大气层坠毁。

由于在轨工作期间太阳活动水平较低,从图 15-9 可见,工作初期推力集中在 2 mN 左右。2010 年 7~8 月,即图中推力曲线中断部分,是因为卫星通信系统发生故障导致数据无记录和下传发射机不能工作,在此期间轨道高度提升到 263 km,推力控制在 2.5 mN,直到 9 月初,轨道高度逐渐下降到 259.4 km。截止到 2011 年 5 月 8 日,即任务的最后阶段,推力输出有明显增加趋势,最高值达到 7 mN。

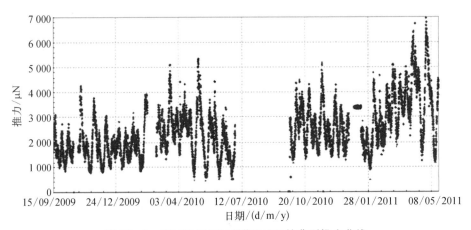

图 15-9   GOCE 卫星工作期间 T5 的典型推力曲线

GOCE 受到的空气阻力受众多因素影响。在高纬度地区(地球两极)受到阻力较小,在赤道之上阻力较大,白天和黑夜的影响也不同,图 15-10 为一次完整绕轨的推力变化趋势图。

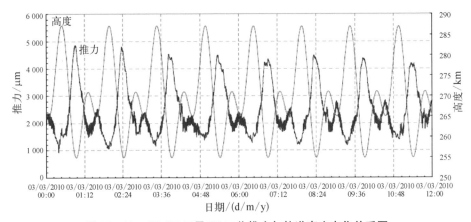

图 15-10   GOCE 卫星 T5 工作推力与轨道高度变化关系图

从 2012 年下半年开始,在轨数据表明推力输出不断上升,这说明太阳活动加剧进而使大气密度上升。卫星轨道从 246 km 高速下降到 224 km,此高度是系统设计极限。而在 300 km 高度以下,风向实际情况与模型预计不同,2013 年 6 月 1 日发现有 3 次推力补偿需求已超出 T5 推进系统的输出能力极限值,一次比较接近其输出极限值,变化情况如图 15 - 11 所示。

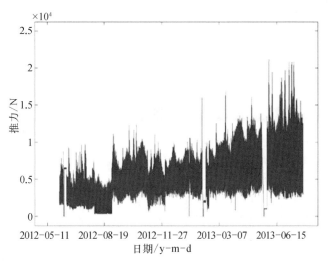

图 15 - 11　GOCE 卫星任务末期 T5 的推力变化情况(2012~2013 年)

当离子电推进系统的推进剂全部耗尽时,卫星不能再进行无阻尼飞行,在 224 km 的系统设计极限高度,在没有阻尼补偿的情况下,GOCE 卫星的轨道高度会迅速下降,逐渐进入大气层而被烧毁。

15.3　日本超低轨卫星应用工程

15.3.1　SLATS 卫星离子电推进系统

1. SLATS 卫星

一般把高度低于 300 km 的地球轨道定义为超低轨道。对地球轨道遥感类卫星而言,运行在更低的轨道高度上会带来不少益处,例如,光学成像卫星具有更高的分辨率,SAR 卫星和 LIDAR 卫星具有更好的信噪比并降低功耗,卫星使用更小、更轻的传感器,卫星发射成本大幅降低等。尽管超低轨道会给遥感卫星带来显著效益,却一直没有获得工程实际应用,其主要原因包括大气阻尼显著增大、高度扰动影响加剧、原子氧浓度变稠、对地扫描带宽变窄、地面站可见时间缩短等多个方面。

超低轨观测卫星的工程化发展,需要从技术验证到工程实施的稳妥过渡,日本 JAXA 从 2006 年开始研究超低轨卫星可行性,并由此实施了全名为超低高度试验卫星(SLATS)项目,该卫星的别名为燕子(TSUBAME),比较贴切地表征了卫星薄

图 15－12　SLATS 卫星在轨展开状态示意图

而长、带太阳阵双翼的特点。SLATS 卫星由 JAXA 和三菱电子公司负责研制,图 15－12 为卫星发在轨展开状态示意图,卫星发射质量 382.4 kg,在轨展开尺寸 2.5×5.2×0.9 m,采用三轴稳定,在轨工作寿命 2 年,寿命末期最小功率 1 140 W。

SLATS 卫星飞行于高度为 200 km 左右的超低轨,主要任务目标包括以下三个方面。

1) 验证离子电推进的卫星超低轨道高度维持

200 km 的轨道大气密度较大,为了减小大气阻尼,卫星形状设计为流线型。为了维持稳定的工作轨道连续观测地球,需要推进系统抵消阻尼。在大气阻尼和地球非球对称势影响下,通过离子电推进系统间歇性工作来维持轨道高度处于容许范围内,SLATS 卫星将验证用离子电推进系统实施轨道和高度控制。

2) 获取超低轨高度范围内大气密度数据和原子氧数据

200 km 范围大气密度缺少实际测量数据,目前的应用数据主要基于地面大气密度和空间 400 km 以上大气密度测量数据的大气模型推算得到。SLATS 卫星将基于姿态控制系统的分量数据、GPS 接收机和反作用动量轮数据等,通过卫星在线大气动力阻尼获得大气实际密度及分布数据。

超低轨道高度的大气里原子氧浓度较高,原子氧对卫星表面材料产生显著损伤,超低轨原子氧密度数据同样缺少实际测量结果。SLATS 卫星将利用携带的原子氧通量传感器(AOFS)和材料退化监测仪(MDM),在获取原子氧数据的同时,在线测试原子氧对卫星典型材料的影响效应。

3) 验证超低轨道光学地球观测

卫星携带地球观测光学传感器(OPS),即空间分辨正比于高度的光学相机和小型高分辨光学传感器(SHIROP),以试验评价未来超低轨观测卫星的效能。SLATS 卫星利用卫星携带的光学传感器对地成像,对比不同轨道高度成像结果,验证超低轨对光学成像空间分辨的改善效果。

2. SLATS 卫星离子电推进任务

SLATS 卫星推进系统为化学和离子电推进的混合,其中化学推进为 4 台 1N 肼推力器推进系统,主要完成卫星轨道的快速改变,同时作为离子电推进的备份;离子电推进为 1 台 12 cm 离子推力器系统,主要完成超低轨道大气阻尼补偿及轨道维持。

SLATS 卫星先发射到 600 km 常规 LEO 轨道,然后用化学推进降低轨道到 400 km 高度,再利用大气阻尼作用在 1 年时间内逐渐降低到超低轨开始工作轨道(约 270 km)。卫星分别在 268、250、240、230、220 km 等 5 个不同高度的超低轨道进行离子电推进轨道控制试验和成像验证,其中两端高度卫星在轨时间各约一个月,其他轨道各一周左右。最后到达 180 km 最低轨道,最低高度的轨道控制在必要时采用离子电推进和化学推进组合完成,卫星在轨任务流程如图 15‐13 所示。

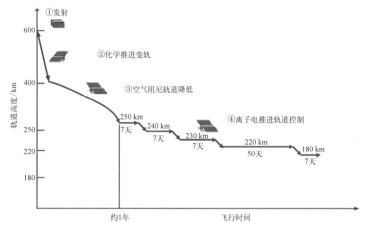

图 15‐13　SLATS 卫星在轨测试与试验任务剖面示意图

15.3.2　IES 离子电推进系统产品研制

1. 离子电推进系统方案

针对 SLATS 卫星离子电推进任务需求,并为了减轻质量和极小化尺寸,SLATS 卫星的离子电推进(IES)为最简化组成系统,由推进剂管理单元(PMU)、电源处理与控制单元(PPCU)和离子推力器(ITR)组成,如图 15‐14 所示。其中,PMU 包括

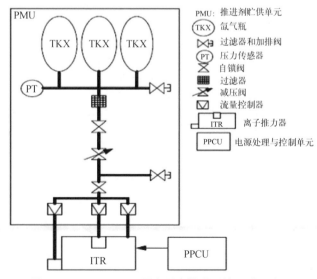

图 15‐14　SLATS 卫星离子电推进系统组成示意图

3 个氙贮存气瓶(TKX)、1 个高压传感器(PT)、1 个过滤器、1 个调压器、2 个莱切阀、2 个加排阀、3 路流率控制装置。

PPCU 为电源处理单元和控制单元的一体化集成。PPCU 的主要功能要求包括:与离子推力器的供电接口、与卫星母线接口、信号(测控)接口、自动程序等。PPCU 给 ITR 的 7 路供电分别为束电源 PS1、加速电源 PS2、放电电源 PS3、阴极加热电源 PS4、阴极触持电源 PS5、中和器加热电源 PS6、中和器触持电源 PS7。

ITR 为束流直径 12 cm 的考夫曼型离子推力器,布置在卫星尾部,产生通过卫星质心的推力。离子电推进系统的主要性能为:推力 11.5~17 mN 范围可调、比冲范围 1 136~1 679 s、系统功耗 403~580 W、系统总重 43 kg(其中初装氙气 13.3 kg)、信号接口 RS422、输入电压 24~32 V、工作寿命 3 000 h。IES 的轨道控制工作模式为闭环控制,输入来自 GPS 接收器的轨道信息,航天器控制单元实时计算轨道并与额定轨道比较,由此决定推力器工作参数及周期。

IES 自身总计有 7 个工作模式,分别为① 空心阴极加热模式(IDLG):中和器和主阴极加热,PS4 和 PS6 加载在低电流模式;② 空心阴极激活模式(ACTV):其中中和器激活 PS4 加载在高电流模式,主阴极激活 PS6 加载在高电流模式;③ 中和器工作模式(NEUT):中和器放电 PS7 加载;④ 主放电工作模式(DISC):主阴极放电和放电室放电,PS5 和 PS3 加载;⑤ 推力产生模式(ORBIT):全放电和束流开关引出,PS3、PS5、PS7 加载,PS1 和 PS2 开关加载;⑥ 栅极清除模式(CM):

2. 离子电推进系统研制

离子电推进的 PMU 几乎完全继承了 ETS-8 卫星上的成熟产品,其中的三个氙气瓶由 LBB 公司研制,工作压力 7 MPa,爆破安全系数 2.0。这里主要介绍 ITR、PPCU 和原子氧效应三方面的产品研制。

1) 离子推力器研制

ITR 由三菱电子公司基于 ETS-8 卫星的离子推力器产品状态研制,针对 SLATS 卫星任务的主要考虑包括:推力调节范围实现、具有更高的推力密度、显著降低束流中断恢复频次、具备快速产生推力能力。推力器推力调节范围验证在 ETS-8 离子推力器工程样机上完成,通过调节 ITR 的束电压和放电电流,推力器实现的性能调节为:推力 8~36 mN、比冲 803~2 951 s、功率 199~996 W,完全覆盖了 11~17 mN 可调范围的需求。

利用工程样机进行的提高推力密度的试验表明,在较小推力范围内,减小束电压是最有效的技术途径;在较大推力范围内,增大放电电流是最有效的技术途径。离子推力器束流中断恢复事件主要源于栅极间击穿,增大栅间距是降低该事件发生频次的关键。为此,利用工程样机放电室和新研制大间距栅极进行了验证,其中栅间距从原来 ETS-8 离子推力器的 0.8 mm 增大到了 1.0 mm。试验结果表明:增大栅间距后击穿频次明显改善,尽管在相同工作参数下的推力略有降低,但在可

接受范围。同时进行了新栅极组合推力器的工作寿命评价试验,确认加速电压
300 V 最有利于栅极寿命,可达 25 000 h,针对 SLATS 卫星 16 000 h 的寿命要求,加
速电压最高可为 500 V。

推力器快速产生推力以满足轨道控制实际需求,通过设置推力器工作的轨道
模式实现:在超低轨推力器放电室和中和器保持放电状态,根据推力器 ON 指令即
刻产生推力。

2) PPCU 研制

在小尺寸、轻质量、新的母线电源接口、新的自动控制等要求下,三菱电子公司
重新研制了集成电源处理与控制器为一体的电源处理与控制单元 PPCU,新的自动
控制要求主要指快速稳定的推力产生。研制方案重点包括:电源处理单元重新设
计以具备抗噪声能力;控制器采用 FPGA 以减少元器件数量。

PPCU 的主要性能要求包括:母线电压 22 ~ 30 V、总效率不小于 85%、工作温
度范围 −20 ~ +55℃,耐辐照 1.0×10^4 Gy(Si),10 ~ 100 Hz 范围正弦振动加速度
196.1 m/s^2,10 ~ 2 000 Hz 范围随机振动均方根加速度 196.1 m/s^2,100 ~ 3 000 Hz 范
围冲击加速度 9 806.7 m/s^2,七路输出满足推力器工作需求,如表 15 − 5 所列。

表 15 − 5　各电源模块输出特性

代　号	名　称	电压/V	电流/A	纹波/%	调整度/%	最大功率/W
PS − 1	束电源	800 ~ 1 100	0.2 ~ 0.6	5	稳压±3	660
PS − 2	加速电源	−400 ~ −550	0.001 ~ 0.1	5	稳压±5	5.5
PS − 3	放电电源	40	1.5 ~ 3.5	5	稳流+5	140
		90	0.1	10	稳压±5	12.5
PS − 4	主阴极加热电源	15	1.4 ~ 4.0	5	稳流±3	60
PS − 5	主阴极触持电源	15	0.5	5	稳流±5	7.5
		150	0.01	20	稳压±5	12.5
PS − 6	中和器加热电源	15	1.4 ~ 4.0	5	稳流±3	60
PS − 7	中和器触持电源	30	0.5	5	稳流±5	15
		150	0.01	20	稳压±5	1.5

SLATS 卫星 PPCU 分三个阶段完成研制:第一阶段为试验样机(BBM),第
二阶段为部分工程样机(EM),第三阶段为工程飞行样机(EFM)。2011 年完成
了 BBM 研制,试验验证了效率、瞬态响应和时序逻辑,研制的 BBM 的束电源和
主放电电源在输入电压范围为 32 ~ 52 V 的效率分别达到 90% 和 88%,BBM 与推
力器耦合联试工作良好。2013 年完成束电源和控制器 EM 样机研制,其中束电
源 PS1 采用全桥相移(局部谐振)变换器拓扑,控制器及控制逻辑基于 FPGA。
通过热冲击试验、力学振动和冲击试验、伽马射线辐照试验、热循环试验等,验证

了热设计、结构设计和印刷电路设计。主要结果包括：电源输出在推力器载荷范围内稳定、效率达到85%，能够快速平稳启动推力器工作；束电压和加速电压同时加载，具有满足任务要求的自动控制功能。2015年完成了EFM飞行产品研制和交付。

3. 原子氧影响评价

卫星降轨过程中环境气体浓度和原子氧浓度增大，由此需要验证原子氧对推力器(特别是中和器)的影响。离子推力器的原子氧辐照效应评价分两步：一是暴露原子氧对发射体热电子发射性能的影响，二是中和器组件产品对原子氧的抵抗能力。

首先针对空心阴极的主要相关材料(包括钡钨发射体、掺铈钨阴极顶、钽触持极)进行了每平方米$(0.3、1、3) \times 10^{24}$个原子氧的不同剂量辐射，其中的最高剂量对应于卫星在轨总剂量的三分之一。发射体在二极管模式下测量不同阳极电压下发射电流，主要试验结果为：原子氧暴露和大气暴露均降低相同温度下的发射能力；原子氧暴露影响明显小于大气暴露影响；原子氧影响程度与原子氧剂量不是正比关系。铈钨和钽材料应用SEM等检测表面，主要结果为：不暴露、原子氧暴露、大气暴露的SEM和EDX检测结果没有明显差别，AES检测的原子氧暴露的氧深度约20 nm。基本结论为原子氧暴露对材料性能没有明显影响，氧化层厚度随剂量增大而增加。

针对中和器组件产品进行了试验验证，原子氧最大暴露剂量达到卫星在轨2年实际水平，即每平方米9.8×10^{24}个原子氧。试验结果表明：点火时间没有受到暴露影响，触持电压暴露前后基本相当，收集(阳极)电压略有提高。由于氧化层增加的影响，可以通过1 200℃的活化过程予以消除，由此确认超低轨道上原子氧对推力器工作影响在可接受范围。

15.3.3 SLATS 卫星工程应用

1. 卫星发射及初始工作阶段

SLATS卫星于2017年12月23日在鹿儿岛由H-2A火箭搭载发射，运载上面级把卫星送入参数为高度643×450 km、倾角98.3°的太阳同步大椭圆轨道。在此大气阻尼较小的安全轨道上，卫星完成了太阳阵展开和地面通信测试，24日的遥测数据表明卫星姿态稳定。

2018年1月6日到3月18日，化学推进系统点火工作40次，卫星从运载送入轨道转移到了高度393 km的圆轨道。卫星在该轨道上完成了星上工作设备仪器加电和测试，包括GPS轨道确定、IES初始试验等。其中IES初始试验程序包括：① 开启高压莱切阀，氙气送入调压阀下游；② 低压莱切阀开启，氙气流入推力器；③ IES分别工作在各种模式；④ 低压莱切阀关闭。

2. 卫星轨道转移阶段

2018 年 6 月 1 日卫星进入轨道转移阶段,通过大气阻尼作用逐渐降低卫星轨道高度,到 2018 年 8 月底卫星高度降低到 368 km,由于实际大气阻尼小于模型预计,期间化学推进进行了 4 次补偿工作。其后完全依靠大气阻尼继续降低轨道,并且在不同轨道高度上进行了光学成像、原子氧监测等试验。2019 年 3 月 18 日卫星完成了轨道转移阶段工作,轨道高度 273 km、轨道面当地太阳时间调整到 16:00,以便卫星太阳阵有足够电功率满足离子电推进需求。

3. 超低轨工作阶段

2019 年 4 月 2 日进入离子推力器工作的轨道维持阶段。卫星在轨工作基本情况如图 15-15 所示,途中也给出了不同阶段的卫星姿态。为保证轨道维持阶段稳妥可控,超低轨工作阶段分 271.5 km、250 km、240 km、230 km、220 km、180 km 等 6 个轨道高度分别实施,每个轨道高度上的工作时间分别为 1 月、1 周、1 周、1 周、1 月、1 周。其中前五个轨道的轨道控制工作完全依靠离子电推进完成,最后 180 km 轨道上,离子电推进将满额连续工作,必要时化学推进补充工作以维持轨道高度。

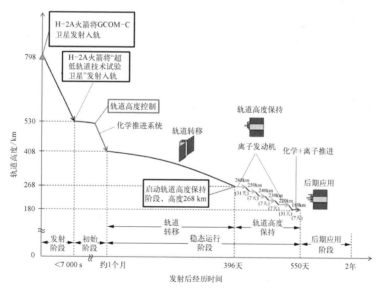

图 15-15　离子电推进工作计划安排

SLATS 卫星借助离子电推进维持轨道高度,捕获地球高分辨率的卫星图像。2019 年 4 月 2 日至 5 月 2 日期间,地面控制利用空气动力阻力逐渐降低卫星轨道高度到 271 km,在这个高度卫星启动离子电推进维持 38 天,利用超低轨道的优势,开展高分辨率定点拍摄实验,每天拍摄东京都中区。接着,卫星关闭了离子电推进,让卫星降落到 250 km、240 km 和 230 km 的较低轨道上,利用离子电推进在每个高度停留一周左右。SLATS 卫星用它的低推力离子电推进在大约一个月的时间里保持在 217 km 的高度。2019 年 9 月将它的轨道降低到 181 km 一周,再次使用它的离子电推进保持高度。随后,这颗卫星轨道稳定在 167 km 的轨道高度一周,在这个高度 SLATS 卫星不得不使用液体燃料的高推力火箭发动机来配合离子发动机抵消阻力。2019 年 10 月 1 日完全关闭卫星的传输和电源,次日卫星再入大气层。日本宇宙航空研究开发机构(JAXA)通过离子电推进的轨道维护操作,在世界上首次获得了从超低轨道观测地球和原子氧效应的技术与试验结果。未来,JAXA 将开发一颗小型卫星,验证此项技术可以支持在超低轨道上运行很长一段时间,把从 SLATS 项目所获得的知识转化为未来的空间利用,促进航天科技发展,为卫星的使用创造新的可能性。

参考文献

Caramagno A. 1996. Application of electric propulsion to the gravity and ocean circulation explorer (GOCE) mission[C]. Lake Buena Vista: The 32nd Joint Propulsion Conference and Exhibit.

Corbett M H, Edwards C H. 2007. Thrust control algorithms for the GOCE ion propulsion assembly [C]. Florence: The 30th International Electric Propulsion Conference.

Edwards C H, Wallace N C. 2004. The T5 ion propulsion assembly for drag compensation on GOCE [C]. Frascati: Second International GOCE User Workshop "GOCE, The Geoid and Oceanography" (ESA SP-569).

Edwards C H. 1999. The development of gas flow control equipment at DERA[C]. Amsterdam: The 50th International Astronautical Congress.

Inanaga Y. 2015. Atomic oxygen effect to performance of the hollow cathode of 20 mN ion thruster [C]. Hyogo-Kobe: The 34th International Electric Propulsion Conference.

Kawasaki H. 2018. Interim report of super low altitude satellite operation[C]. Valencia: 2018 IEEE International Geoscience and Remote Sensing Symposium(IGARSS).

Konoue K. 2012. Development of super low altitude test satellite (SLATS)[C]. Naples: The 63rd International Astronautical Congress.

Mundy D H, Fearn D G. 1997. Throttling the T5 ion engine over a wide thrust range[C]. Seattle: The 33rd Joint Propulsion Conference and Exhibit.

Nagano H, Kajiwara K. 2009. Development status of a new power processing unit of ion engine system for the super low altitude test satellite[C]. Ann Arbor: The 31st International Electric Propulsion Conference.

Nagano H. 2013. A new orbit control algorithm for the 20 mN class ion engine system [C]. Washington: The 33rd International Electric Propulsion Conference.

Nagano H. 2012. A new power processing control unit for a 20 mN class ion engine system[C]. Naples: The 63rd International Astronautical Congress.

Nagano H. 2011. Development status of high voltage power supply for a 20 mN class ion thruster[C]. Wiesbaden: The 32nd International Electric Propulsion Conference.

Nagano H. 2011. Optimization of the operating parameters for a 20 mN class ion thruster [C]. Wiesbaden: The 32nd International Electric Propulsion Conference.

Tato C, Palencia J. 2007. Power control unit for ion propulsion assembly in GOCE program [C]. Florence: The 30th International Electric Propulsion Conference.

Wallace N, Jameson P, Saunders C. 2011. The GOCE ion propulsion assembly — Lessons learnt from the first 22 months of flight operations [C]. Wiesbaden: The 32nd International Electric Propulsion Conference.

第 16 章
离子电推进工程应用经验总结

16.1 应用离子电推进的航天器

16.1.1 概述

开发研制的传统离子电推进分三大类,即考夫曼(直流放电)型、射频放电型和微波放电型,航天工程中已经应用了离子电推进的国家包括美国、日本、英国、中国、德国等。保证离子电推进在航天器型号上的成功应用并实现航天工程任务目标,不仅是离子电推进产品研制的工程关键所在,更是应用离子电推进航天器工程的核心目标。

事实上,由于离子电推进系统的相对复杂性、地面验证的不充分性、在轨飞行工作环境与地面试验环境的差别性等因素影响,再加上航天器应用产品的不可在线维修性,要确保离子电推进在航天器寿命周期内稳定可靠地完成推进任务,确实存在着较大的挑战。对 1995~2015 年期间应用电推进的航天器,撒勒赫(Saleh)等进行了电推进在轨故障的统计分析及其与化学推进在轨故障的比较研究。

离子电推进作为技术最成熟和航天器工程应用最多的电推进类型,统计和分析已经发生的在轨故障,总结和借鉴航天器应用经验,具有非常重要的工程价值。1997 年为当代氙离子电推进工程应用元年,本章内容统计了 1997 年到 2018 年应用了离子电推进的所有航天器型号,进行了离子电推进航天工程应用情况的分析总结,主要包括离子电推进的航天器应用、离子电推进的在轨故障情况,离子电推进的在轨故障统计分析、离子电推进的工程应用经验及启示等方面。

16.1.2 不同类型的离子电推进应用

1. 美国离子电推进应用

(1) 直流放电型 XIPS-13 离子电推进主要应用于波音公司 BSS-601HP 平台卫星的南北位置保持(NSSK)任务,当代氙离子电推进工程应用就是以 1997 年首发的该平台卫星 PAS 5 卫星为标志,总计发射应用 XIPS-13 离子电推进的卫星

25 颗,其中 3 颗发射失败。

（2）直流放电型 XIPS - 25 离子电推进主要应用于波音公司 BSS - 702HP 和 BSS - 702SP 平台卫星的全位置、轨道插入和轨道转移等任务。其中,BSS - 702HP 平台从 1999 年 Galaxy 11 卫星首发以来总计发射 32 颗,有 2 颗发射失败;BSS - 702SP 平台从 2015 年 ABS - 3A 卫星首发以来总计发射卫星 5 颗,全部发射成功。

（3）直流放电型离子电推进 NSTAR 主要用于 NASA 的深空一号（DS - 1）和黎明号（Dawn）等航天器的深空探测主推进任务。

2. 日本离子电推进应用

（1）微波放电型 μ - 10 离子电推进主要用于隼鸟 1（Hayabusa - 1）和隼鸟 2（Hayabusa - 2）航天器的小行星采样返回主推进任务。

（2）直流放电型 IES - 12 离子电推进主要应用于工程试验卫星 8 号（ETS - 8）的 NSSK 任务和超低轨卫星（SLATS）的轨道维持（阻尼补偿）任务。

（3）微型微波离子电推进 MIPS 主要应用于飞行试验卫星 Hodoyoshi - 4 和深空探测航天器 PROCYON。

3. 欧洲和中国离子电推进应用

（1）英国的直流放电型 T5 离子电推进用于 Artemis 卫星的 NSSK 任务和 GOCE 航天器的无拖曳控制任务,直流放电型 T6 离子电推进用于水星科学使命 BepiColombo 航天器的主推进任务。

（2）德国的射频放电型 RIT - 10 离子电推进用于 Artemis 卫星,完成了著名的首次离子电推进轨道转移。

（3）中国直流放电型 LIPS - 200 离子电推进主要应用于 DFH - 3B/4E 平台卫星的 NSSK 任务,直流放电型 LIPS - 300 离子电推进主要应用于 DFH - 5 和 DFH - 4F 平台卫星的全位置、轨道插入和轨道转移等任务。

16.1.3　不同航天器任务的离子电推进应用

1. GEO 卫星南北位保任务航天器

美国、日本、中国等国家实现了离子电推进 GEO 卫星 NSSK 任务的应用,具体航天器代号、发射时间、离子电推进是否出现在轨故障等信息如表 16 - 1 所列。总计发射 27 颗,发射失败 3 颗,离子电推进在轨故障 8 颗。

表 16 - 1　离子电推进 NSSK 任务航天器统计

航天器代号	发射时间	离子电推进	制造商	在轨故障	备　注
PAS 5	1997.08	XIPS - 13	美国	否	BSS - 601HP 首发
Galaxy 8i	1997.12	XIPS - 13	美国	是	

航天器代号	发射时间	离子电推进	制造商	在轨故障	备　注
Astra 1G	1997.12	XIPS－13	美国	否	
AsiaSat 3	1997.12	XIPS－13	美国	－	发射失败
Astra 2A	1998.08	XIPS－13	美国	否	
Galaxy 10	1998.08	XIPS－13	美国	－	发射失败
PAS 6B	1998.12	XIPS－13	美国	是	
Satmex 5	1998.12	XIPS－13	美国	是	
AsiaSat 3S	1999.03	XIPS－13	美国	否	
Orion 3	1999.05	XIPS－13	美国	－	发射失败
Astra 1H	1999.06	XIPS－13	美国	否	
DirecTV 1R	1999.10	XIPS－13	美国	是	
Galaxy 10R	2000.01	XIPS－13	美国	是	
Galaxy 4R	2000.04	XIPS－13	美国	是	
PAS 9	2000.07	XIPS－13	美国	否	
PAS 10	2001.05	XIPS－13	美国	否	
Astra 2C	2001.06	XIPS－13	美国	否	
DirecTV 4S	2001.11	XIPS－13	美国	否	
AsiaSat 4	2003.04	XIPS－13	美国	否	PPU 改进首发
Galaxy 13	2003.10	XIPS－13	美国	否	
MeaSat－3	2006.12	XIPS－13	美国	否	
ETS－8	2006.12	IES－12	日本	是	DS－200 首发
SES－7	2009.05	XIPS－13	美国	否	
TDRS－K	2013.01	XIPS－13	美国	否	
TDRS－L	2014.01	XIPS－13	美国	否	
SJ－13	2017.04	LIPS－200	中国	是	DFH－3B 首发
TDRS－M	2018.08	XIPS－13	美国	否	

2. GEO 卫星全位保任务航天器

美国和中国实现了离子电推进 GEO 卫星全位保任务的应用,具体航天器代号、发射时间、离子电推进是否出现在轨故障等信息如表 16－2 所列。总计发射 33颗,发射失败 3 颗,离子电推进在轨故障 0 颗。

表 16-2　离子电推进全位保任务航天器统计

航天器代号	发射时间	离子电推进	制造商	在轨故障	备　注
Galaxy 11	1999.12	XIPS-25	美国	否	BSS-702 首发
PAS 1R	2000.11	XIPS-25	美国	否	
Anik F1	2000.11	XIPS-25	美国	否	
XM 2(Roll)	2001.03	XIPS-25	美国	否	
XM 1(Rock)	2001.05	XIPS-25	美国	否	
Galaxy 3C	2002.06	XIPS-25	美国	否	
Anik F2	2004.07	XIPS-25	美国	否	
XM 3(Rhythm)	2005.03	XIPS-25	美国	否	
Spaceway-F1	2005.04	XIPS-25	美国	否	
Spaceway-F2	2005.11	XIPS-25	美国	否	
XM 4(Blues)	2006.10	XIPS-25	美国	否	
NSS-8	2007.01	XIPS-25	美国	—	发射失败
DirecTV 10	2007.07	XIPS-25	美国	否	
Spaceway-F3	2007.08	XIPS-25	美国	否	
WGS 1	2007.10	XIPS-25	美国	否	
DirecTV 11	2008.03	XIPS-25	美国	否	
WGS 2	2009.04	XIPS-25	美国	否	
DirecTV 12	2009.12	XIPS-25	美国	否	
WGS 3	2009.12	XIPS-25	美国	否	
WGS 4	2012.01	XIPS-25	美国	否	
WGS 5	2013.05	XIPS-25	美国	否	
WGS 6	2013.08	XIPS-25	美国	否	
Inmarsat-5F1	2013.12	XIPS-25	美国	否	
Inmarsat-5F2	2015.02	XIPS-25	美国	否	
Mexsat-1	2015.05	XIPS-25	美国	—	发射失败
WGS 7	2015.07	XIPS-25	美国	否	
Inmarsat-5F3	2015.08	XIPS-25	美国	否	
SES-9	2016.03	XIPS-25	美国	否	
WGS 8	2016.12	XIPS-25	美国	否	
WGS 9	2017.03	XIPS-25	美国	否	

续　表

航天器代号	发射时间	离子电推进	制造商	在轨故障	备　注
Inmarsat‑5F4	2017.05	XIPS‑25	美国	否	
Viasat‑2	2017.06	XIPS‑25	美国	否	
SJ‑18	2017.07	LIPS‑300	中国	—	发射失败

3. GEO 卫星全电推进任务航天器

美国实现了离子电推进 GEO 卫星全电推进任务的应用,具体航天器代号、发射时间、离子电推进是否出现在轨故障等信息如表 16‑3 所列。总计发射 5 颗,发射失败 0 颗,离子电推进出现在轨故障 0 颗。

表 16‑3　离子电推进全位保任务航天器统计

航天器代号	发射时间	离子电推进	制造商	在轨故障	备　注
ABS‑3A	2015.03	XIPS‑25	美国	否	BSS‑702SP 一箭双星首发
Eutelsat 115 West B	2015.03	XIPS‑25	美国	否	
ABS‑2A	2016.06	XIPS‑25	美国	否	
Eutelsat 117 West B	2016.06	XIPS‑25	美国	否	
SES‑15	2017.05	XIPS‑25	美国	否	

4. 深空探测主推进任务航天器

美国、日本、英国等国家实现了离子电推进深空探测航天器的主推进任务应用,具体航天器代号、发射时间、离子电推进是否出现在轨故障等信息如表 16‑4 所列。总计发射 5 颗,发射失败 0 颗,离子电推进出现在轨故障 3 颗。

表 16‑4　离子电推进深空探测任务航天器统计

航天器代号	发射时间	离子电推进	制造商	在轨故障	备　注
DS‑1	1998.10	NSTAR‑30	美国	是	NSTAR‑30 首发
Hayabusa‑1	2003.05	μ‑10	日本	是	μ‑10 首发
Dawn	2007.09	NSTAR‑30	美国	是	
Hayabusa‑2	2014.12	μ‑10	日本	否	
BepiColombo	2018.10	T6	欧洲和日本	否	T6 首发

5. 大气阻尼补偿及无拖曳控制任务航天器

英国和日本分别实现了离子电推进的航天器大气阻尼补偿及无拖曳控制任务应用,目前航天器数量只有 2 颗,具体航天器代号、发射时间、离子电推进是否出现在轨故障等信息如表 16‑5 所列。

表 16－5　离子电推进大气阻尼补偿和无拖曳控制任务航天器统计

航天器代号	发射时间	离子电推进	制造商	在轨故障
GOCE	2009.03	T5	英国	否
SLATS	2017.12	IES－12	日本	否

6. 在轨飞行试验任务航天器

在轨飞行试验任务航天器主要包括两类,一类是离子电推进飞行试验,另一类是基于离子电推进的航天任务试验。具体航天器代号、发射时间、离子电推进是否出现在轨故障等信息如表 16－6 所列。总计发射 5 颗,发射失败 1 颗,离子电推进出现在轨故障 2 颗。

表 16－6　离子电推进在轨飞行试验任务航天器统计

航天器代号	发射时间	离子电推进	制造商	在轨故障	备　注
COMETS	1998.02	IES－12	日本	—	发射失败
Artemis	2001.07	RIT－10/T－5	欧洲	是	T－5 首发
SJ－9A	2012.10	LIPS－200	中国	否	LIPS－200 首发
Hodoyoshi－4	2014.06	MIPS	日本	否	MIPS 首发
PROCYON	2014.12	MIPS	日本	是	

16.2　离子电推进的在轨故障情况

16.2.1　美国离子电推进在轨故障

1. BSS－601HP 平台离子电推进在轨故障

波音 BSS－601HP 平台发生 XIPS－13 离子电推进在轨故障卫星 6 颗,具体情况如下:

(1) Galaxy 8i 卫星离子电推进于 2000 年 9 月全部失效,卫星工作寿命缩短了 8 年;

(2) Galaxy 4R 卫星离子电推进于 2003 年 6 月全部失效,卫星工作寿命缩短了 6 年;

(3) PAS 6B 卫星离子电推进于 2003 年 7 月全部失效,卫星工作寿命缩短了 7 年;

(4) Galaxy 10R 卫星离子电推进于 2004 年 8 月全部失效,卫星工作寿命缩短了 7 年;

(5) Satmex 5 卫星离子电推进于 2010 年 1 月全部失效(备份于 2005 年 6 月失

效），卫星工作寿命缩短了 2 年；

（6）DirecTV 1R 卫星离子电推进主份失效，但备份正常工作，卫星工作寿命未受影响。

XIPS-13 离子电推进系统在轨失效的确切原因一直未对外公开，根据零星报道和相关文献推测：导致失效的主要原因为推力器栅极上的多余物和电源处理单元故障，与推力器设计无关。推力器栅极上的多余物与推力器安装位置相关，羽流溅射沉积物是形成多余物的主要来源。电源处理单元故障又包括本身设计问题和栅极多余物短路影响两个方面。

2. DS-1 离子电推进在轨故障

DS-1 航天器离子电推进在工作之初发生了推力器栅极短路故障。1998 年 11 月 10 日离子电推进开始第一次在轨工作，在最小功率 500 W 引出束流 4 分 30 秒（4.5 min）后，推力器出现了连续高压击穿恢复循环被自动关机。随后进行了 14 次重新启动尝试，均由于加高压后的连续击穿恢复循环而失败，确定为栅极短路故障。造成栅极短路的最大可能来自航天器与运载分离过程中产生的多余物。

为此开展了约 2 周时间的栅极短路故障的排除处理工作：① 首先排除了短路多余物电流烧蚀的方案，因为容易出现焊接的较大风险；② 基于栅极的结构和热耦合模型，进行了应用热循环方法消除栅极短路的效力分析，结果表明热冷循环可以导致较大的栅极间距变化，且风险最小；③ 在 2 周内进行了多次 100℃ 范围的热循环。1998 年 11 月 24 日再次尝试启动离子电推进，成功实现引出束流稳定工作，故障消除后离子电推进恢复正常工作。

3. Dawn 离子电推进在轨故障

1）推力器 2 异常关机故障

2007 年 9 月 9 日进行推力器 2 满功率引出束流试验，推力器在放电室二极管工作模式下突然发生了推力器的非正常关断。遥测数据表明为中和器共地（电位）错误，也就是中和器地与航天器地之间电位差超出了最大容许的+40 V。故障分析认为：中和器地与航天器地之间电位差要受到在轨太阳阵电位和环境等离子体联合影响，推力器二极管工作模式下的高密度等离子体可能会显著影响等离子体环境，由此出现电位差超出原定上限属于正常情况。在轨采取修改控制单元数据表中对该电压限制数据而得以解决，后续没有再发生这类故障。

2）控制单元 1（DICU1）两次关机故障

2011 年 6 月 27 日电推进工作突然中断，航天器进入安全模式。该故障 1 天后被发现并损失了 29 小时推进工作时间。遥测数据表明控制单元 5 V 控制信号丢失导致电推进系统关机。失效分析认为是单粒子效应导致 DICU1 控制信号失效，关闭开启电源可以恢复功能。2011 年 7 月 20 日完成谷神星轨道捕获后，DICU1 重新启动，遥测表明 5 V 控制信号正常，系统的全部功能恢复正常。

2014 年 DICU‐1 再次出现类似故障。分析表明单粒子效应对这类电路发生影响的时间周期平均为 3~4 年,与元器件选择、防护电路设计、机架厚度和材料、航天器具体环境等相关。

3) 调压控制电磁阀开关频次偏高异常

2007 年 11 月 7 日到 11 月 13 日,在推力器 3 近 200 小时的长周期试验中,发现主路电磁阀开关频率达到平均 19.2 次/小时,高出预期计划 11.1 次/小时的 1.7 倍,阴极为 5.6 次/小时也高于预期的 3.4 次/小时。分析表明:预期的开关频次没有考虑到气瓶和电磁阀温度差别影响(气瓶温度比电磁阀至少低 3℃),考虑温度差别后预期和实际非常一致。采取了包括降低流率控制组件温度、稳压罐压力测量取下限等减少阀门开关次数的措施。

16.2.2　日本离子电推进在轨故障

1. ETS‐8 离子电推进在轨故障

2009 年 7 月上旬,ETS‐8 卫星上的两台 PPU 全部失效,离子电推进系统失去工作能力,卫星南北位保任务由化学推进承担,卫星于 2017 年 1 月完全退役。

1) 北面 A 推力器故障

2007 年 3 月 3 日,用 PPU‐A 和南、北面 A 推力器主份组合正式开始 NSSK 工作,到 6 月中旬北面 A 推力器不时出现放电室熄灭情况,需要发送指令重新启动。发生该故障的原因不明,该推力器后续未再工作。

2) PPUA 失效故障

2008 年 1 月中旬,南面 A 推力器连续 3 次无法启动工作,故障诊断后确认为 PPU‐A 失效,离子电推进承担 NSSK 工作被迫停止了近 2 个月。大量分析认为故障发生在束电源和加速电源的逻辑电路元件上,导致结果为辅助电源电压降低。由于故障前 1 800 小时 PPU‐A 均工作正常,初步认为该故障发生具有随机性。

3) PPU‐B 失效故障

2009 年 7 月 7 日,南面 B 推力器工作中发生了一次中和器熄灭的重启,重启后的工作参数出现异常。怀疑为 PPU‐B 出现故障,对飞行遥测数据的分析表明,PPU‐B 的故障模式与以前 PPU‐A 相同。PPU‐B 工作累计时间超过 1 万小时发生类似失效,排除了 PPU‐A 失效的随机性判定。失效故障应该为设计缺陷,另外也怀疑 PPU‐B 失效与推力器频繁的高压击穿相关。

4) 南面 B 推力器异常故障

2007 年 8 月进行南面 B 推力器启用检测时,发现推力器的中和器点火不稳定。2008 年 1 月再次检查时,确定它的中和器仍然处于点火不稳定状态。分析认为故障原因有两个:一是中和器触持极对地短路,最可能是触持极和推力器外缘之间存在导体连通;二是该短路与中和器温度及周围环境相关。采用休闲模式和放电模式等多种方式,短路情况于 2008 年 6 月底消失,推力器能够正常工作。2008 年 9 月推力器出现新的工作不稳定情况,表现为有时能引出束流、有时引不出束流,且一旦引出束流则工作性能正常。

2. Hayabusa-1 离子电推进在轨故障

1)推力器周围异常放电故障

2003 年 5 月底进行两台推力器同时工作在轨测试时,由于温度升高引起出气,导致在推力器周围出现大量严重的击穿放电。用加热器和太阳辐照交替对电推进进行 2 天时间、50℃烘烤出气处理,实现了 3 台推力器短期同时工作。然后进行 3 台推力器长时间工作时,又被数次严重击穿放电中断,再次烘烤电推进和卫星正 X 面板,最终实现了 3 台推力器稳定工作 24 小时。

从推力器 D 的加速电流遥测数据可见,随着真空环境变好,加速电流逐渐减小。经过两次烘烤后加速电流降低显著,与地面高真空条件下加速电流测试数据一致。

2)推力器 A 放电室工作异常故障

2003 年 7 月开始航天器主推进任务,推力器 A 仅工作 8 小时就出现了工作不稳定和束电流突然降低到 80% 额定值的故障情况。2009 年 10 月重新启用推力器 A 时,仍不能正常工作。

故障诊断表明:放电室微波电源入射功率的绝大部分被反射回耦合盒,耦合盒与放电室之间电缆处于冷态,判断问题出在耦合盒或电缆上。中和器能够单独点火。

3)多台推力器的中和器触持电压升高故障

2005 年 6 月 22 日推力器 B 的中和器触持电压突然从 20 V 以下升高到 40 V,2007 年 4 月中和器触持电压增大到了 50 V,2009 年 10 月 22 日触持电压升高到 90 V,已经无法正常工作。

2009 年 3 月底推力器 D 的中和器触持电压突然开始升高,到 4 月初达到 35 V,到 11 月 4 日触持电压超过 80 V 后被控制单元自动关闭,其后采用各种办法都无法启动工作。

2009 年 10 月 12 日推力器 C 的中和器触持电压突然增高,随后进行了变流率、小束电流的触持电压调试,确认推力器 C 在 35 V 触持电压下工作推力只有 5 mN。

针对推力器 B、C、D 在工作 9 579~14 830 小时后出现中和器触持电压持续升高,且最终超出电源供应能力而关机的故障,进行了专题分析及验证。主要结论为:中和器工作过程中,主要是双荷离子对磁极靴软铁有比较严重的溅射腐蚀,该溅射物沉积在中和器内表面。在空间冷热环境循环下,由于沉积物与表面热形变系数差别导致沉积物被剥离形成金属碎屑,这些金属碎屑被磁化后聚集在磁路端部,产生对高能电子阻挡作用并削弱等离子体的产生,并由此造成触持电压升高。

4)推力器 D 故障

2003 年 10 月中旬出现 D 推力器栅极之间电绝缘退化被控制单元自动关闭的

故障,21 日通过地面指令多次尝试引出束流方式对污染物予以清除,实现了稳定工作。2004 年 10 月推力器 D 再次进行了栅极短路清除。

3. PROCYON 离子电推进在轨故障

深空探测试验航天器 PROCYON 由东京大学和 JAXA 联合研制,推进系统为共用氙气的冷气和 MIPS 离子电推进联合系统,MIPS 组成包括微波放电离子推力器单元 ITU、电源处理单元 PPU、气体管理单元 GMU 和控制单元 ICU。航天器入轨后,离子电推进系统发生了一系列故障。

1) GMU 的阀门故障

2014 年 12 月 15 日 GMU 初始化检查时出现了两个异常:一是压力调节阀开启时间为 1~2 s,远大于指令要求的 48 ms,确认的原因是控制器软件故障,通过重启 ICU 恢复正常;二是离子推力器阀门在第二次关闭后出现泄漏,可能原因是阀门密封面颗粒物污染,通过气流冲洗方法无法消除,所幸其漏率没有产生致命影响。

2) ITU 中和器电压偏高故障

2014 年 12 月 28 日推力器首次成功点火工作,相对地面工作情况出现两个异常:一是束流比地面大 7%~13%,二是中和器电压高达 36 V(地面 25 V)。束流偏高的原因不清,但经过 29 日和 30 日的两次工作后,台阶式下降并回到地面测试值,后续保持。中和器电压偏高原因包括中和器支路的微波传输损失和氙气泄漏,但每小时几伏的电压升高仍然无法解释。

3) ICU 死机故障

在前两周工作中 ICU 大约每 10 小时出现 1~2 次死机,控制器既不接受指令,也不传输遥测数据。经过数周分析确认为控制器软件缺陷,缺陷存在于指令接收处理过程,当指令总量超过 256 bit 时控制器停机。

4) 推力器失效故障

2015 年 3 月 10 日,控制单元探测到了束电压降低,控制器关闭束电源并重启,几次重复均未能恢复束电压。遥测数据显示束电压异常前没有先兆,加速电压和束电压同时降低,中和器工作参数正常。初步确认为束电源和加速电源之间短路,最可能原因为推力器栅极间存在小金属碎片。

后续一直尝试多种措施清除短路,均未成功。导致航天器错失原计划的 2015 年 12 月 3 日地球引力辅助和 2016 年 5 月 12 日飞掠探测目标的机会,只能放弃了原定探测目标任务。

16.2.3　欧洲和中国离子电推进在轨故障

1. Artemis 卫星离子电推进在轨故障

Artemis 卫星配置了由两台英国 T5 推力器(代号 EITA1 和 EITA2)和两台德国 RIT‐10 推力器(代号 RITA1 和 RITA2)组合的离子电推进系统,原计划任务为 10

年南北位保。由于阿丽亚娜 5 运载火箭上面级工作异常,造成卫星力学振动环境过载,卫星实际轨道远低于原定转移轨道高度。经过详细分析计算,确定了用星上化学推进和电推进接力方式完成 GEO 轨道转移的抢救方案。

在离子电推进提升轨道工作过程中,先后发生 3 台推力器相关的故障,最后依靠单台 RITA2 推力器完成了历时 1 年的轨道提升任务。

1) RITA1 中和器加热器短路故障

2001 年 8 月在电推进系统初始中和器激活过程中,发现 RITA1 的中和器加热器因开路而停止工作,最可能故障原因为发射过程中的过载力学条件导致加热器元件失效。

为此进行了 RITA1 推力器和 EITA1 中和器组合的工作模式尝试,在推力器入口压力提高 15% 情况下,组合后的 RITA1 能够多次重复点火且工作正常。

2) EITA1 推力器的供电故障

2001 年 11 月 29 日,推力器 EITA1 出现了从束流中断状态中无法恢复的故障。多次尝试重新启动失败后,确认 EITA1 无法正常工作。分析认为最大可能为电源处理单元中齐纳二极管块电路填充材料的碳化,或者是推力器与电源处理单元之间电缆的退化,其中齐纳二极管用于束流瞬态中断下的阳极限压。

3) RITA1 流率供应堵塞故障

2002 年 5 月 31 日 RITA1 出现因推力器流率供应堵塞而不能工作的故障。故障原因可能为机械或电引起的阀关闭,流阻器堵塞的可能性小。

4) EITA2 推力器过热故障

在 2002 年 6 月 12 日之后的几天里,EITA2 推力器出现因内部短路导致的束流中断,电源处理单元无法自动重启,需要步进指令操作。到 6 月 27 日,推力器支架温度达到 130℃ 上限,中断了 EITA2 的工作。

数据分析表明:自 6 月 18 日重新启动后,出现了热不稳定导致的温度快速升高,加速和减速电流增大、束流中断频繁、电子反流加剧热沉积等性能异常。加速和减速电流增大的原因是加速电源和地之间存在泄漏通道,确认为连接电缆问题。

2. 中国 SJ-13 卫星离子电推进在轨故障

中国 SJ-13 卫星是一颗 DFH-3B 平台卫星,配置了由 4 台 LIPS-200 推力器和 2 台 PPU 组成的离子电推进以完成 15 年 NSSK 任务。截至目前离子电推进发生了 PPU 的在轨故障。

2017 年 8 月 17 日离子电推进系统在执行南北位保任务时,推力器工作过程中发生了屏栅电压突然降低并导致推力器关机的故障。在线诊断表明:屏栅电压降低的原因是电源处理单元 2(PPU2)的一个屏栅电源模块 C 无输出。

通过细致分析和地面验证确认:C 模块失效的直接原因是内部变压器短路,而导致变压器短路的主要机理是低气压环境下的介质阻挡放电造成绝缘层破坏和碳化。

PPU 的屏栅电源由 2+1 备份的 A、B、C 三个模块组成,在线确认 A、B 模块正常,由此不会影响到离子电推进继续正常工作,对卫星工作寿命也不会有影响。

16.3　离子电推进在轨故障的统计分析

16.3.1　基于任务影响的故障统计分析

1. 航天器任务影响的故障分类

根据故障发生对航天器任务影响程度,离子电推进在轨故障细分为四类:

一类 SC/F1:定义为离子电推进故障导致航天器原定任务失败;

二类 SC/F2:定义为离子电推进故障导致航天器原定任务严重受损;

三类 SC/F3:定义为离子电推进故障对航天器原定任务影响较小;

四类 SC/F4:定义为离子电推进故障对航天器原定任务没有影响。

对离子电推进在轨故障分类进一步压缩:一类故障和二类故障合并为严重类故障 SC/FS、三类故障和四类故障合并为一般类故障 SC/FL。

根据以上分类定义,13 颗离子电推进航天器在轨故障分类信息如表 16-7 所示。

表 16-7　离子电推进航天器在轨故障分类信息

序　号	航天器	发射时间	故障时间	故　障　类　型	
N01	Galaxy 8i	1997.12	2000.09	SC/F2	SC/FS
N02	PAS 6B	1998.12	2003.07	SC/F2	SC/FS
N03	Satmex 5	1998.12	2010.01	SC/F2	SC/FS
N04	DirecTV 1R	1999.10	不详	SC/F3	SC/FL
N05	Galaxy 10R	2000.01	2004.08	SC/F2	SC/FS
N06	Galaxy 4R	2000.04	2003.06	SC/F2	SC/FS
N07	ETS-8	2006.12	2009.07	SC/F2	SC/FS
N08	SJ-13	2017.04	2017.08	SC/F4	SC/FL
N09	DS-1	1998.10	1998.11	SC/F4	SC/FL
N10	Hayabusa-1	2003.05	2003.07	SC/F3	SC/FL
N11	Dawn	2007.09	2011.06	SC/F4	SC/FL
N12	Artemis	2001.07	2002.06	SC/F3	SC/FL
N13	PROCYON	2014.12	2015.03	SC/F1	SC/FS

2. 航天器影响的分类故障统计分析

成功发射航天器总计 70 颗,离子电推进出现在轨故障的航天器 13 颗,占航天器总数的 18.57%。根据离子电推进在轨故障对航天器任务影响程度,分类故障统计数据如图 16-1 所示。其中总航天器占比为分类故障航天器相对总航天器的百分比例,故障航天器占比为分类故障航天器针对全部故障航天器的百分比例。

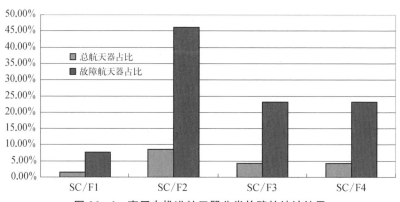

图 16-1　离子电推进航天器分类故障的统计结果

（1）离子电推进一类故障航天器 1 颗,即日本的 PROCYON 航天器,总航天器占比 1.43%、故障航天器占比 7.69%。

（2）离子电推进二类故障航天器 6 颗,即 Galaxy 8i、PAS 6B、Satmex 5、Galaxy 10R、Galaxy 4R、ETS-8 等,总航天器占比 8.57%、故障航天器占比 46.15%。

（3）离子电推进三类故障航天器 3 颗,即 DirecTV 1R、Hayabusa-1、Artemis 等,总航天器占比 4.28%、故障航天器占比 23.07%。

（4）离子电推进四类故障航天器 3 颗,即 DS-1、SJ-13、Dawn 等,总航天器占比 4.28%、故障航天器占比 23.07%。

总体上看,发生了离子电推进在轨故障的航天器占比不到五分之一,故障航天器中二类故障占比最高、三类和四类次之、一类最低。

3. 不同国家航天器的分类故障统计分析

在入轨的 70 颗离子电推进航天器中,美国 59 颗、日本 6 颗、英国 3 颗、中国 2 颗、德国 1 颗,其中 Artemis 卫星共用了德国和英国的离子电推进。不同国家航天器的离子电推进在轨故障分类数据统计如图 16-2 所示,其中的总故障占比、SC/FS 故障占比和 SC/FL 故障占比均为相对本国航天器总数的百分比例。

（1）美国 XIPS-13 离子电推进应用航天器 22 颗,发生 SC/FS 故障 5 颗、SC/FL 故障 1 颗;XIPS-25 离子电推进应用航天器 35 颗,未发生故障;NSTAR-30 离子电推进应用航天器 2 颗,均发生了 SC/FL 故障。美国离子电推进航天器的总故障占比 13.56%,其中严重类故障占比 8.47%、一般类故障占比 5.08%。

（2）日本 μ-10 离子电推进应用航天器 2 颗,发生 SC/FL 故障 1 颗;IES-12

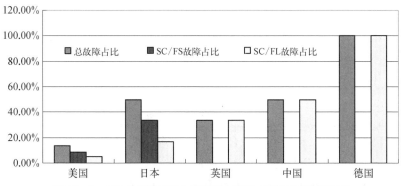

图 16-2　不同国家离子电推进航天器分类故障的统计结果

离子电推进应用航天器 2 颗,发生 SC/FS 故障 1 颗;MIPS 离子电推进应用航天器 2 颗,发生 SC/FS 故障 1 颗。日本离子电推进航天器的总故障占比 50.0%,其中严重类故障占比 33.33%、一般类故障占比 16.67%。

(3) 英国 T5 离子电推进应用航天器 2 颗,发生 SC/FL 故障 1 颗;T6 离子电推进应用航天器 1 颗,未发生故障。英国离子电推进航天器的总故障占比 33.33%,其中严重类故障占比 0.0%、一般类故障占比 33.33%。

(4) 中国 LIPS - 200 离子电推进应用航天器 2 颗,发生 SC/FL 故障 1 颗。中国离子电推进航天器的总故障占比 50.0%,其中严重类故障占比 0.0%、一般类故障占比 50.0%。

(5) 德国 RIT - 10 离子电推进应用航天器 1 颗,发生 SC/FL 故障。德国离子电推进航天器的总故障占比 100.0%,其中严重类故障占比 0.0%、一般类故障占比 100.0%。

尽管存在因部分国家航天器数量太少而不具真正统计意义的疑虑,但总体来看:美国离子电推进航天器在数量占总数 85.3%的情况下故障率处于最低水平,日本的离子电推进在轨故障率和影响严重程度明显高于英国、中国和德国。

16.3.2　基于电推进系统影响的故障统计分析

1. 离子电推进系统影响的故障分类

1) 基于系统影响程度的单机故障分类

离子电推进的单机包括离子推力器(IT)、电源处理单元(PPU)、推进剂管理单元(PMU)、控制单元(CU)等,其中电缆包含在 PPU 中、软件包含在 CU 中。根据故障发生对离子电推进系统的影响程度,离子电推进单机在轨故障细分为以下四类。

一类 IPS/F1:定义为单机故障导致离子电推进系统功能全部丧失。

二类 IPS/F2:定义为单机故障导致离子电推进系统大部分功能丧失且无法完

成预定任务。

三类 IPS/F3：定义为单机故障仅导致离子电推进系统备份的部分或全部功能丧失。

四类 IPS/F4：定义为单机故障对离子电推进系统没有影响，即故障可恢复或可消除。

对离子电推进在轨故障分类进一步压缩：一类故障和二类故障合并为严重类故障 IPS/FS、三类故障和四类故障合并为一般类故障 IPS/FL。

2）基于故障原因学科类别的单机故障分类

力学类 MC：因外力、摩擦、压力等力学因素导致产品发生在轨故障。

电子类 EC：因功率过载、短路、器件异常等电子学因素导致产品发生在轨故障。

热学类 HC：因热量、温度等热学因素导致产品发生在轨故障。

软件类 SC：因指令错误、软件缺陷等软件因素导致产品发生在轨故障。

环境类 ENC：因外部环境因素导致产品发生在轨故障。

其他类 OC：不在以上学科范围的因素导致产品发生在轨故障。

3）基于故障原因工程技术类别的单机故障分类

设计缺陷 DFC：由于存在设计缺陷或不足导致产品发生在轨故障。

制造缺陷 MFC：由于存在制造缺陷或不足导致产品发生在轨故障。

验证不充分 TFC：由于试验验证不充分或未覆盖导致产品发生在轨故障。

随机失效 RFC：由于随机性因素导致产品发生在轨故障。

未知原因 UFC：由于未知原因或机理导致产品发生在轨故障。

根据以上分类定义，13 颗航天器的 29 个离子电推进单机在轨故障的分类情况如表 16-8 所列。对存在两个以上故障原因的情况，根据主要故障原因进行分类。

表 16-8　离子电推进单机在轨故障原因分类信息

在 轨 故 障			单机故障类别		
航天器	单 机	发生时间	学 科	工程技术	系统影响
Galaxy 8i	PPU	2000.09	EC	DFC	IPS/F1
PAS 6B	PPU	2003.07	EC	DFC	IPS/F1
Satmex 5	PPU	2005.06	EC	DFC	IPS/F3
Satmex 5	PPU	2010.01	EC	DFC	IPS/F1
DirecTV 1R	PPU	不详	EC	DFC	IPS/F3
Galaxy 10R	PPU	2004.08	EC	DFC	IPS/F1
Galaxy 4R	PPU	2003.06	EC	DFC	IPS/F1

续　表

在 轨 故 障			单机故障类别		
航天器	单 机	发生时间	学 科	工程技术	系统影响
ETS－8	IT	2007.06	OC	UFC	IPS/F3
ETS－8	IT	2007.08	ENC	RFC	IPS/F3
ETS－8	PPU	2008.01	EC	DFC	IPS/F3
ETS－8	PPU	2009.07	EC	DFC	IPS/F1
SJ－13	PPU	2017.08	EC	MFC	IPS/F4
DS－1	IT	1998.11	ENC	RFC	IPS/F4
Hayabusa－1	IT	2003.05	ENC	RFC	IPS/F4
Hayabusa－1	PPU	2003.07	EC	UFC	IPS/F2
Hayabusa－1	IT	2003.10	ENC	RFC	IPS/F4
Hayabusa－1	IT	2005.06	HC	DFC	IPS/F2
Dawn	IT	2007.09	ENC	TFC	IPS/F4
Dawn	PMU	2007.11	HC	TFC	IPS/F4
Dawn	CU	2011.06	ENC	RFC	IPS/F3
Dawn	CU	2014.07	ENC	RFC	IPS/F4
Artemis	IT	2001.08	MC	RFC	IPS/F3
Artemis	PPU	2001.11	EC	UFC	IPS/F3
Artemis	PMU	2002.05	MC	RFC	IPS/F3
Artemis	PPU	2002.06	EC	UFC	IPS/F2
PROCYON	PMU	2014.12	SC	UFC	IPS/F4
PROCYON	IT	2014.12	OC	UFC	IPS/F3
PROCYON	CU	2015.01	SC	DFC	IPS/F3
PROCYON	IT	2015.03	EC	RFC	IPS/F1

2. 各单机故障类型的统计分析

针对表 16－8 所列 29 例单机在轨故障,图 16－3 为各单机在轨故障相对比例,由此可见:

(1) 电源处理单元和离子推力器为单机故障的主要源头,其中 PPU 故障比例达到 44.83%、IT 故障比例达到 34.48%;

(2) 离子电推进系统的严重类故障全部来自 PPU 和 IT,并且 PPU 的严重类故障比例是 IT 严重类故障比例的 4 倍;

(3) PPU 的严重类故障比例大于其一般类故障比例,IT 的严重类故障比例为其一般类故障比例的四分之一;

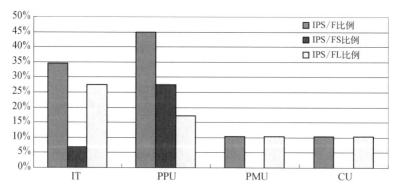

图16-3   离子电推进单机分类故障的统计结果

（4）推进剂管理单元和控制单元的故障比例均不高,并且都是一般类故障。

总体来说,PPU 和 IT 为离子电推进系统在轨故障的主要单机产品,特别是 PPU 具有故障多发和故障影响严重的双重特性。另外,IT 一般故障比例偏高的问题值得引起关注和深究。

3. 各单机故障原因类别的统计分析

针对表16-8所列29例单机在轨故障原因的学科分类,图16-4为各单机故障学科原因的分类故障统计结果,均以故障总数29为比例基数。由此可见:

（1）EC 和 ENC 因素为单机在轨故障的主要学科原因,分别占到总故障比例的48.27%和24.14%,其他各因素所占比例均低于7%;

（2）IT 故障中 ENC 因素为主导,占到总故障比例的17.24%,占 IT 故障比例的50%;

（3）PPU 故障中 EC 因素为主导,占到总故障比例的44.83%,占 PPU 故障比例的100%;

（4）ENC 因素对 CU 单机、OC 因素对 IT 单机的故障影响比例为6.9%,并列第三位。

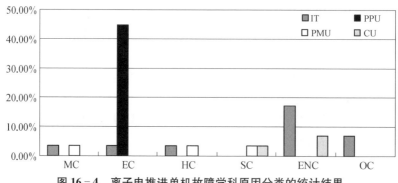

图16-4   离子电推进单机故障学科原因分类的统计结果

针对表 16 - 8 所列 29 例单机在轨故障原因的工程技术分类,图 16 - 5 为各单机故障工程原因的分类故障统计结果,均以故障总数 29 为比例基数。由此可见:

(1) DFC、RFC 和 UFC 因素为单机在轨故障的主要工程原因,分别占到总故障比例的 37.93%、31.03% 和 20.69%,其他各因素所占比例均低于 7%;

(2) IT 故障中 RFC 因素为主导,占到总故障比例的 20.69%,占 IT 故障比例的 60%;

(3) PPU 故障中 DFC 因素为主导,占到总故障比例的 31.03%,占 PPU 故障比例的 69.23%;

(4) UFC 因素对 PPU 单机的故障影响比例为 10.34%,排第三位。

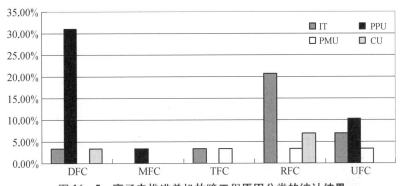

图 16 - 5　离子电推进单机故障工程原因分类的统计结果

总体来说,学科分类中的电子和环境以及工程分类中的设计缺陷、随机失效和未知原因是造成离子电推进单机在轨故障的主要因素;环境和随机失效为推力器单机在轨失效的主要因素;电子和设计缺陷为 PPU 单机在轨失效的主要因素。

16.3.3　基于时间分布的在轨故障统计分析

1. 航天器离子电推进故障的绝对时间分布数据分析

以 4 年为时间周期统计单元,离子电推进航天器严重类和一般类故障的发生时间分布如图 16 - 6 所示,图中还给出了各时间周期内成功发射的航天器数量。可见:

(1) 在五个时间周期单元中,离子电推进航天器成功发射数量最少的 7 颗、最多的 16 颗,平均每 4 年发射 13 颗;

(2) 发生离子电推进严重类故障的航天器数量排序为:第二个时间周期内为 3 颗,第四个周期内为 2 颗,第一和第五个时间周期内均为 1 颗,第三个周期内为 0 颗。平均每 4 年有 1.4 颗;

(3) 发生离子电推进一般类故障的航天器数量排序为:第二个时间周期内为 2 颗,第一、第四和第五个时间周期内均为 1 颗,第三个周期内为 0 颗,另外 1 颗时

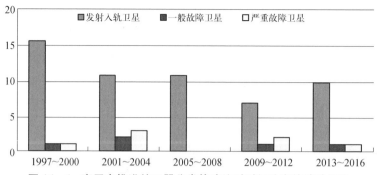

图 16 - 6　离子电推进航天器分类故障绝对时间分布的统计结果

间不确定。平均每 4 年有 1.2 颗。

　　总体上,如果排除 2001~2004 年(即第二个周期)的例外情况,发生离子电推进一般类故障和严重类故障的卫星数量维持在平均每 4 年 1 颗的水平。所谓第二个周期的例外情况,指的是 BSS - 601HP 平台离子电推进严重类故障集中爆发,3 颗航天器发生严重类故障。

　　2. 航天器离子电推进故障的相对时间统计分析

　　以航天器预定寿命周期为基数,以表 16 - 8 中发生在轨故障时间和发射时间之差为无故障工作时间,可以得到 12 个故障航天器(不包括 1 个时间不详的故障)发生严重和一般类故障分别对应的无故障工作时间相对预定寿命比例的统计结果,如图 16 - 7 所示。由此可见:

　　(1) 离子电推进一般类故障多发生在工作寿命初期(即小于 10% 工作寿命)、少数发生在寿命中后期(即 40%~80% 工作寿命);

　　(2) 离子电推进严重类故障多发生在工作寿命前期(即 10%~40% 工作寿命)、少数发生在工作寿命末期(即大于 80% 工作寿命)。

　　这是一个非常有价值的统计结果:离子电推进工程应该特别关注在轨前期工作的可靠性。

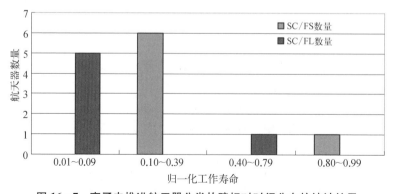

图 16 - 7　离子电推进航天器分类故障相对时间分布的统计结果

3. 离子电推进各单机故障的相对时间统计分析

以航天器预定寿命周期为基数,以各单机发生在轨故障时间和发射时间之差为无故障工作时间,可以得到 28 个单机故障(1 个无故障时间)分别对应的无故障工作相对时间比例统计数据,如图 16-8~图 16-10 所示。由此可见:

(1) IT 在轨故障多发生在工作初期,且一般类故障占主导;

(2) PPU 在轨故障多发生在工作初期和前期,且严重类故障占主导;

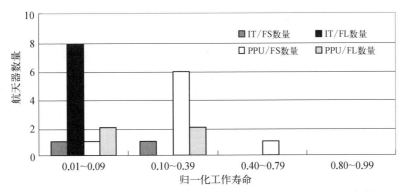

图 16-8　离子电推进航天器 IT 和 PPU 分类故障相对时间分布的统计结果

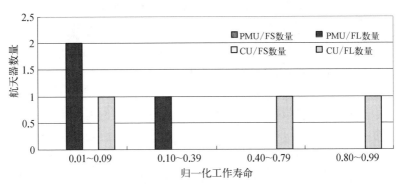

图 16-9　离子电推进航天器 PMU 和 CU 分类故障相对时间分布的统计结果

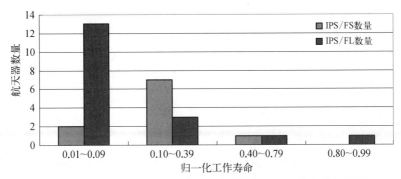

图 16-10　离子电推进航天器单机分类故障相对时间分布的统计结果

（3）MPU 在轨故障多发生在工作初期和前期,均为一般类故障;

（4）CU 在轨故障发生在工作初期、中后期和末期,均为一般类故障;

（5）单机在轨故障主要发生在工作初期和前期,其中,初期以一般类故障为主,前期严重类故障较多。

总体来说,离子电推进各单机在轨故障绝大多数发生在工作初期和前期,其中有两个显著特征:一是工作初期一般类故障较多、工作前期严重类故障较多;二是 PPU 的严重类故障较多、IT 的一般类故障较多。

16.4　离子电推进的工程应用经验及启示

16.4.1　离子电推进的工程应用总结

（1）从 1997 年开始,当代氙离子电推进航天工程应用以来,世界上已经发射了 77 颗应用离子电推进的航天器(包括发射失败 7 颗);

（2）航天工程在轨应用的离子电推进包括直流放电型、微波放电型、射频放电型三大类,其中应用直流放电型航天器 73 颗,占离子电推进航天器总数的 94.8%;

（3）航天工程中已经应用了离子电推进的国家包括美国、日本、英国、中国、德国等,其中美国航天器 64 颗,占离子电推进航天器总数的 83.1%;

（4）已经应用了离子电推进的航天器任务包括 GEO 卫星南北位保和全位保、GEO 全电推进卫星、深空探测主推进、大气阻尼补偿及无拖曳控制、在轨飞行试验等,其中 GEO 卫星 67 颗,占离子电推进航天器总数的 87.0%;

（5）发生离子电推进在轨故障的航天器有 13 颗,占发射入轨航天器总数的 18.6%。其中离子电推进故障导致航天器任务严重影响的有 7 颗,占发射入轨航天器总数的 10.0%;

（6）发射入轨的 70 颗离子电推进航天器上,总计发生了 29 个离子电推进单机故障,发生在轨故障的主要单机为推力器和电源处理单元,合计占比高达 80%。其中离子推力器故障中一般类故障占 75%,电源处理单元故障中严重类故障占 61%。

16.4.2　离子电推进的工程应用经验

1. 电化混合推进是首次应用离子电推进航天器的稳妥方案

首次应用离子电推进的航天器,特别是商业卫星,采用电化混合互补的推进系统方案比较稳妥。典型实例包括:

（1）ETS-8 卫星的化学推进系统能够提供 8 年以上位保能力,成为 IES-12 离子电推进完全失效后的航天器任务的关键支撑;

（2）SJ-13 卫星采用电化混合推进,其中化学推进能够提供 10 年的南北位保能力。

2. 遵守离子电推进系统的可靠性准则设计

航天器工程应用离子电推进系统设计,一般都应遵守容许寿命之初单台推力器失效的系统可靠性准则,也就是开始之初的单台推力器失效不会影响任务完成。成功和失败的典型实例包括:

(1) Hayabusa‐1 离子电推进采用 3+1 推力器备份,在推力器 A 发生初期失效的情况下,虽然历经困难,最终完成了采样返回任务;

(2) PROCYON 航天器只有单台离子推力器,推力器的早期失效直接导致航天器主要任务失败。

3. 基于应用离子电推进的原始卫星平台设计非常重要

应充分考虑离子电推进与航天器之间的工作兼容性、离子电推进与航天器任务之间的优化匹配性。离子电推进的航天工程应用历史,确实存在着先有平台后有离子电推进和先有离子电推进后有平台的两种情况,由此导致的航天器任务影响差别显著、代价昂贵,对比实例为:

(1) BSS‐702HP 平台在设计之处就考虑了应用 XIPS‐25 离子电推进,由此在离子电推进布局、工作策略、可靠性保证等方面的考虑都比较充分,发射的 30 多颗卫星都没有发生在轨故障;

(2) 与之形成鲜明对比的是 BSS‐601HP 平台,它是先有平台后增加了 XIPS‐13 离子电推进,受制于原有平台增加电推进的布局限制,对推力器工作羽流腐蚀及溅射物沉积影响评估不足,导致推力器和 PPU 都受到严重影响并失效,出现多颗卫星提前退役的局面。

4. 电源处理单元(PPU)的工作可靠性特别值得重视

PPU 是离子电推进系统工作可靠性的关键单机,PPU 的在轨失效是离子电推进严重类故障的主要贡献因素。典型实例包括:

(1) ETS‐8 卫星上两台 PPU 分别失效,导致卫星离子电推进全部失效;

(2) BSS‐601HP 平台 5 颗卫星上主份和备份 PPU 的先后失效,导致卫星 XIPS‐13 离子电推进功能全部丧失、卫星工作寿命缩短 2~8 年。更新设计后的 PPU 在 2003 年发射的 AsiaSat 4 和 Galaxy 13 等后续卫星上应用后,没有再发生过 XIPS‐13 离子电推进出现的在轨故障,问题得到了彻底解决。

5. 空间环境对离子电推进的影响值得关注

深空探测任务中,航天器要经历比地球轨道更严酷的空间环境影响,例如热冷环境和辐射环境,需要特别关注环境对控制单元、贮供单元和 PPU 部分电路的影响,具体实例包括:

(1) Dawn 航天器上单粒子效应导致了控制单元 DICU‐1 的两次异常关机;

(2) 隼鸟一号航天器上导致多台推力器中和器触持电压升高的故障,就是源于推力器经历了更低或温差更大的空间冷环境。

6. 地面验证应做到充分和全覆盖

对于离子电推进地面验证不充分或没有完全覆盖空间工况的问题要足够重视,否则可能会导致在轨故障发生,具体实例包括:

(1) PROCYON 航天器上电推进和冷气推进混合的联合工作模式在地面没有进行有效验证,导致在轨工作时出现压力调节阀错误控制故障;

(2) Dawn 航天器上等离子体环境差异导致中和器电位超差和推力器 FT2 关机的故障,本质上也是地面验证没有覆盖到该环境条件所导致。

7. 离子推力器高压击穿影响问题不容忽视

离子推力器工作时栅极之间往往出现高压放电(击穿)现象,其原因多样、机理复杂,在地面和空间都会发生。工程上一般采取所谓"高压击穿恢复循环"解决方式有效抑制击穿对栅极损伤和对 PPU 的危害。但与此相关的故障还难以完全避免,具体实例包括:

(1) ETS - 8 卫星上 NB 推力器故障直接与推力器栅极击穿相关,不仅导致工作频繁中断,而且产生推力下降情况;

(2) Artemis 卫星上 EITA1 推力器故障由栅极高压击穿导致。

16.4.3 离子电推进的工程应用启示

1. 离子电推进具有广泛的航天工程任务适用性

尽管目前应用离子电推进的航天器仅占航天器总数的 10% 左右,但已经覆盖了航天工程的大部分任务范围,包括通信卫星、对地观测卫星、科学实验卫星、深空探测航天器等航天器任务,位置保持(轨道维持)、地球轨道转移、太阳系轨道巡航、精确无拖曳控制等推进任务,地球超低轨道、地球同步轨道、近地小行星、主带小行星、水星等距离范围。

2. 离子电推进兼备经济效益和技术效益

离子电推进具有更高的比冲和效率,航天器应用能够产生更大的经济效益。离子电推进具有便利精确的性能调控能力,使其成为无拖曳控制、空间科学试验等航天器任务的支撑技术。航天器工程中充分利用离子电推进的经济和技术双重优势,能够带来低成本、高收益、任务柔性、突破运载限制等多方面效益。

3. 及时有效的在轨故障处理策略是离子电推进应用工程的核心技术

要保证航天器任务的圆满完成,及时有效的离子电推进在轨故障处理策略非常关键,甚至能发挥"起死回生"的作用。对于离子电推进的一般类在轨故障,通过安全可靠的故障处理,大部分是可以消除或有效抑制的。

4. 离子推力器和 PPU 的可靠性及工作寿命是成功应用的关键保证

离子推力器和 PPU 是离子电推进的可靠性及寿命关键单机,统计分析表明 PPU 的在轨失效是离子电推进严重类故障的最主要因素,环境因素和随机失效为推力器单机在轨失效的主要原因,电子学因素和设计缺陷为 PPU 单机在轨失效的主要原因。航天器应用工程中往往存在重视推力器充分验证而忽视 PPU 充分验证的情况,主要表现在 PPU 和推力器联合工作长期兼容性、空间环境下 PPU 长期工作可靠性两个方面。

5. 应高度重视航天器发射后离子电推进的早期工作可靠性

统计分析表明,航天器发射后离子电推进开始工作阶段为故障易发和频发期,其中一般类故障绝大部分发生在工作初期,而严重类故障绝大部分发生在工作前期。航天器应用工程应高度重视该阶段的工作可靠性,避免离子电推进工作初期和前期的失效故障是航天器工程的关键。

6. 航天工程任务中非常有必要进一步挖掘离子电推进的能力

航天器工程实践表明,离子电推进不仅能够出色完成航天器原定推进任务,而且能够承担姿态控制、运载火箭偏离修正、轨道捕获制动辅助等非预定任务。特别是在航天器出现异常情况甚至面临绝境时起到不可估量的作用,如 Artemis 卫星的成功抢救、Hayabusa – 1 任务的"死而复生"等。

7. 航天工程应用离子电推进可能要经历一个曲折历程

美国波音公司走过了从 XIPS – 13 早期多星应用失效、到改进 PPU 逐步走向成功和后续 XIPS – 25 大批量成功应用的历程,目前的离子电推进严重故障率已经接近为零。日本正在经历失败与成功并存的发展阶段。新步入离子电推进工程应用的国家,非常有必要充分吸取经验教训、尽量少走弯路。

参考文献

张天平,张雪儿. 2019. 离子电推进的航天器应用实践及启示[J]. 真空与低温,25(2):73 – 81.

张天平,张雪儿. 2019. 离子电推进的在轨故障的统计分析研究[J]. 真空与低温,25(4):215 – 221.

张天平. 2015. 兰州空间技术物理研究所电推进新进展[J]. 火箭推进,41(2):7 – 12.

Garner C E, Rayman M D. 2016. In-flight operation of the Dawn ion propulsion system through operations in the LAMO orbit at Ceres[C]. Salt Lake City:The 52nd AIAA/SAE/ASEE Joint Propulsion Conference.

Kajiwara K. 2009. ETS – Ⅷ ion engine and its operation on orbit[C]. Ann Arbor:The 31 st International Electric Propulsion Conference.

Killinger R. 2003. Artemis orbit raising in-flight experience with ion propulsion[C]. Toulouse:The 28th International Electric Propulsion Conference.

Koizumi H. 2015. In-Flight Operation of the miniature propulsion system installed on small space probe:PROCYON[C]. Hyogo-Kobe:The 34th International Electric Propulsion Conference.

Kuninaka H. 2011. Round-trip deep space maneuver of microwave discharge ion engines onboard HAYABUSA Explorer[C]. Wiesbaden:The 32nd International Electric Propulsion Conference.

Nishiyama K. 2010. Hayabusa's way back to earth by microwave discharge ion engines[C].

Nashville: 46th AIAA/ASME/SAE/ASEE Joint Propulsion Conference and Exhibit.

Notarantonio A. 2003. Ion propulsion system saves ARTEMIS Satellite [C]. Bremen: The 54th International Astronautical Congress.

Ohmichi W. 2014. Performance degradation of a spacecraft electron cyclotron resonance neutralizer and its mitigation[J]. Journal of Propulsion and Power, 30(5): 1368 – 1372.

Polk J E. 2001. Demonstration of the NSTAR ion propulsion system on the Deep Space One mission [C]. Pasadena: The 27th International Electric Propulsion Conference.

Saito H. 2011. Secondary analysis on on-orbit failures of satellite [C]. Cape Town: The 62th International Astronautical Congress.

Saleh J H. 2017. Electric propulsion reliability: Statistical analysis of on-orbit anomalies and comparative analysis of electric versus chemical propulsion failure rates[J]. Acta Astronautica, 139(10): 141 – 156.

Tafazoli M. 2007. A study of on-orbit spacecraft failures [C]. Hyderabad: The 58th International Astronautical Congress.

William G T. 2007. Ion thruster development at L – 3 ETI for small satellite applications [C]. Florence: The 30th International Electric Propulsion Conference.

William G T. 2008. Update on the XIPS© 8 – cm Thruster Prototype[C]. Hartford: 44th AIAA/ ASME/SAE/ASEE Joint Propulsion Conference and Exhibit.